高职高专计算机类专业系列教材

3ds Max 三维特效动画实用教程

（慕课版）

主　编　张　敏　段傲霜　周鹏程

副主编　陈爱群　孔　岚　郭　杰　郭　艳　李　超

主　审　杜飞明

西安电子科技大学出版社

内 容 简 介

　　本书以用 3ds Max 软件制作的具有代表性的 13 个三维特效动画项目为教学内容，详细透彻地剖析了运用三维特效进行合成应用的关键技术，具体包括制作下雨特效、水波涟漪特效、液体流动特效、礼花绽放效果、魅力四射效果、树叶飘落动画、水中泡泡效果、蒲公英飘落动画、药丸散落动画、旗帜飘扬动画、香烟动画、丝巾滑落动画和白云飘动动画。每个项目都由"项目描述""知识准备""项目实施"和"实践演练"4 个部分构成，层次分明、步骤清晰。

　　本书可作为高等院校或高职高专院校动漫、数字媒体、广告、游戏、网站等专业课程的教材，也可供三维动画制作人员参考使用，还可作为三维动画培训班的培训教材。

图书在版编目(CIP)数据

3ds Max 三维特效动画实用教程: 慕课版 / 张敏，段傲霜，周鹏程主编. — 西安: 西安电子科技大学出版社，2021.6

ISBN 978-7-5606-6029-5

Ⅰ. ①3… Ⅱ. ①张… ②段… ③周… Ⅲ. ①三维动画软件—教材
Ⅳ. ①TP391.414

中国版本图书馆 CIP 数据核字(2021)第 050450 号

策划编辑　陈　婷　杨丕勇
责任编辑　郑一锋　陈　婷
出版发行　西安电子科技大学出版社(西安市太白南路 2 号)
电　　话　(029)88242885　88201467　　　邮　　编　710071
网　　址　www.xduph.com　　　　　　电子邮箱　xdupfxb001@163.com
经　　销　新华书店
印刷单位　陕西天意印务有限责任公司
版　　次　2021 年 6 月第 1 版　　2021 年 6 月第 1 次印刷
开　　本　787 毫米×1092 毫米　　1/16　　印　张　13.5
字　　数　318 千字
印　　数　1～3000 册
定　　价　35.00 元
ISBN 978-7-5606-6029-5 / TP
XDUP 6331001-1
***** 如有印装问题可调换 *****

前　　言

3ds Max 是目前较流行的三维建模与动画设计软件之一，它广泛应用于三维制作、工业产品设计、虚拟现实技术应用、影视广告设计、室内装修设计、电脑游戏、教育娱乐等各个领域，并逐渐成为设计界的主流软件。

本书采用了项目案例的教学模式，在内容安排上由浅至深，循序渐进，对每个项目的重点和难点进行了详细的解析。无论是从未使用过 3ds Max 软件的新手，还是曾经用过其他 3ds Max 版本的用户，只要具有最基本的计算机操作常识，都能轻松地学习本书所讲解的 3ds Max 的基本知识，并快速掌握 3ds Max 的基本操作和建模、粒子系统、刚体柔体、动力学等动画制作技巧。本书注重基础、重点突出、结构紧凑、通俗易懂、操作步骤详细，充分体现了"教、学、做"合一的教学理念，包含非常丰富的知识和技能，而且具有一定的代表性，可以有效地帮助读者快速提高三维建模与三维特效动画制作水平。

本书由张敏、段傲霜、周鹏程担任主编，杜飞明担任主审，张敏负责全书的策划与统稿。本书共有 13 个项目，其中项目 1 和项目 2 由张敏编写，项目 3 和项目 4 由周鹏程编写，项目 5 和项目 6 由段傲霜编写，项目 7 和项目 8 由孔岚编写，项目 9 和项目 10 由郭杰编写，项目 11 由郭艳编写，项目 12 由李超编写，项目 13 由陈爱群编写。本书提供的课件和微课视频等教学资源全部由长沙希创文化艺术有限公司制作。

本书提供了课件、电子教案和 3d 源文件及素材，需要的读者可在出版社官方网站上进行下载。每个项目还配有相应的微课视频、项目动画和实践演练的二维码，供读者扫码观看。此外，本书每个项目还配有相应的 AR 图标，读者通过 Android 设备扫描并下载应用软件 ARBooktest，通过该软件扫描 AR 图标，识别完成后即可体验 AR 效果，观看对应项目的三维动画演示。

如果读者需要本教材的相关素材，可通过电子信箱：378663308@qq.com 与作者联系。

编　者

2021 年 3 月

目　录

项目 1　制作下雨特效

1.1　项目描述

利用粒子系统的粒子流源创建下雨特效，其效果图如图 1-1 所示。

动画 1

图 1-1　下雨效果图

具体要求如下：
(1) 在场景中创建一个地面和一个茶壶。
(2) 给地面和茶壶赋材质与贴图。
(3) 创建粒子系统制作下雨特效，要求下雨动画符合自然规律。
(4) 渲染输出 avi 格式的动画文档，输出大小为 800 像素×600 像素。

微课 1.1

1.2　知识准备

粒子流源

粒子流源是粒子流的视口图标，同时也作为默认的发射器。默认情况下，它显示为带有中心徽标的矩形，可以使用控件更改其形状和外观。创建粒子流源的具体步骤为：单击"创建"选项卡图标，再单击"几何体"图标，单击"几何体"面板选框后的下拉按钮，选择"粒子系统"，在"对象类型"参数面板中选择"粒子流源"，在透视图视口中拖拽一个粒子流源的图标，操作过程如图 1-2 所示。

选择"粒子流源"图标后，单击"修改"选项卡，在"粒子流源"的修改器列表中，扩展粒子流源对象的层次为可访问"粒子"和"事件"两个子对象层级，"粒子流源"的参数面板有设置、发射、选择、系统管理和脚本 5 个卷展栏，"粒子流源"修改命令面板如图 1-3 所示。下面介绍"粒子流源"主要卷展栏的参数面板。

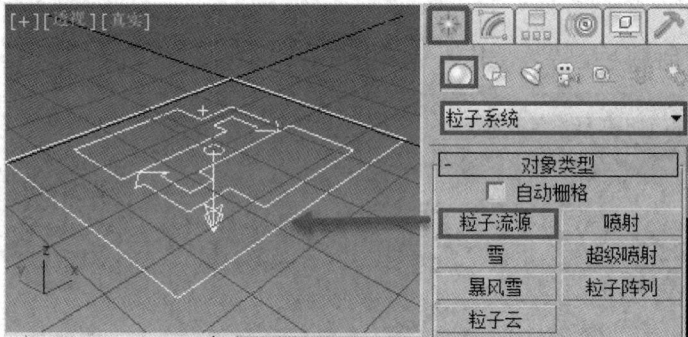

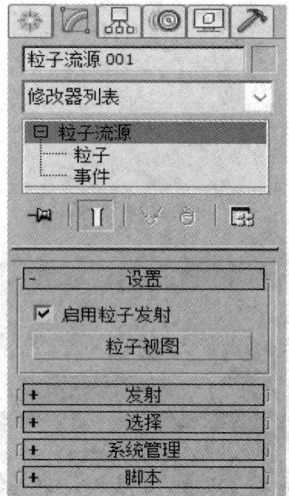

图 1-2　创建粒子流源　　　　　图 1-3　"粒子流源"修改命令面板

1)　"设置"卷展栏

"设置"卷展栏中的控件，可以启用或关闭粒子系统，也可以打开"粒子视图"，该卷展栏仅出现在"创建"和"修改"面板上，而不会出现在"粒子视图"对话框的参数面板上。

启用粒子发射：启用和关闭粒子系统，默认设置为启用。

粒子视图：单击该按钮可打开"粒子视图"对话框，设置发射器(粒子源)图标的物理特性，以及渲染时视口中生成的粒子的百分比。

2)　"发射"卷展栏

"发射"卷展栏如图 1-4 所示。

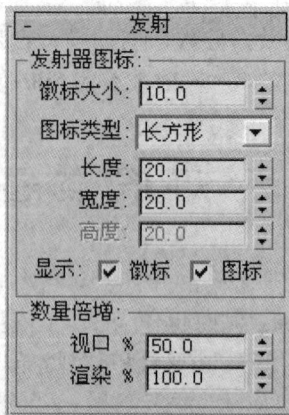

图 1-4　"发射"卷展栏

(1) "发射器图标"组。

徽标大小：设置源图标中心显示的粒子流徽标的大小，以及指示粒子运动的默认方向的箭头。默认情况下，徽标大小与源图标的大小成比例，使用此控件，可以对其进行放大或缩小。该设置仅影响徽标的视口显示，不会影响粒子系统。

图标类型："图标类型"右边的下拉栏中可选择源图标的基本几何体，如长方形、长方体、圆形或球体，默认设置为长方形。如果要将图标类型更改为"长方体"，则创建的粒子流图标仍类似于长方形，若要使其看起来像长方体，则需要设置其"高度"参数。

长度：设置"长方形"和"长方体"图标类型的长度以及"圆形"和"球体"图标类型的直径。

宽度：设置"长方形"和"长方体"图标类型的宽度，不适用于"圆形"和"球体"图标类型。

高度：设置"长方体"图标类型的高度，仅适用于"长方体"图标类型。

显示徽标/图标：分别启用和关闭徽标(带有箭头)和图标的显示。

以上设置仅会影响这些选项的视口显示，不会影响粒子系统。

(2) "数量倍增"组。

"数量倍增"组包含视口和渲染两个选项。

视口：设置系统中在视口内生成的粒子总数的百分比，默认值为 50.0，范围为 0.0～10000.0。

渲染：设置系统中在渲染时生成的粒子总数的百分比，默认值为 100.0，范围为 0.0～10000.0。

3) "选择"卷展栏

使用"选择"卷展栏控件可基于每个粒子或事件来选择粒子，如图 1-5 所示。"事件"级别粒子的选择用于调试和跟踪；"粒子"级别选定的粒子可由"删除"操作符、"组选择"操作符和"拆分选定项"操作符进行操作，但无法直接通过标准的 3ds Max 工具(如"移动"和"旋转")操作。

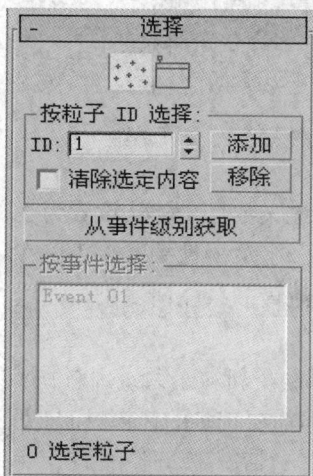

图 1-5 "选择"卷展栏

∴∴(粒子)：通过单击或拖动一个区域来选择粒子。

☐(事件)：按事件选择粒子。在此层级中，可以通过高亮显示"按事件选择"列表中的事件或使用标准选择方法在视口中选择一个或多个事件中的所有粒子。要将一个选择从"事件"级别转化为"粒子"级别，以便"删除"操作符或"拆分选定项"测试使用，通常从"事件"级别获取。选定粒子以红色(如果不是几何体)显示在视口中，并采用"显示"操作符中的"选定"设置指定的形式。

(1) "按粒子 ID 选择"组。

每个粒子都有唯一的 ID 号，从第一个粒子使用 1 开始，并递增计数。可按粒子 ID 号"添加"或"移除"粒子。使用 ID 控件可设置要选择的粒子的 ID 号，每次只能设置一个数字。

添加：设置完要选择的粒子的 ID 号后，单击"添加"按钮可将其添加到选择中。默认情况下，选择一个粒子并不会取消对其他粒子的选择。

移除：设置完要取消选择的粒子的 ID 号后，单击"移除"按钮可将其从选择中移除。

清除选定内容：启用后，单击"添加"按钮则会取消选择的所有其他粒子。

从事件级别获取：单击该按钮可将"事件"级别转化为"粒子"级别。该控件仅适用于"粒子"级别。

(2) "按事件选择"列表。

"按事件选择"列表中会显示粒子流中的所有事件，并高亮显示选定事件。要选择所有事件的粒子，可单击其列表项或使用标准视口选择方法。

4) "系统管理"卷展栏

使用"系统管理"卷展栏设置可限制系统中的粒子数，以及指定更新系统的频率，如图 1-6 所示。

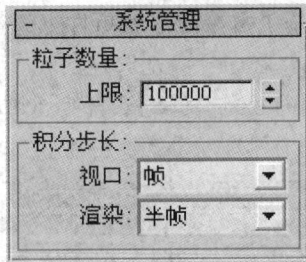

图 1-6　"系统管理"卷展栏

(1) "粒子数量"组。

上限：系统可以包含粒子的最大数目，默认设置为 100 000。范围是 1～10 000 000，通过使用多个粒子源并将其与同一出生事件关联，可以在单个系统中拥有多于 10 000 000 个的粒子。对于每个事件，粒子流最多只能向渲染器发送 5 000 000 个粒子。

(2) "积分步长"组。

对于每个积分步长，粒子流都会更新粒子系统，将每个活动动作应用于其事件中的粒子。较小的积分步长可以提高精度，但需要较多的计算时间。该设置可以在渲染时对视口中的粒子动画应用不同的积分步长，大多数情况下，使用默认"积分步长"设置即可。当与导向板碰撞的快速移动的粒子穿透导向板时，增加实例中的积分步长频率可能会很有帮助。

视口：设置在视口中播放的动画的积分步长，默认设置为"帧"(每个动画帧一次)，范围为"八分之一帧"至"帧"。

渲染：设置渲染时的积分步长，默认设置为"半帧"(每个动画帧两次)，范围为"1 Tick"至"帧"。每秒有 4800 个 Tick，因此，若以每秒 30 帧的 NTSC 视频速率播放，则每帧有 160 个 Tick。

5) "脚本"卷展栏

"脚本"卷展栏可以将脚本应用于每个积分步长以及查看的每帧的最后一个积分步长处的粒子系统。使用"每步更新"脚本可设置依赖于历史记录的属性，而使用"最后一步更新"脚本可设置独立于历史记录的属性，如图 1-7 所示。

(1) "每步更新"组。

"每步更新"脚本在每个积分步长的末尾、计算完粒子系统中所有动作后和所有粒子最终在各自的事件中时进行计算。例如，当根据粒子索引设置"材质 ID"时，确保粒子不会跳转到另一事件至关重要。设置依赖于历史记录的属性(如速度)时，对每个积分步长进行每步更新也很重要，否则最后位置将会完全不同。

启用脚本：启用脚本可引起按每积分步长执行内存中的脚本。可以通过单击"编辑"按钮修改此脚本，或者使用此组中的其余控件加载并使用脚本文件。默认脚本将修改粒子的速度和方向，从而使粒子跟随波形路径。

图 1-7 "脚本"卷展栏

编辑：单击"编辑"按钮可打开具有当前脚本的文本编辑器窗口。当"使用脚本文件"处于禁用状态时，则使用的是默认的"每步更新"脚本。当"使用脚本文件"处于启用状态时，如果已加载一个脚本，则使用的是加载的脚本。如果未加载脚本，单击"编辑"按钮将显示"打开"对话框。

使用脚本文件：当此项处于启用状态时，可以通过单击此项下面的按钮加载脚本文件。

(2) "最后一步更新"组。

当完成所查看(或渲染)的每帧的最后一个积分步长后，执行"最后一步更新"脚本。例如，在关闭"实时"的情况下，如果在视口中播放动画，则在粒子系统渲染到视口之前，粒子流会立即按每帧运行此脚本。但是，如果只是跳转到不同帧，则脚本只运行一次，因此如果脚本采用某一历史记录，就可能获得意外结果。因此，最好使用"最后一步更新"脚本来修改依赖于历史记录的属性。例如，如果系统中的操作符都不依赖于材质索引，则可以使用它来修改材质索引。在这种情况下，不必在每个中间积分步长中都设置那些索引。此外，如果知道位置的解析表达式，也可以在"最后一步更新"脚本中设置位置通道。

启用脚本：启用脚本可引起在最后的积分步长后执行内存中的脚本。可以通过单击"编辑"按钮修改此脚本，或者使用此组中的其余控件加载并使用脚本文件，默认脚本将修改粒子的速度和方向。

编辑：单击"编辑"按钮可打开具有当前脚本的文本编辑器窗口。当"使用脚本文件"

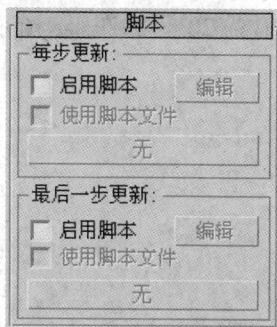

处于禁用状态时，则使用的是默认的"最后一步更新"脚本。当"使用脚本文件"处于启用状态时，如果已加载一个脚本，则使用的是加载的脚本。如果未加载脚本，单击"编辑"按钮将显示"打开"对话框。

　　使用脚本文件：当此项处于启用状态时，可以通过单击此项下面的按钮加载脚本文件。

1.3　项　目　实　施

　　(1) 单击"时间配置"按钮 ，打开时间配置对话框，设置帧速率为"电影"，动画帧数为 201，如图 1-8 所示。

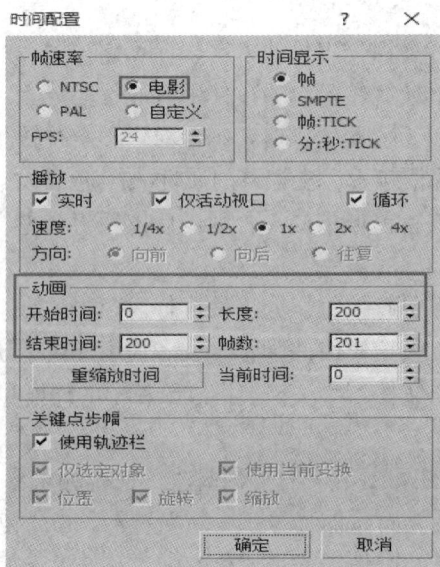

图 1-8　设置时间配置参数

　　(2) 创建地面和茶壶的下雨场景，地面是一个长度和宽度均为 10 m 的平面，茶壶半径为 0.35 m，如图 1-9 所示。

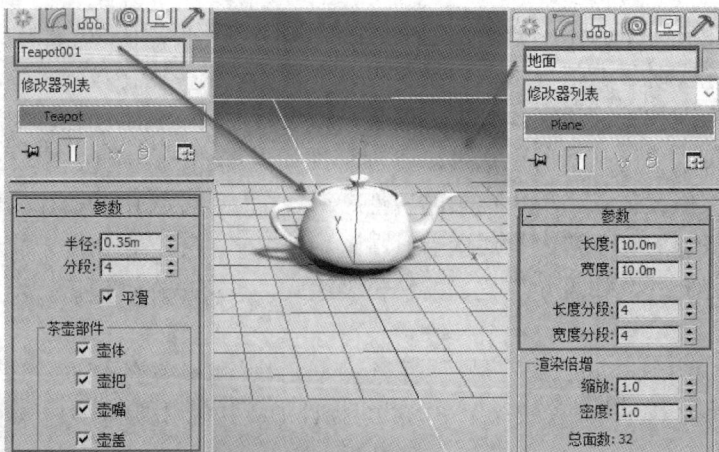

图 1-9　创建地面和茶壶的下雨场景

(3) 在前视图创建粒子流源，同时再创建一个长方体，作为降雨的天空，如图 1-10 所示。

图 1-10 创建粒子流源和天空

(4) 创建重力。单击"创建" ☀ →"空间扭曲" ≋ →"重力"，将重力创建在地面，设置其强度为 0.3，如图 1-11 所示。

图 1-11 创建重力

(5) 设置地面材质。按 M 键进入材质编辑器,设置地面的复合材质为"虫漆材质",基础材质为"水泥地",虫漆材质为"水",虫漆颜色混合为 92。动态雨水的凹凸贴图动画相位设置中,设置第 0 帧的相位为 0,第 200 帧时相位为 14,其余参数设置如图 1-12 所示。

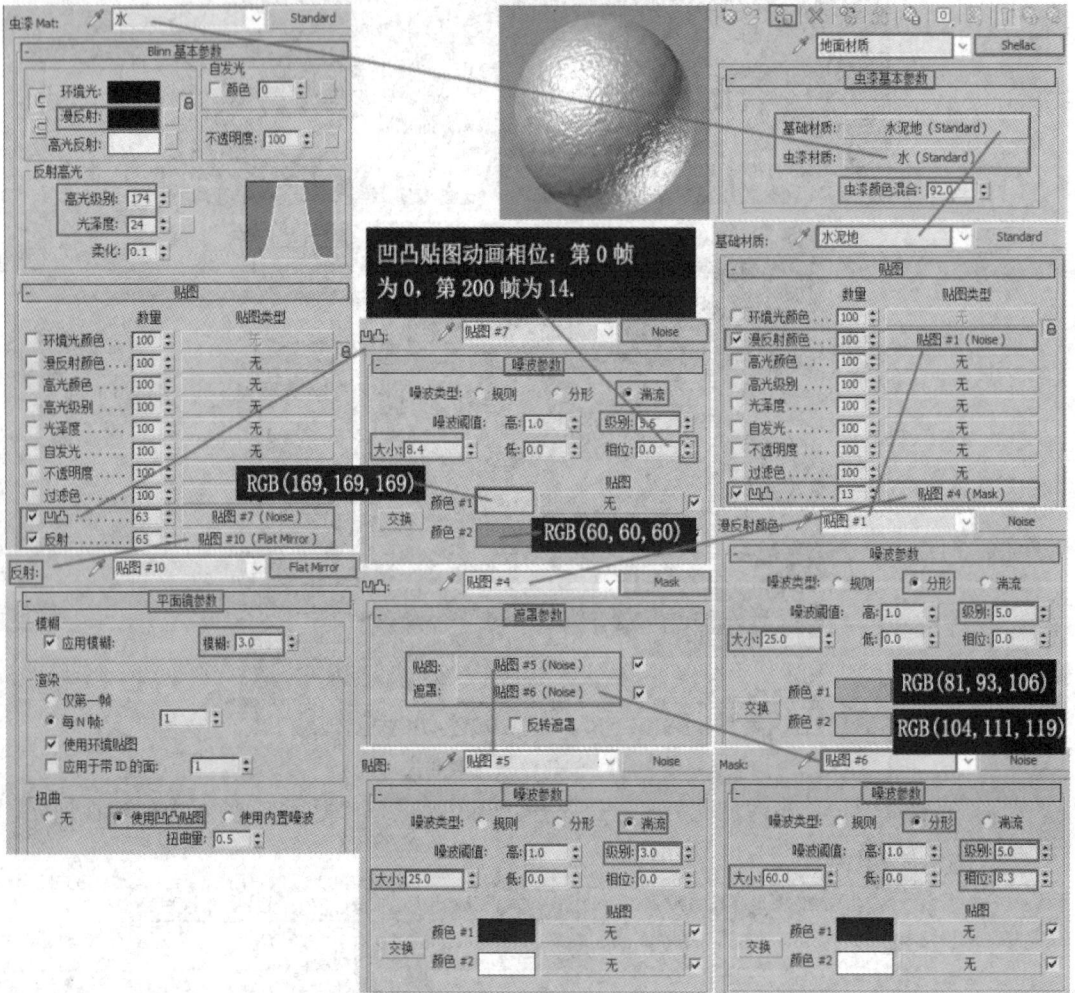

图 1-12　设置地面材质

(6) 设置茶壶材质。茶壶的复合材质也设置为"虫漆材质",虫漆颜色混合为 30。基础材质为标准材质(03-default),漫反射颜色为白色,虫漆材质漫反射颜色为黑色,高光级别为 174,光泽度为 24,反射贴图为"平面镜"(Flat Mirror),数量为 65。凹凸贴图为"噪波"(Noise),数量为 63,噪波类型为"湍流",大小为 8.4,级别为 5.6,颜色 #1 为浅灰,RGB(169, 169, 169),颜色 #2 为 RGB(60, 60, 60),制作茶壶上流水动画效果的贴图动画在第 0 帧噪波相位为 0,坐标偏移 Z 轴为 0,在第 200 帧处噪波相位为 14,Z 轴坐标偏移值为 32.9,如图 1-13 所示。

(7) 设置水花材质。水花材质为标准材质,明暗器基本参数为"面贴图",漫反射颜色为白色,自发光为 43,高光级别为 115,光泽度为 79,不透明度为 74,贴图类型为"遮罩"(Mask),遮罩贴图为"噪波"(Noise),噪波类型为"分形",大小为 26.2,级别为 3,遮罩为"渐变"(Gradient),渐变类型为"径向",如图 1-14 所示。

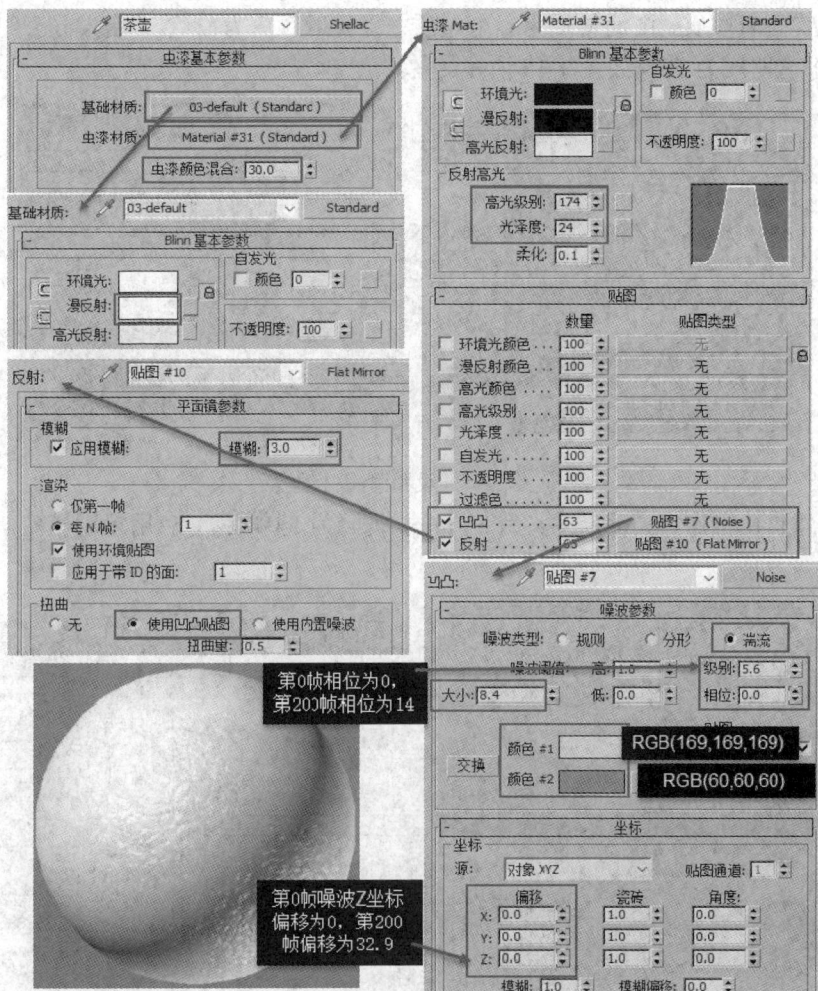

图 1-13　设置茶壶材质

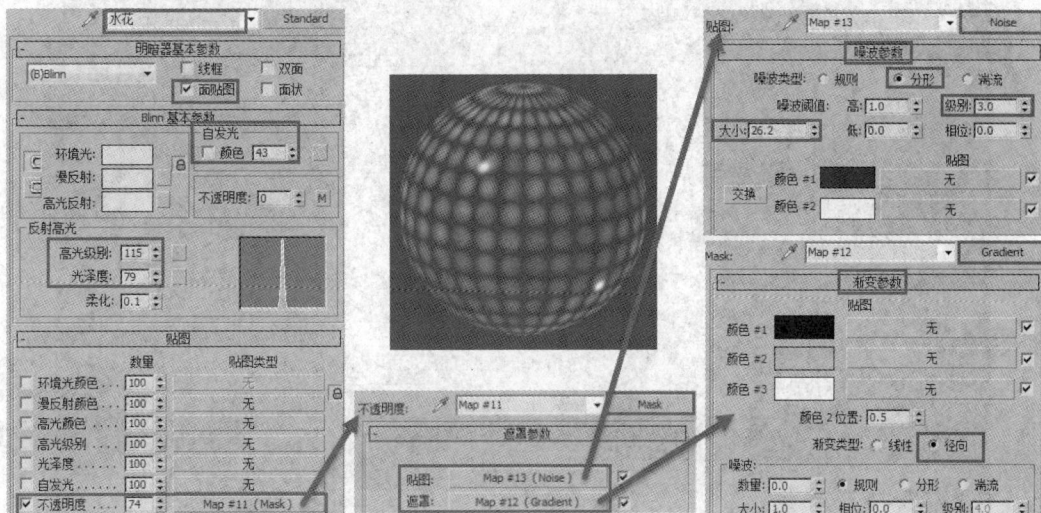

图 1-14　设置水花材质

(8) 设置雨滴材质。雨滴材质为标准材质,漫反射颜色为白色,"自发光"组下的颜色值为 69,不透明度为 50,如图 1-15 所示。

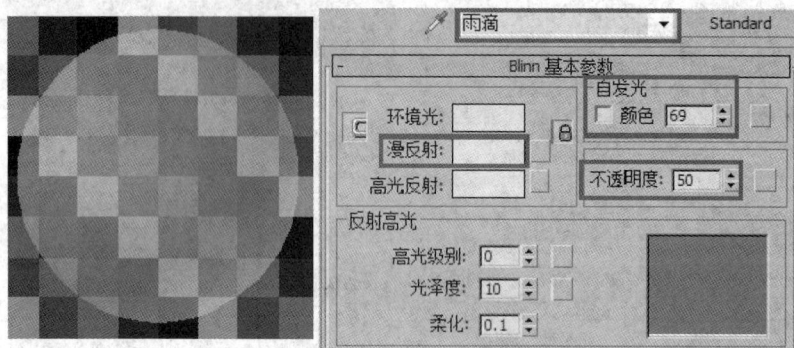

图 1-15　设置雨滴材质

(9) 创建自由摄像机,设置镜头为 35 mm,视野为 54.432°,启用运动模糊,如图 1-16 所示。

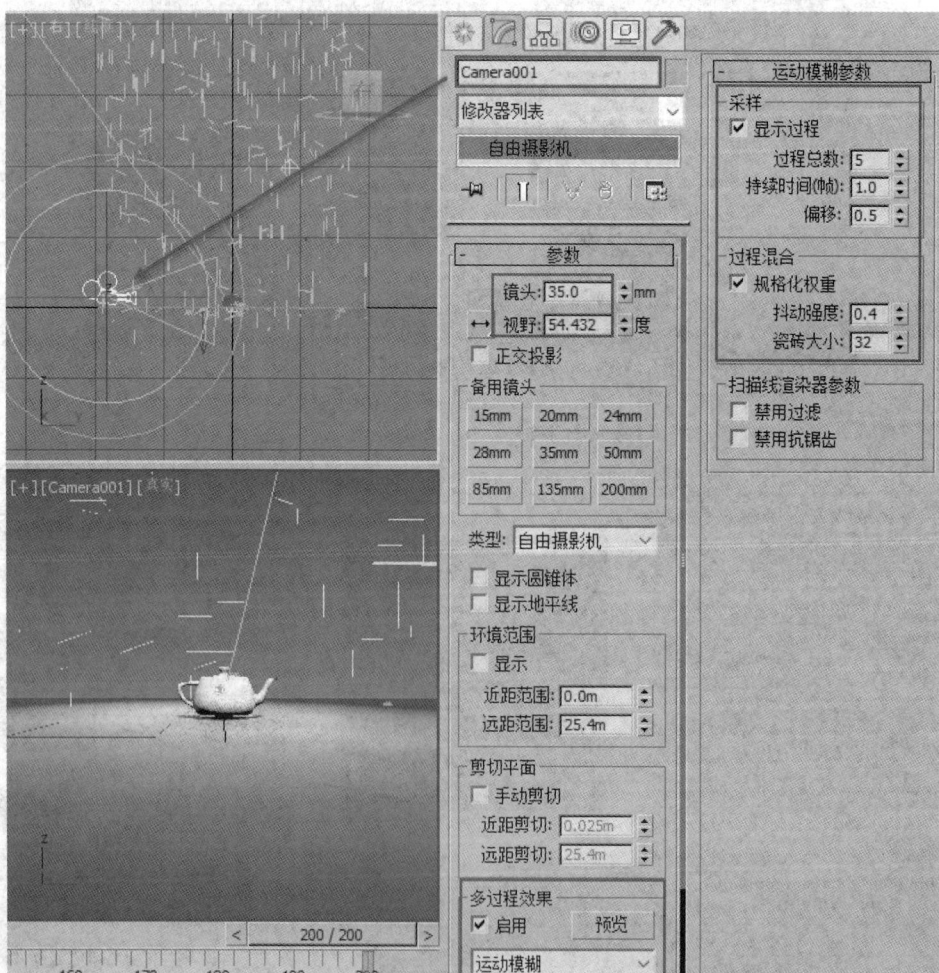

图 1-16　创建自由摄像机

(10) 进入粒子流源的修改面板，单击"粒子视图"按钮，打开粒子视图对话框。

(11) 如图 1-17 所示，下雨特效的粒子流源需要设置 9 项参数：

① 出生(发射开始：-35，发射停止：200，速率：1500)；

② 位置对象(发射器对象选择"降雨发射器"，位置选择"体积")；

③ 旋转(方向矩阵选择"速度空间"，X 方向旋转 90°)；

④ 力(单击"按列表"按钮选择"重力")；

⑤ 图形标准(Shape)(图形：四面体，大小：0.254 m)；

⑥ 缩放(取消限定比例，比例因子：X%为 3，Y%为 200，Z%为 3)；

微课 1.2

⑦ 材质静态(指定材质：雨滴)；

⑧ 删除(按粒子年龄：寿命 40)；

⑨ 显示(类型：边界框)。

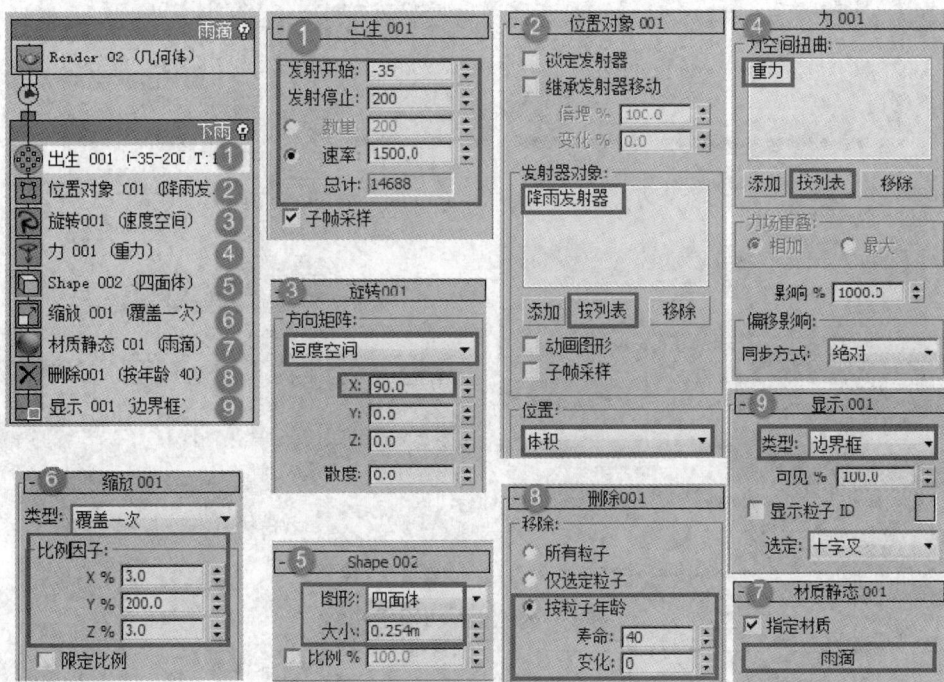

图 1-17 下雨粒子流源参数设置方法

(12) 雨水落到地面和茶壶后会溅起水花，因此此处需要创建一个水花粒子效果。从地面溅起水花参数设置如图 1-18A 部分所示，出生时间为从第 0 帧至第 200 帧，速率为 1200；位置对象选择"地面"，从其"曲面"产生；速度为 0.1 m，方向沿图标箭头，勾选反转；显示按十字叉方式；所有粒子全部发送出去。茶壶表面溅起水花参数设置如图 1-18B 部分所示，出生时间为从第 0 帧至 200 帧，速率为 150；位置对象选择"茶壶"，从其"曲面"产生；速度按曲面速度为 7.62 m，方向选择茶壶的"曲面法线"。水花再生参数设置如图 1-18C 部分所示，从地面和茶壶溅起的水花进行二次繁殖，删除父粒子，子孙数为 50，变化为 30%，使用单位为 1 m，变化为 30%，散度为 50。水花消失参数设置如图 1-18D 部分所示，图形朝向摄像机(Camera01)，材质静态为水花材质，删除过程是 2~5 帧，并受重力影响掉至地面。

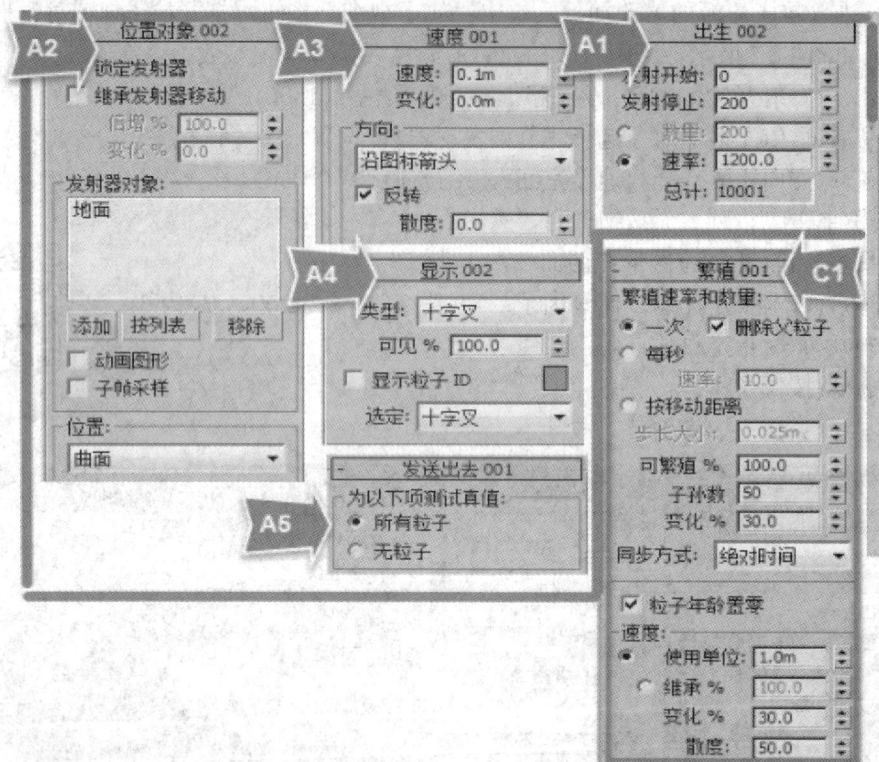

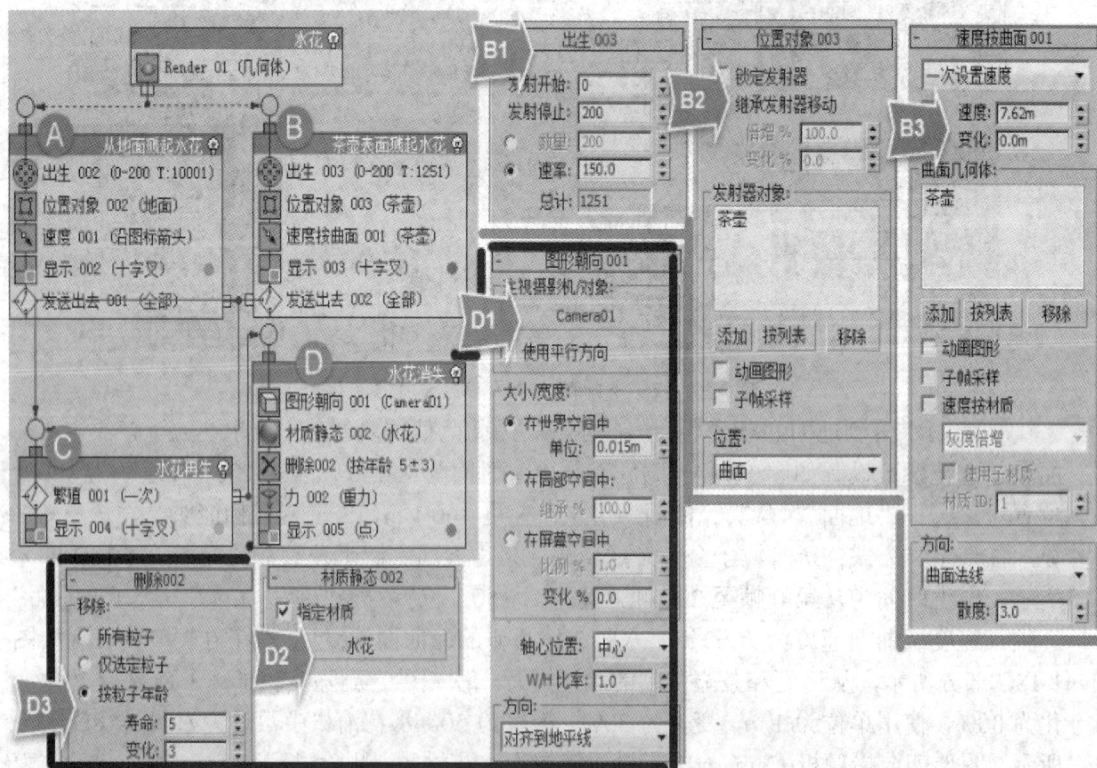

图 1-18　雨滴和水花的粒子流源参数设置方法

　　(13) 创建目标平行光，启用阴影贴图，光线强度倍增为 1.723，颜色为 RGB(203，220，232)，聚光区/光束为 0.203 m，衰减区/区域为 3.429 m，如图 1-19 所示。

图 1-19　创建目标平行光

　　(14) 创建两盏泛光灯，设置倍增为 0.46，颜色为 RGB(32，51，64)，如图 1-20 所示。

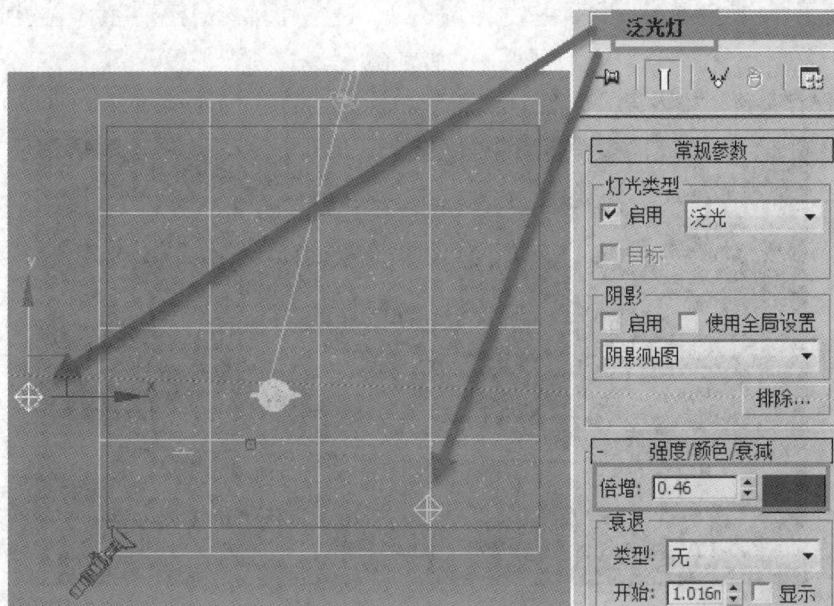

图 1-20　创建两盏泛光灯

(15) 按 F10 键打开"渲染设置"对话框，设置输出大小为 800 像素 × 600 像素，单击"渲染器"选项卡，设置过滤器为 Mitchell-Netravali，如图 1-21 所示。

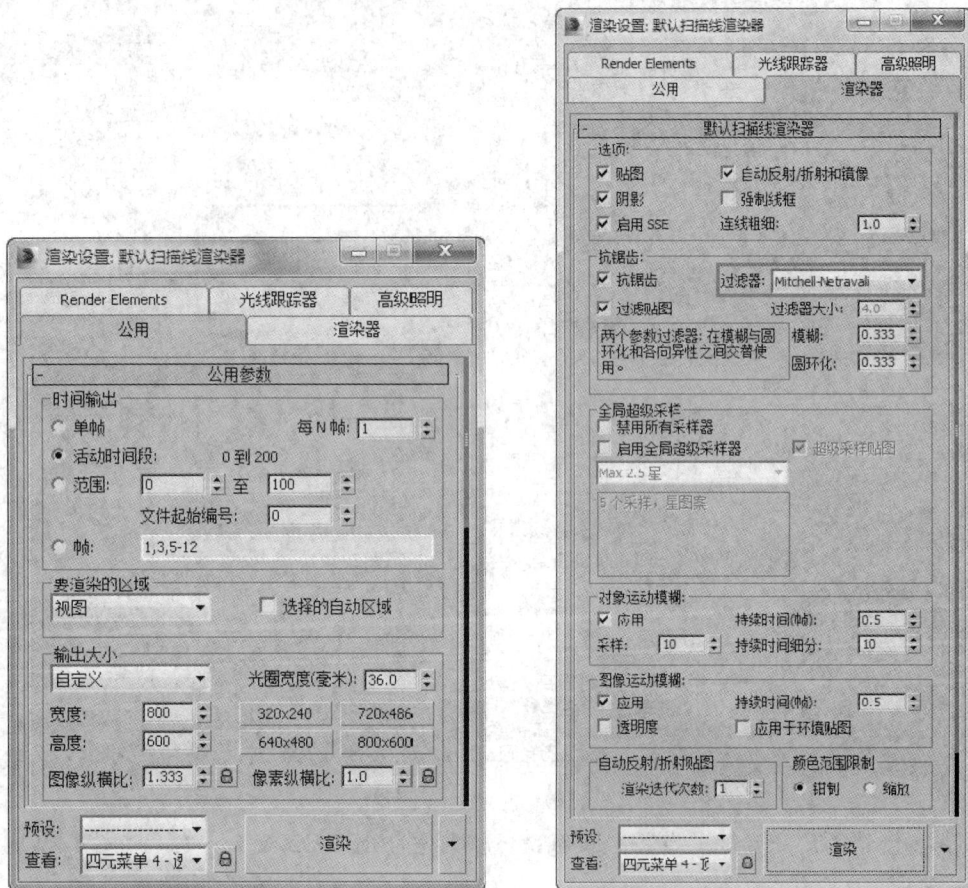

图 1-21　设置渲染参数

(16) 保存最终渲染效果，如图 1-22 所示。

图 1-22　下雨效果图

实 践 演 练

利用粒子系统的粒子流源创建下雪特效，效果图如图 1-23 所示。

图 1-23　下雪效果图

实践演练 1　制作下雪特效

项目 2　制作水波涟漪特效

2.1　项 目 描 述

创建小球落入水缸产生水波涟漪的动画效果，如图 2-1 所示。

动画 2

图 2-1　水波涟漪效果图

具体要求如下：

(1) 在场景中创建地面、水缸和皮球。

(2) 设置地面、水缸和皮球的材质和贴图。

(3) 设置环境背景为蓝天白云。

(4) 制作小球动画及水波涟漪特效，动画符合自然规律。

(5) 渲染输出第 0、15、20、85、100 帧的效果图，并输出 avi 格式的动画文档，输出大小为 800 像素×600 像素。

微课 2

2.2　知 识 准 备

涟漪修改器

使用涟漪修改器可以在对象几何体中制作同心涟漪效果，如图 2-2 所示。用户可以使用两种不同涟漪效果中的一个，也可以使用两者的组合。涟漪使用标准的 Gizmo(变形器)和中心，可以将涟漪进行变换以提高其变化的数量。

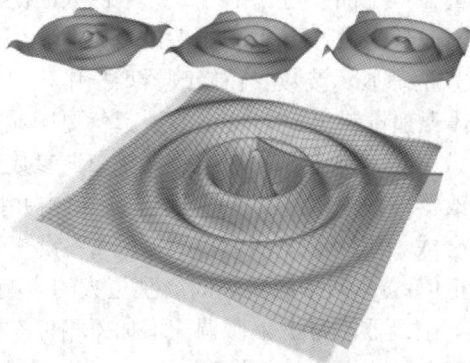

图 2-2　涟漪修改器

使用涟漪修改器的操作步骤如下：

(1) 在 3ds Max 新建场景的"透视"视口中创建一个"平面"，将"长度"和"宽度"都设置为 100，同时将"长度分段"和"宽度分段"都设置为 10，"平面"对象可用于产生涟漪的水体面的基础，如图 2-3 所示。

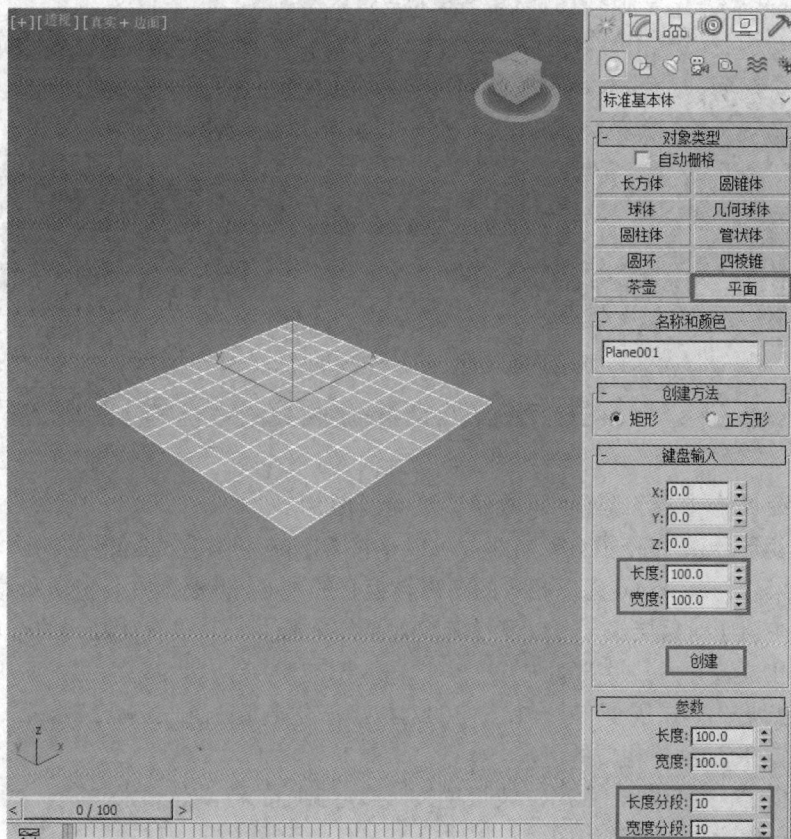

图 2-3　创建平面

(2) 单击"修改"选项卡 切换到修改命令面板，然后选择"修改器列表"框下拉菜单的"涟漪"(Ripple)命令，将"涟漪"修改器应用于"平面"对象，在"参数"卷展栏中，将"振幅1"设置为10，会在"平面"对象中形成一个巨大的涟漪。可以通过调节波长的方式更改水平缩放，如将"波长"设置为20，虽然波变小了，但是现在很明显"平面"对象需要更大的几何分辨率来正确显示波数。在修改器堆栈中，单击"平面"按钮，然后将"长度分段"和"宽度分段"都设置为30，变小的波起伏更明显了，涟漪修改器在所应用的几何体中要设置较大的数来正常地工作。使用"振幅2"参数，增加"涟漪"创建的波形的复杂程度。返回到修改器堆栈的"涟漪"层级，然后单击并按住"振幅2"，同时向下拖动，拖动现有的波形组合成一组新的波形。将"振幅2"设置为负值(如果"振幅1"是负值的话，则将其设置为正值)会在两个波集之间产生更大的影响。可以用"相位控制"来为波设置动画，对"相位"微调器进行上下微调，增加"相位"值会使波向内移动，减少"相位"值会使波向外移动。如果要为波设置动画，可以为"相位"值创建关键帧。如果要模拟液体，可拖动对象"涟漪"修改器的"衰退"设置，对"衰退"微调器进行上下微调，拖动得越远，波的尺寸随着效果中心的距离减少得越多。设置"涟漪"修改器参数后的平面涟漪效果如图2-4所示。

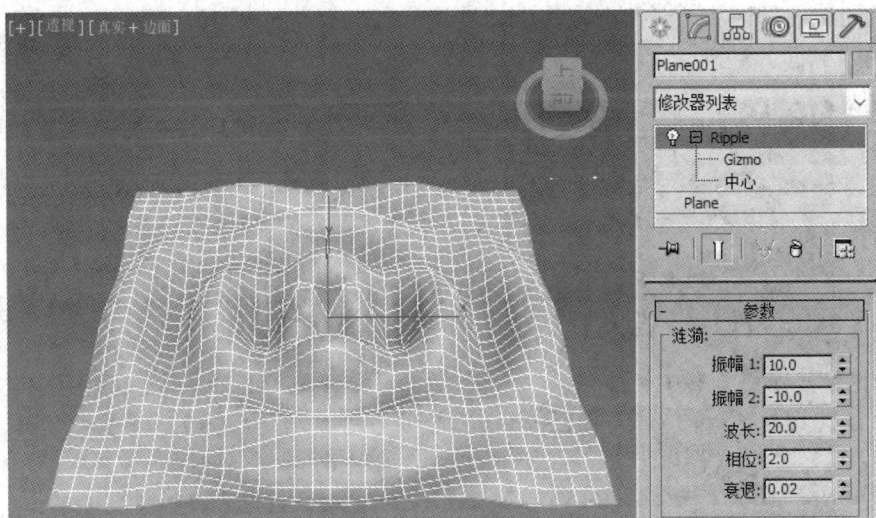

图 2-4　平面涟漪效果

下面介绍"涟漪"修改器的堆栈和参数卷展栏。

Gizmo(变形器)：在该子对象层级，可以平移 Gizmo 和设置 Gizmo 的动画，从而改变修改器的效果。转换 Gizmo 将以相等的距离转换它的中心，可根据中心转动和缩放 Gizmo。

中心：在该子对象层级，可以变换涟漪效果的中心并为其设置动画，同时也可以变换涟漪的形状和位置并为其设置动画。

振幅 1/振幅 2："振幅 1"在一个方向的对象上产生涟漪，而"振幅 2"为第一个右角(围绕垂直轴旋转 90°)创建相似的涟漪。

波长：指定波峰之间的距离，波长越长，给定振幅的涟漪越平滑越浅，默认值为 50。

相位：转移对象上的涟漪图案，相位值为正数表示图案向内移动，为负数表示图案向外移动，当设置动画时，该效果会变得特别清晰。

衰退：限制从中心生成的波的效果，默认值 0.0 意味着波将从中心无限产生，增加"衰退"值会引起波浪振幅随中心距离的增加而减小，从而限制产生波的距离。

2.3　项目实施

1. 创建场景

(1) 单击"时间配置"按钮，打开"时间配置"对话框，设置帧速率为"电影"，动画帧数为 201 帧，如图 2-5 所示。

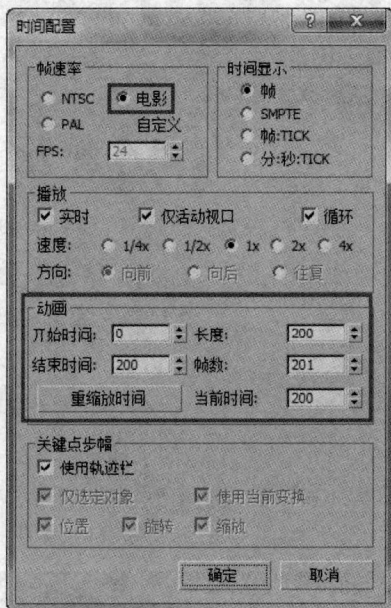

图 2-5　设置时间配置参数

(2) 单击"自定义"菜单栏，选择"单位设置"，打开"单位设置"对话框，设置"公制"为"毫米"，设置完成后单击"确定"按钮，如图 2-6 所示。

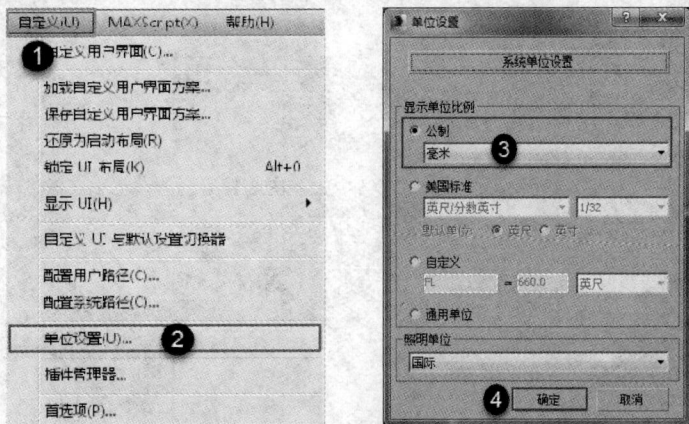

图 2-6　设置单位为毫米

(3) 单击"创建"→"圆柱体",在"键盘输入"卷展栏中输入"半径"为 750 mm,高度为 900 mm,在"参数"卷展栏中输入"端面分段"数为 15,将名称设置为"水缸",设置完成后单击"创建"按钮,在透视图中创建一个圆柱体,如图 2-7 所示。

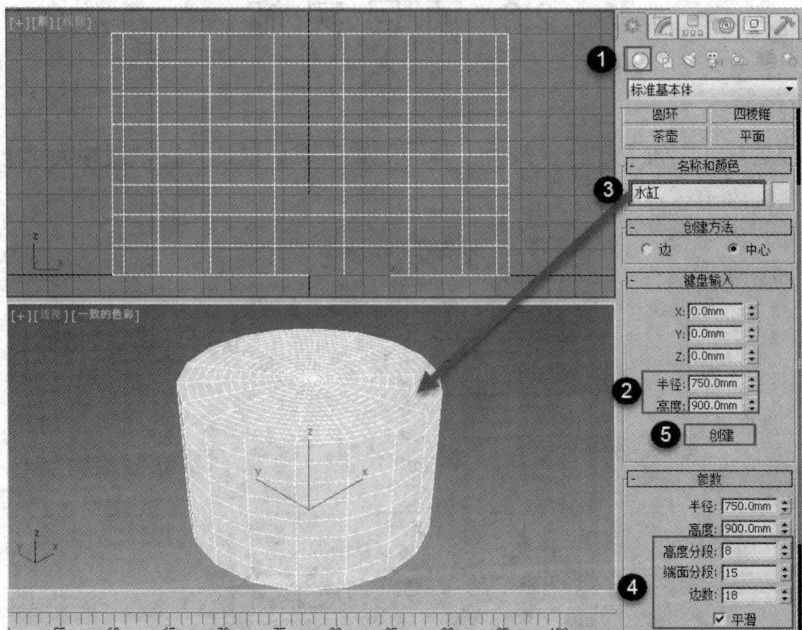

图 2-7   创建水缸

(4) 在"水缸"圆柱体上单击鼠标右键,在弹出的菜单中选择"转换为"→"转换为可编辑多边形",将圆柱体转换为可编辑多边形,如图 2-8 所示。

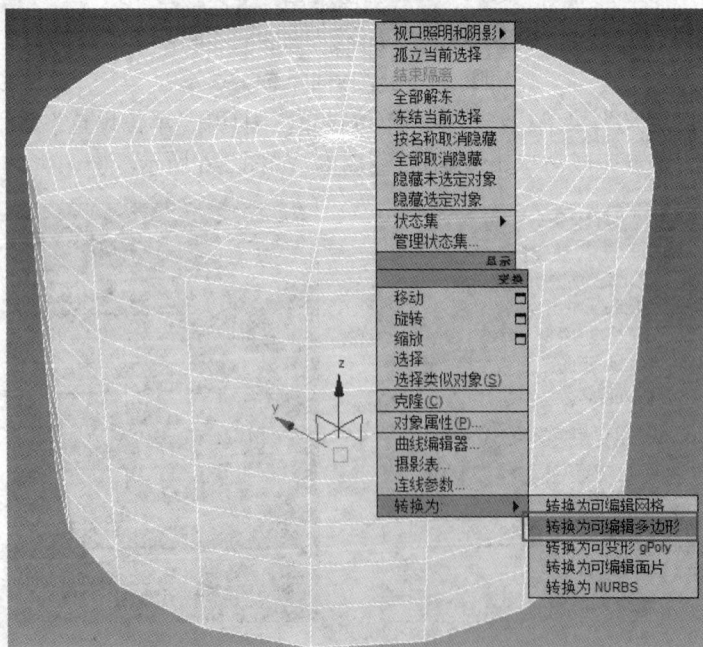

图 2-8   将水缸转换为可编辑多边形

(5) 将可编辑多边形选择为"顶点"模式，框选每一行的顶点，使用"缩放"工具和"移动"工具调整水缸的形状，注意要等比缩放，顶视图的水缸形状要是圆形，否则水缸会变扁，如图 2-9 所示。

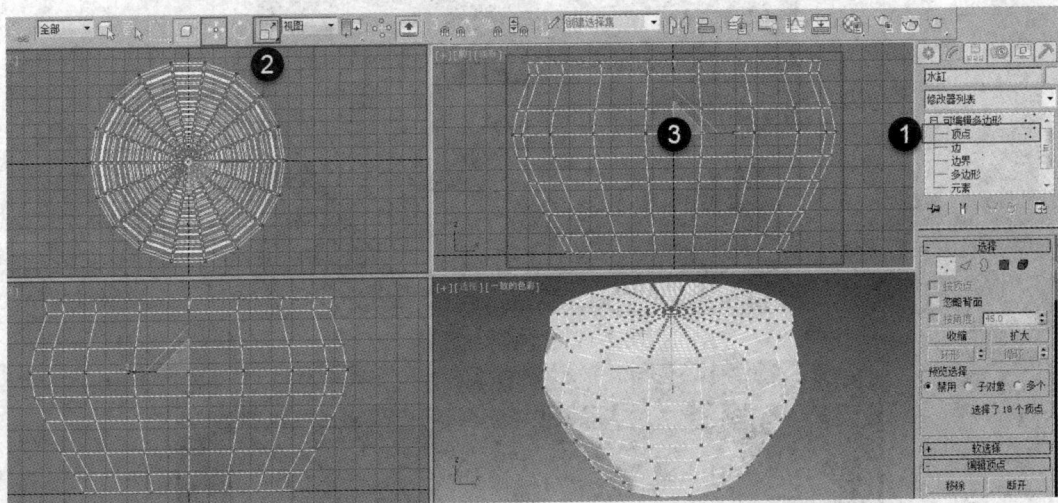

图 2-9　调整水缸的形状

(6) 选择可编辑多边形的"多边形"模式，先框选所有的面，在前视图中按住 Alt 键框选水缸下面所有的面，取消多余面的选择，此时只有水缸的顶部被选择，如图 2-10 所示。

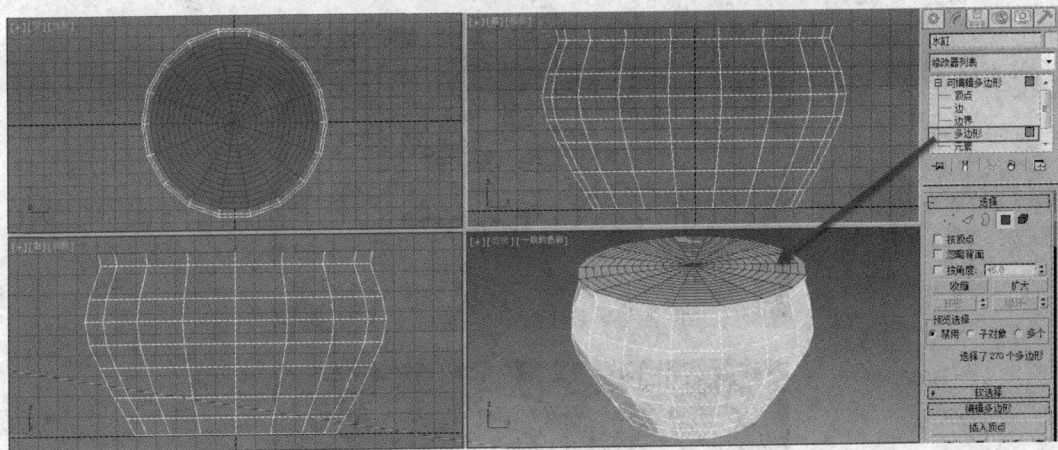

图 2-10　选择水缸的顶面

(7) 在被选择的顶面上单击鼠标右键，在弹出的菜单中选择"挤出"，设置挤出多边形 10 mm，设置完成后单击对勾按钮，将水缸顶边挤出一定厚度，如图 2-11 所示。

(8) 使用"选择并均匀缩放"工具将水缸顶部的面按比例缩小，再挤出 0 个单位，将顶面下移，配合缩放工具制作出水缸内的凹槽，如图 2-12 所示。

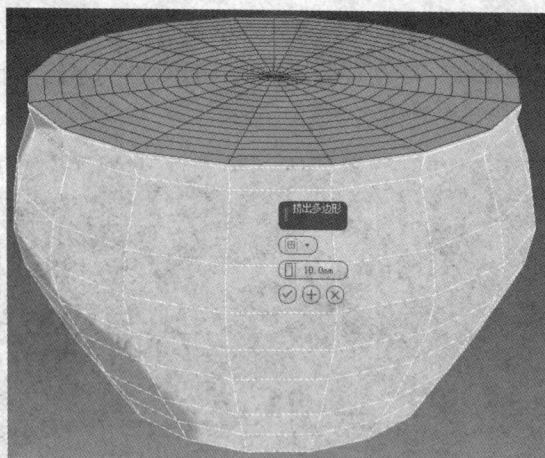

图 2-11　挤出水缸边缘

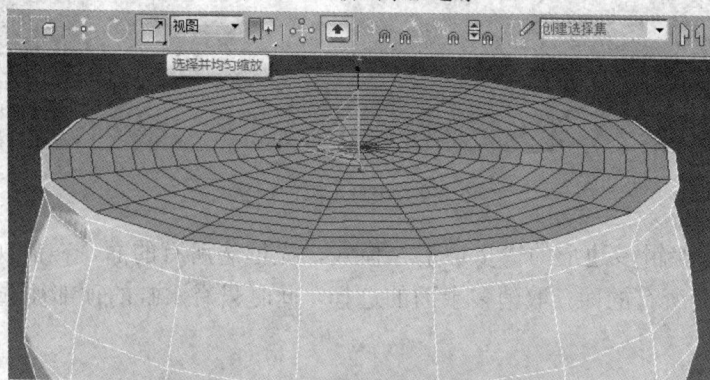

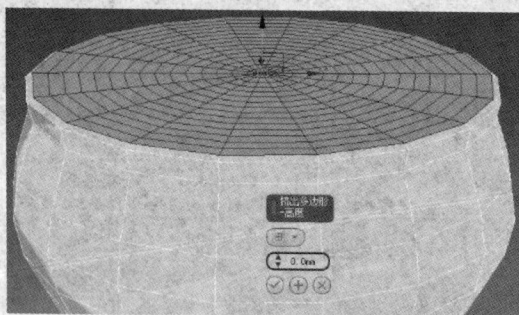

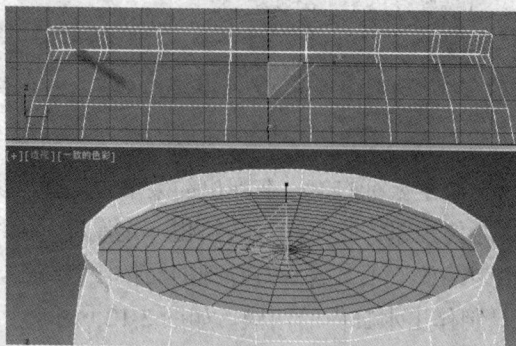

图 2-12　制作水缸内凹槽

(9) 单击"分离"按钮，打开"分离"对话框，将水缸顶面分离为"水面"，设置完成后单击"确定"按钮，如图 2-13 所示。

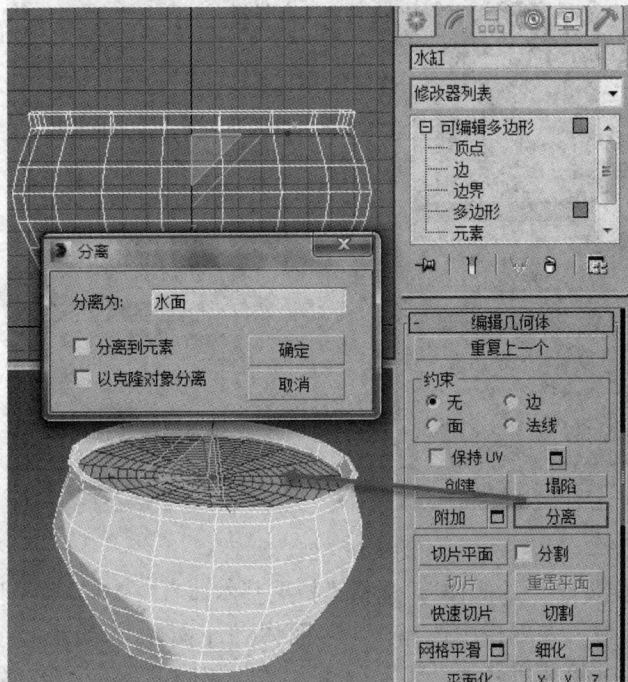

图 2-13　分离水面

(10) 单击多边形图标取消多边形选择模式，单击"按名称选择"工具，在"从场景选择"对话框中选择"水面"后单击"确定"按钮，将水面颜色设置为浅蓝色，如图 2-14 所示。

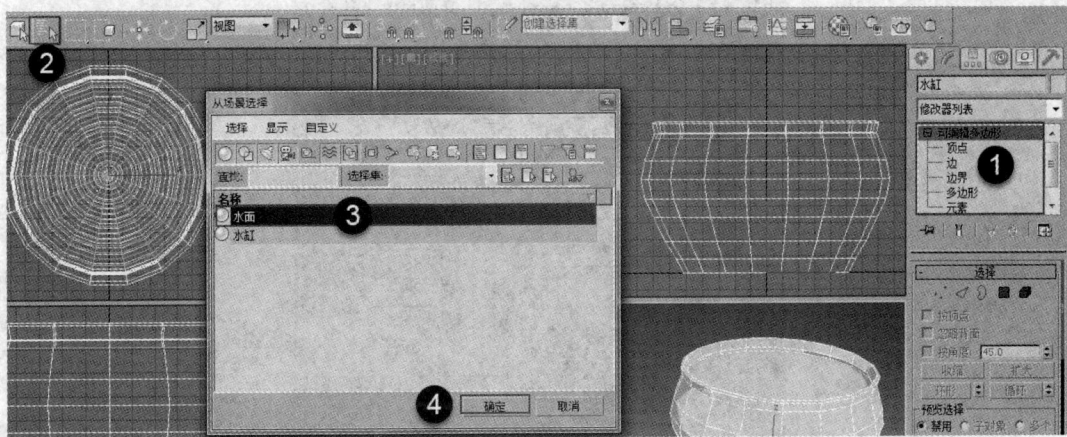

图 2-14　设置水面颜色

(11) 单击"创建"→"几何体"→"平面"，在"键盘输入"卷展栏中输入长度和宽度均为 5000 mm，将名称命名为"地面"，设置完成后单击"创建"按钮，在水缸下面创建一个地面，如图 2-15 所示。

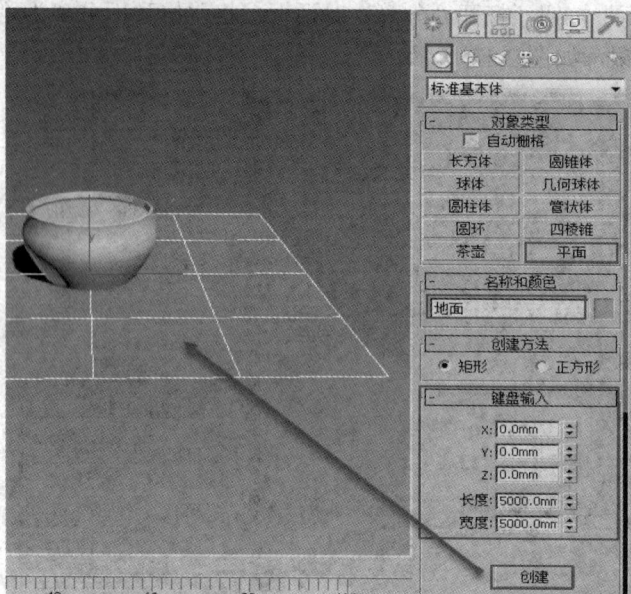

图 2-15　创建地面

　　(12) 单击"创建"→"几何体",选择"扩展基本体",在"对象类型"卷展栏中选择"异面体",在"参数"卷展栏中选择"十二面体/二十面体",设置"系列参数"中的 P 值和 Q 值均为 0.2,并将其命名为"球",先将小球位置归零,再调整其位置处于水缸正上方,并调整小球的大小,如图 2-16 所示。

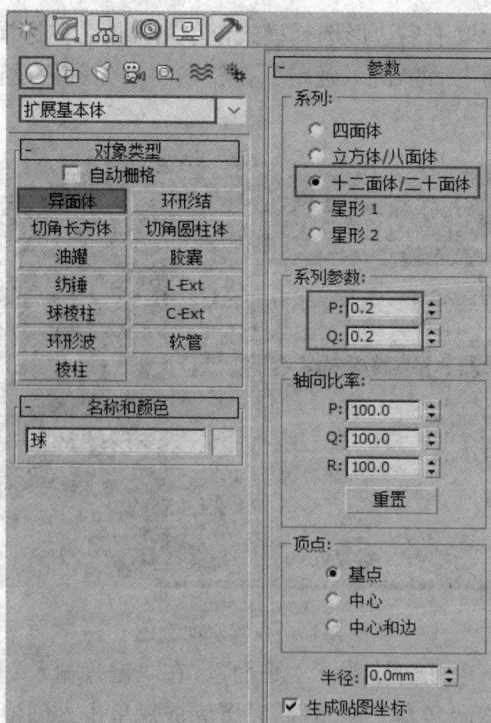

图 2-16　创建小球

2. 设置材质与贴图

(1) 打开"材质编辑器"，将第 1 个材质球命名为"水面材质"，将漫反射颜色设置为黑色，高光级别为 80，光泽度为 55，柔化为 0，再打开"贴图"卷展栏，设置不透明度数量为 30，贴图类型选择"衰减(Falloff)"，如图 2-17 所示。

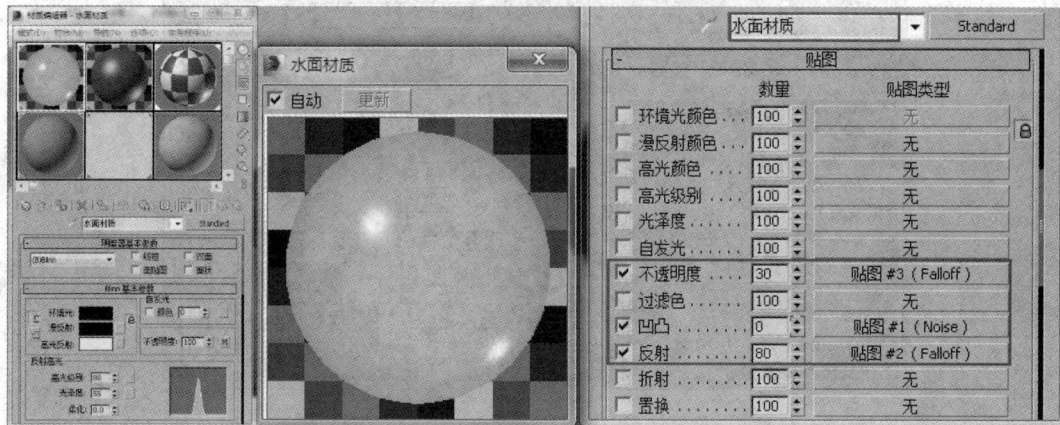

图 2-17　创建水面材质

(2) 设置衰减参数前面颜色为 RGB(174，195，205)，侧面颜色为 RGB(191，220，231)，如图 2-18 所示。

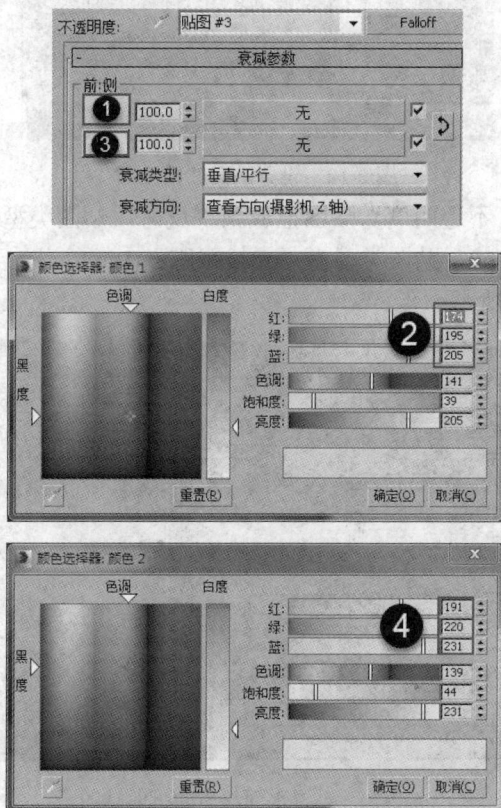

图 2-18　设置水面不透明贴图

(3) 返回水面材质的父级，设置凹凸贴图类型为"噪波"(Noise)，噪波类型为"湍流"，大小为 40，级别为 3，相位要设置动态参数，启用自动关键点，设置第 0 帧相位为 0，第 200 帧相位为 14，再返回水面材质父级，设置第 0 帧凹凸数量为 0，第 20 帧为 50，第 85 帧为 0，如图 2-19 所示。

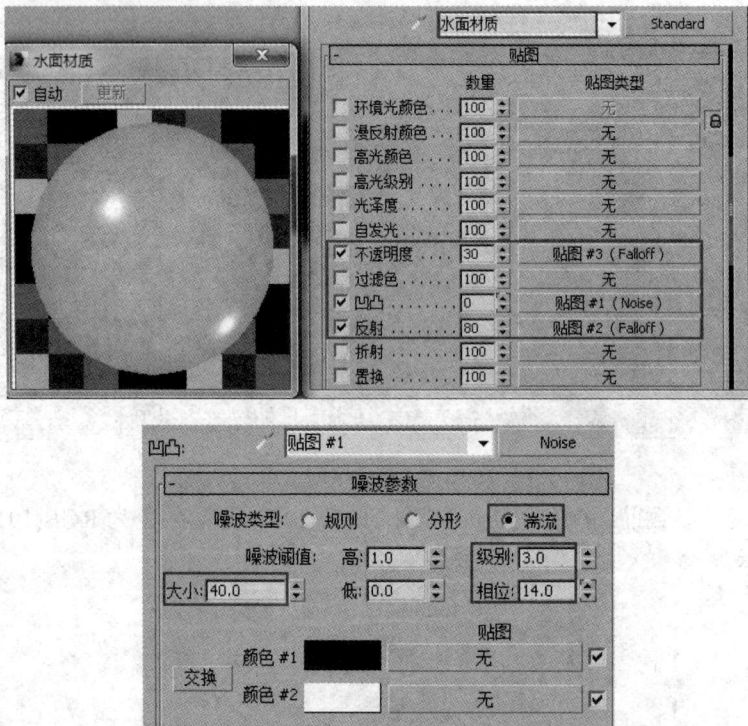

图 2-19　设置水面凹凸贴图

(4) 将水面材质的"不透明度"贴图拖放到"反射"贴图类型，选择复制，设置反射数量为 80，折射数量为 60，贴图类型为"光线跟踪"(Raytrace)，此时水面材质具有波光粼粼的效果，如图 2-20 所示。

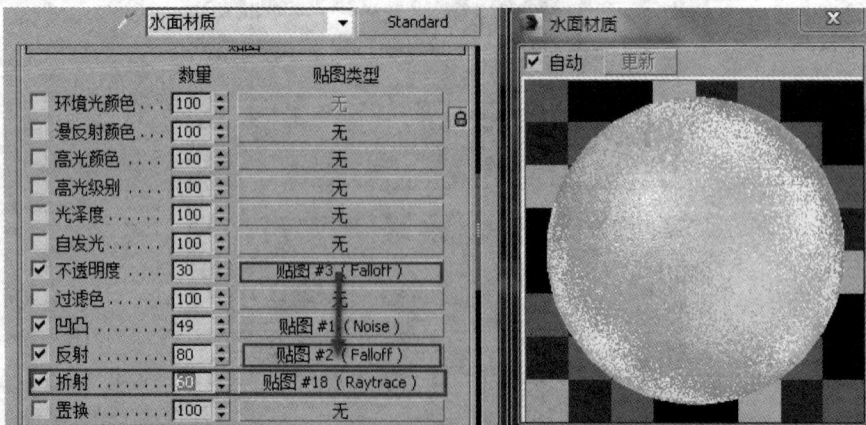

图 2-20　设置水面材质的折射贴图

(5) 选择第 2 个材质球，将其命名为"水缸材质"，并勾选"双面"，这样渲染时水缸在地面的投影不会被穿透，设置漫反射颜色为 RGB(51，16，2)，高光级别为 64，光泽度为 31，凹凸数量为 30，贴图类型选择"斑点"(Speckle)，大小为 200，如图 2-21 所示。

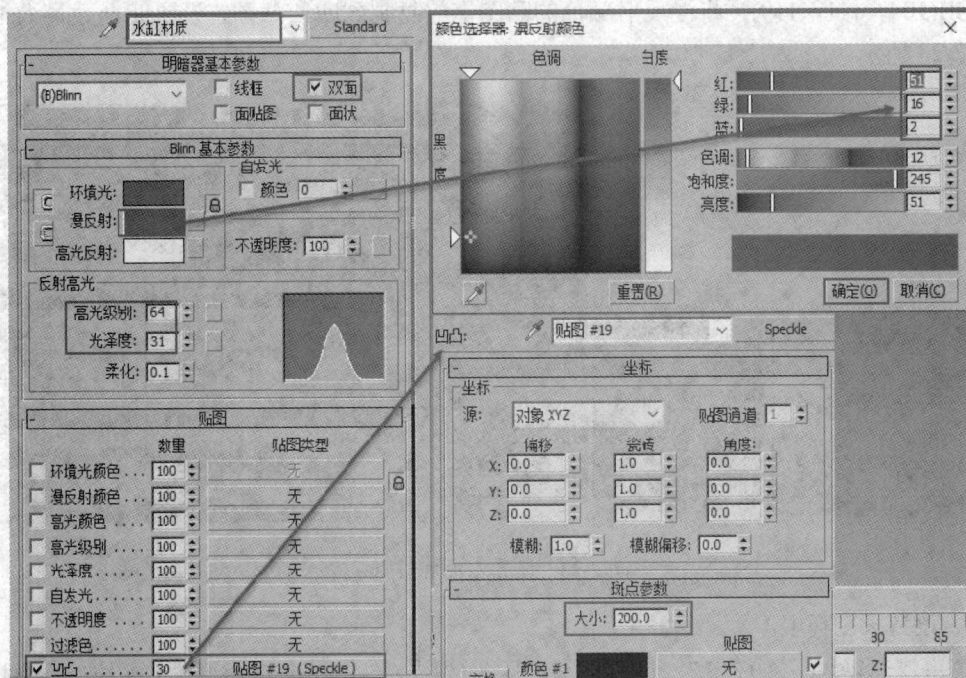

图 2-21　制作水缸材质

（6）选择第 3 个材质球，将其命名为"球"，设置为"多维/子对象材质"，设置数量为 3，分别设置 ID1 为红色，ID2 为黄色，ID3 为蓝色，如图 2-22 所示。

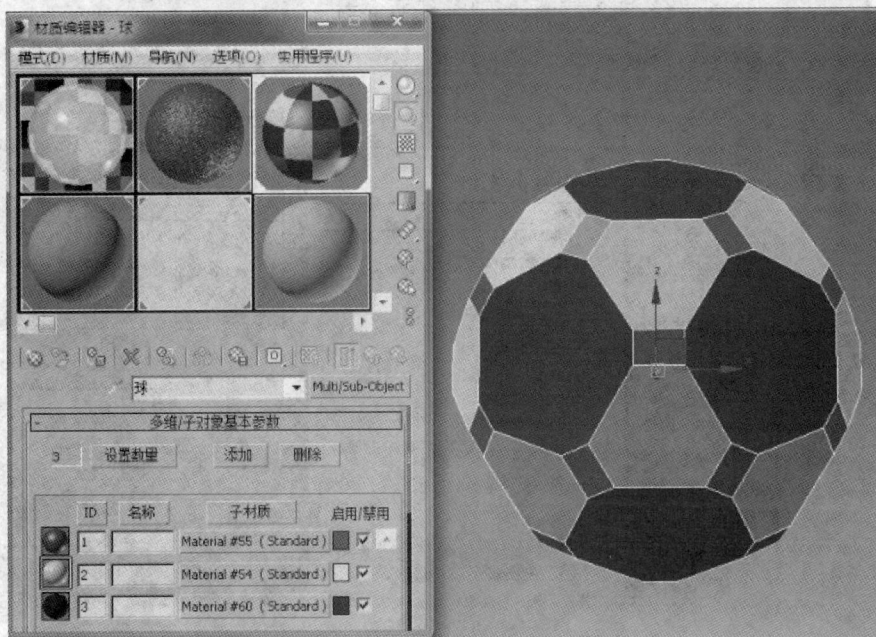

图 2-22　制作小球材质

(7) 选择第 4 个材质球，将其命名为"水泥地"，设置漫反射颜色贴图类型为"噪波" (Noise)，类型为"分形"，大小为 25，级别为 5，颜色#1 为 RGB(81，93，106)，颜色 #2 为 RGB(104，111，119)，将漫反射颜色的贴图拖放复制到凹凸贴图，设置凹凸数量为 13，如图 2-23 所示。

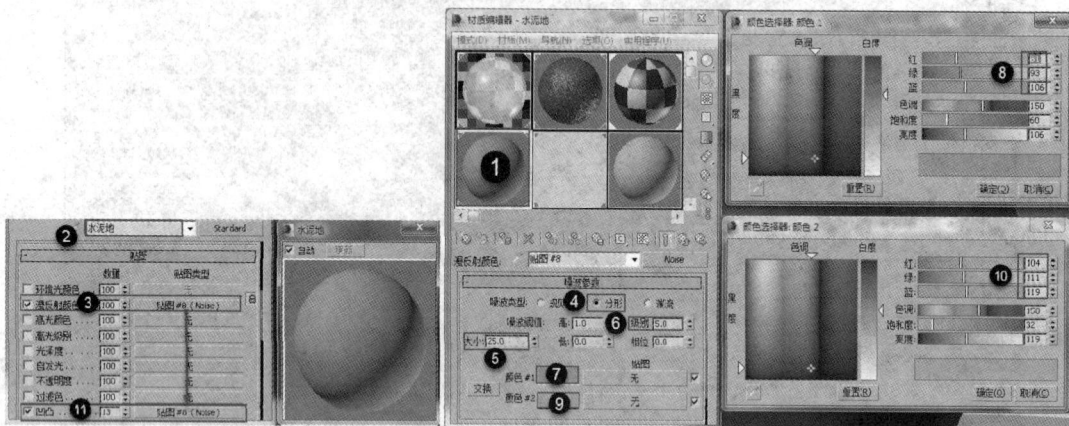

图 2-23　制作水泥地材质

3. 设置天空环境

单击"渲染"→"环境"，设置环境贴图为"噪波"(Noise)，将噪波贴图拖放到材质编辑器的第 4 个材质球上，选择"实例"，将颜色#1 设置为蓝色，颜色 #2 为白色，如图 2-24 所示。

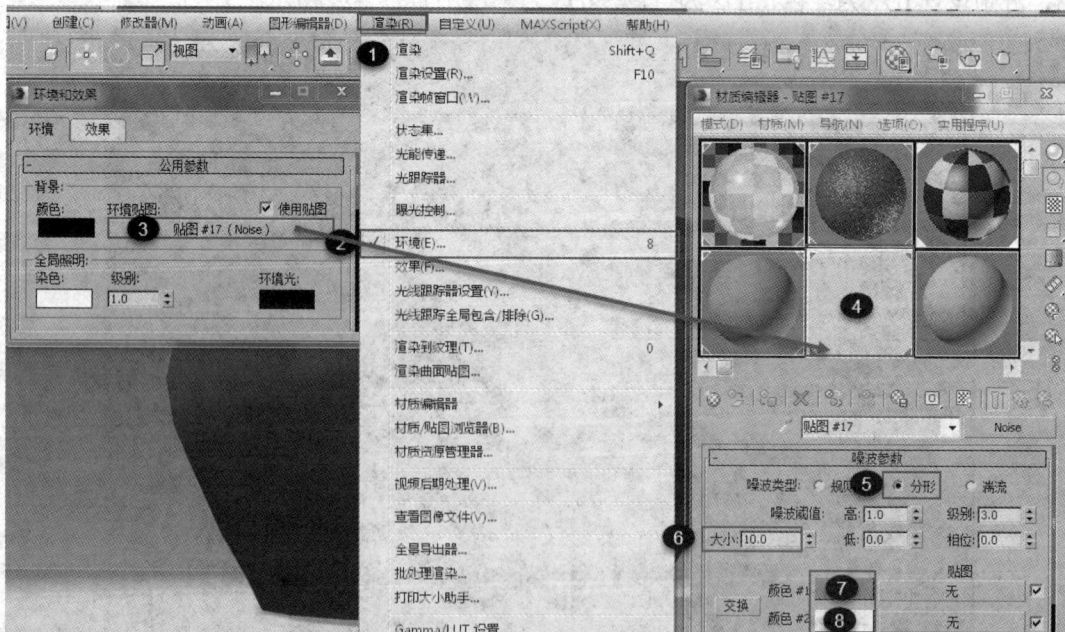

图 2-24　设置天空环境背景

4. 制作小球下落动画

先转换为前视图，单击"自动关键点"激活动画帧轨迹，将滚动条移动到第 15 帧，选择小球并将其向下移动到水缸底部，如图 2-25 所示。

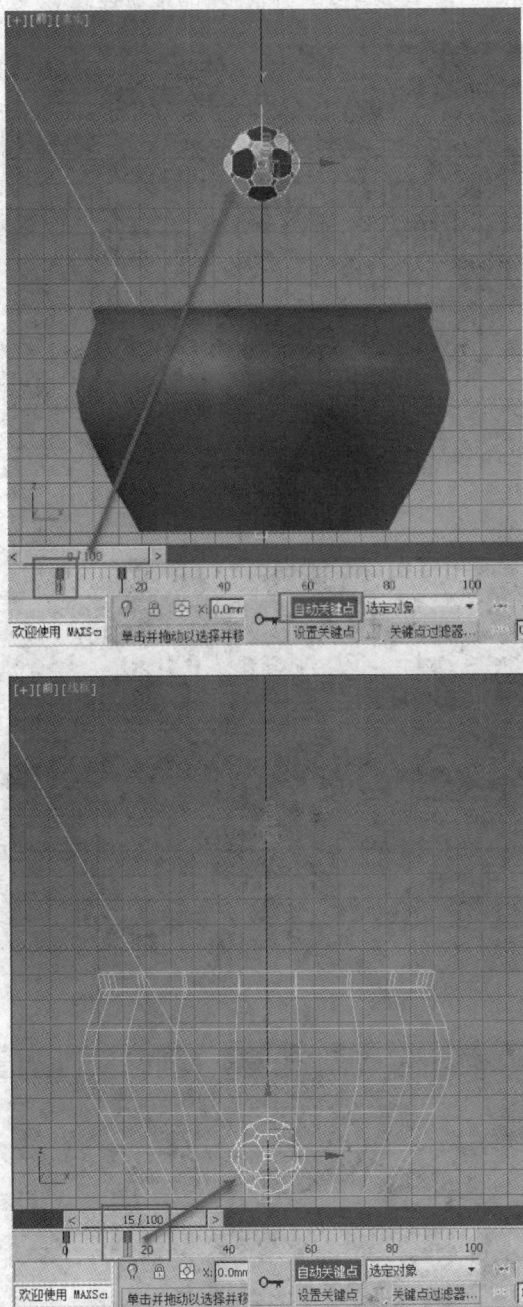

图 2-25 制作小球下落动画

5. 制作水波涟漪动画

将当前视图转换为透视图，选择"水面"，在其修改器列表中输入"涟漪"，确定激活"自动关键点"后,设置第 0 帧"涟漪"所有参数为 0;在第 15 帧直接单击鼠标右键创建一个关键帧,其"涟漪"所有参数也为 0;第 20 帧"涟漪"振幅 1 和振幅 2 都为 30 mm,波长为 200 mm;第 85 帧"涟漪"振幅 1 和振幅 2 都为 5 mm,波长为 10 mm;第 100 帧"涟漪"所有参数也为 0。设置完成后单击"自动关键点",取消激活状态,如图 2-26 所示。

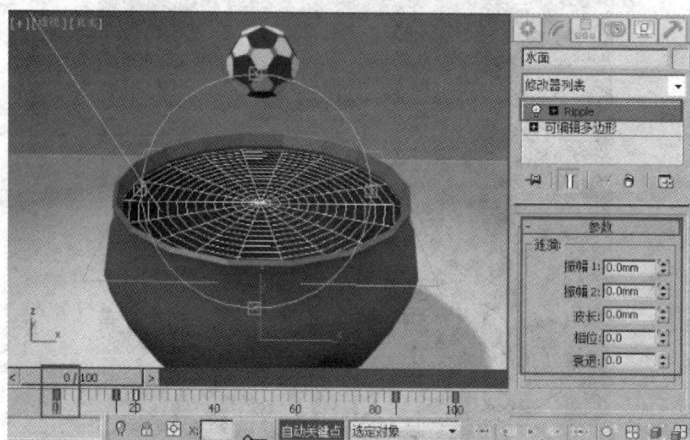

第 0 帧

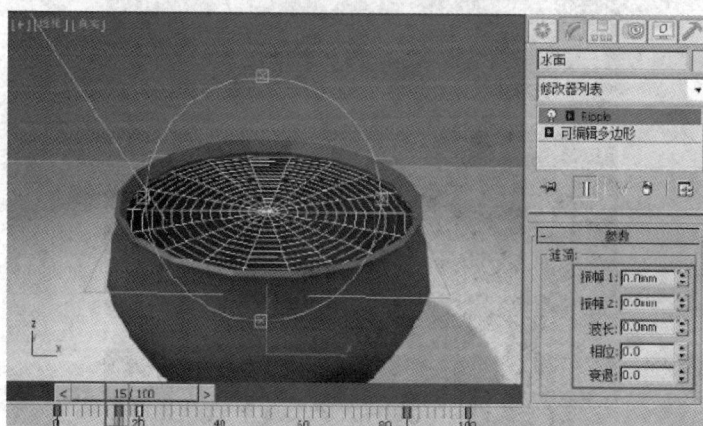

第 15 帧

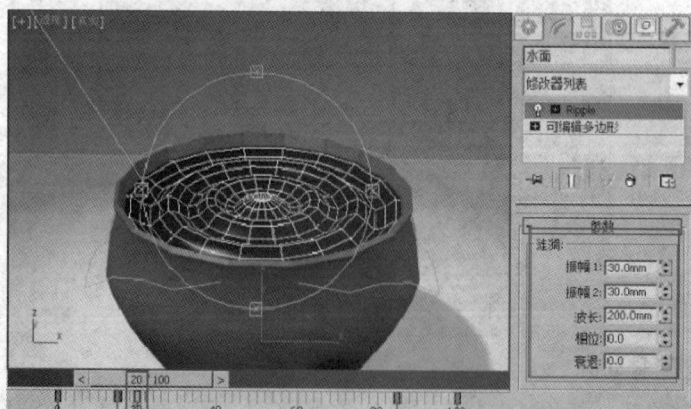

第 20 帧

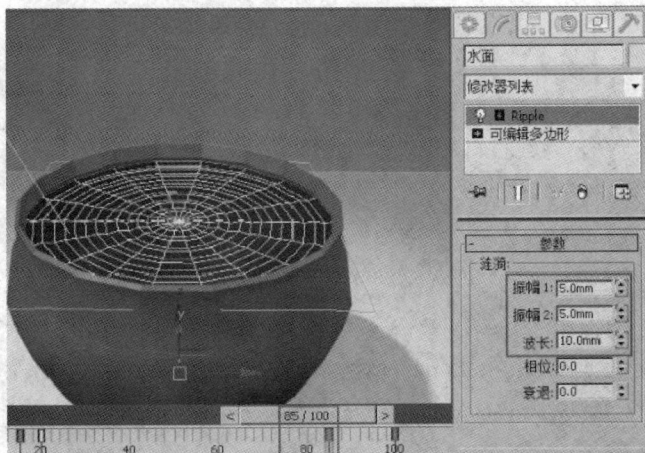

第 85 帧

第 100 帧

图 2-26　制作水波涟漪动画

6. 创建灯光

(1) 创建目标平行光，启用阴影，设置光线强度倍增为 1.723，颜色为 RGB(203，220，232)，聚光区/光束为 203 mm，衰减区/区域为 3429 mm，如图 2-27 所示。

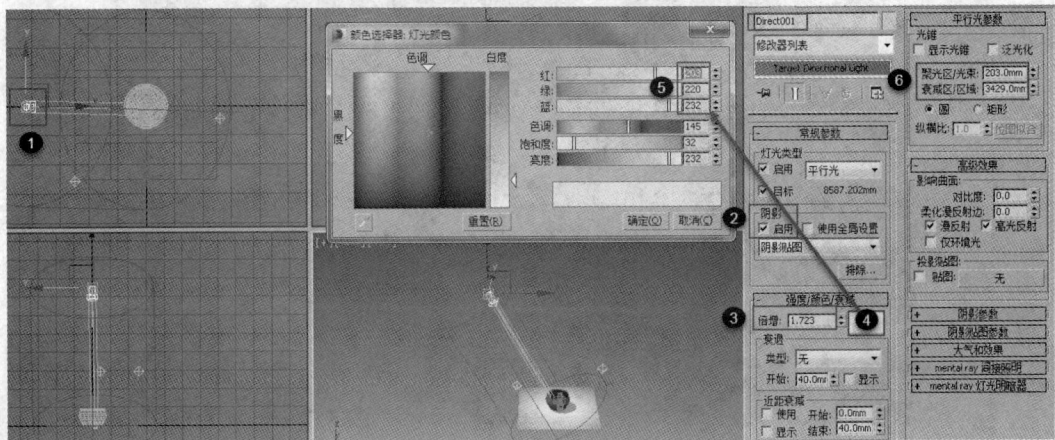

图 2-27　创建目标平行光

(2) 创建两盏泛光灯，设置倍增为 0.6，颜色为 RGB(32，51，64)，如图 2-28 所示。

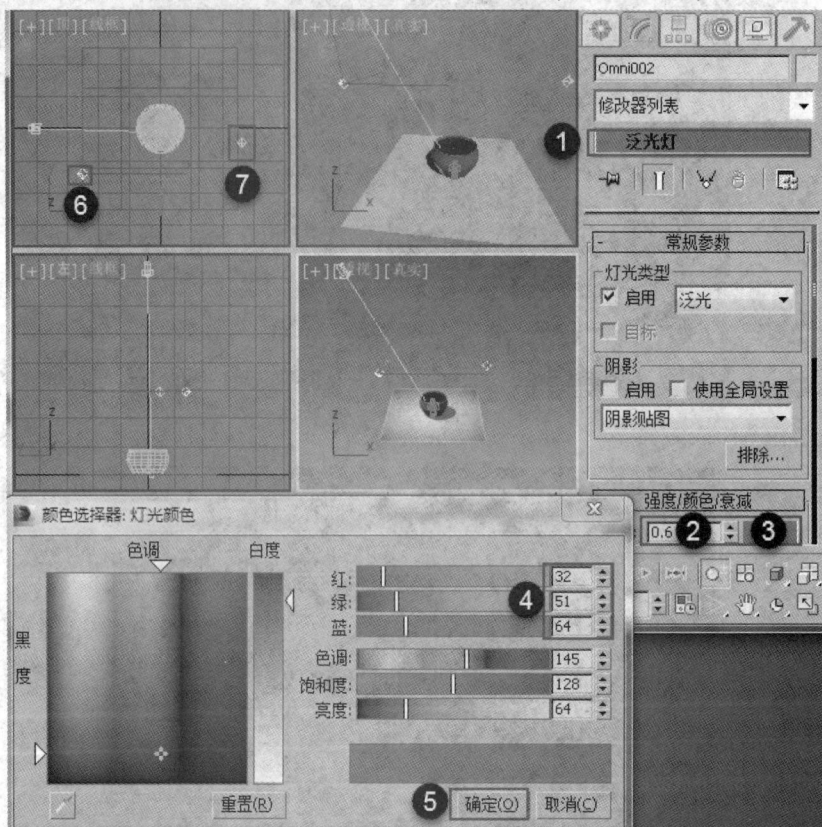

图 2-28　创建两盏泛光灯

7. 创建摄像机

创建自由摄像机，镜头选用 35 mm，启用运动模糊。将透视图转换为摄像机(Camera001)视图，调整摄像机的位置及角度，直到可以将小球落水的完整动画显示出来，如图 2-29 所示。

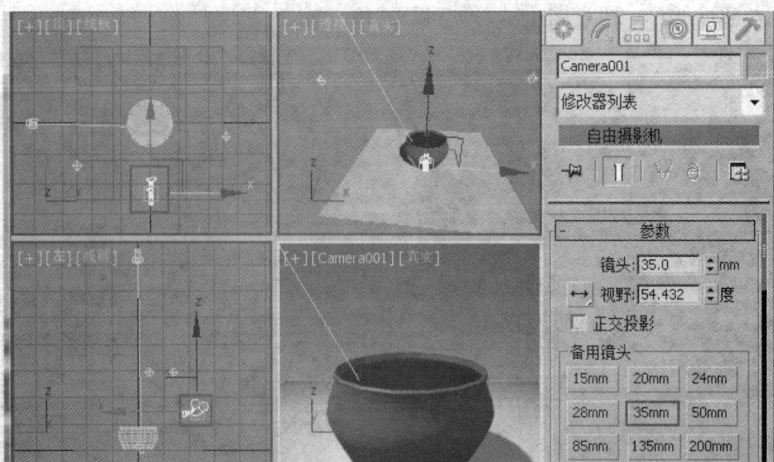

图 2-29　创建自由摄像机

8. 渲染输出

按 F10 键打开"渲染设置"对话框，设置"时间输出"帧为"0，15，20，85，100"，输出大小为 800 像素×600 像素，输出文件名为"涟漪"，单击"渲染器"选项卡，设置过滤器为 Mitchell-Netravali，设置完成后单击"渲染"按钮，生成 5 张效果图。再选择 0 到 100 帧，渲染输出一个 avi 动画文档。

实 践 演 练

利用运动学刚体制作桌球动画，如图 2-30 所示。

图 2-30　利用运动学刚体制作桌球动画效果

实践演练 2　制作桌球动画

项目 3 制作液体流动特效

3.1 项 目 描 述

创建液体流动特效，如图 3-1 所示。

动画 3

图 3-1 液体流动效果图

具体要求如下：

(1) 创建一个地面和两个墙面模拟室内房间一角，在其中一个墙壁上创建一个圆柱形水管。

(2) 创建一个粒子系统模拟液体从水管喷出的动画效果。

(3) 液体流动动画符合自然规律，动画时长为 3 分钟。

(4) 输出 avi 格式的动画文档，输出大小为 800 像素×600 像素。

微课 3

3.2 知 识 准 备

1. 粒子阵列

粒子阵列可以制作粒子从物体的不同子物体上发射出来的效果，包括边、顶点和面，如图 3-2 所示。

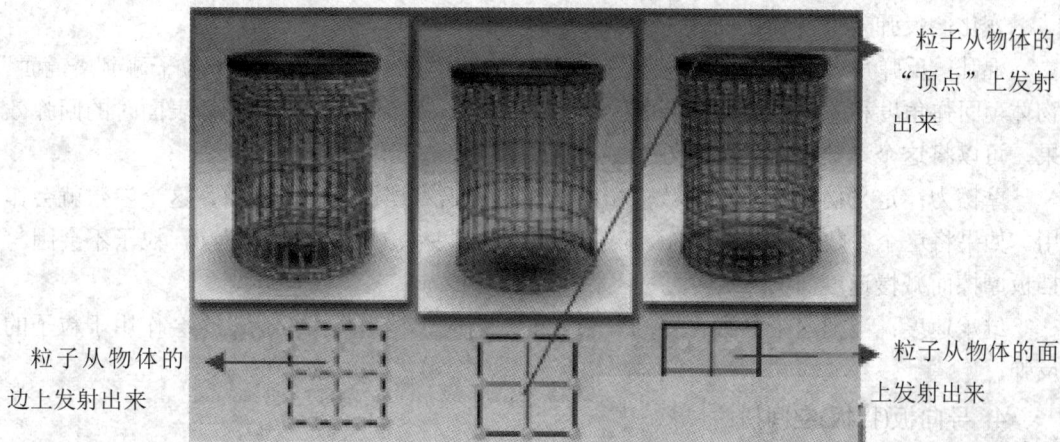

图 3-2　粒子阵列设置的三种方式

粒子阵列的制作流程如下：

(1) 建立一个几何体作为粒子阵列的发射器。

(2) 创建粒子阵列。

(3) 在粒子阵列物体的基本参数中使用"拾取物体"工具选取第(1)步中建立的几何体，从而建立粒子阵列和几何体之间的联系。

(4) 调整粒子阵列参数。

2. 多边形选择修改器

多边形选择修改器的作用是将一个物体的某个子物体(如点、边、面等的选择集)传递给上一层的修改器或者提供给其他操作使用，它就像一个筛子，使更高一层的修改器或者相关操作只能对物体上的某一些由点、边、面组成的子物体产生作用。多边形选择修改器的一般使用流程如下：

(1) 添加多边形选择修改器。

(2) 激活修改器的某个子物体级别。

(3) 在这个子物体级别内部进行选择。

(4) 退出多边形选择修改器。虽然退出了多边形选择，但是在第(3)步中建立的选择仍然是有效的。

(5) 为物体添加其他修改器或者执行其他操作。

3. 反弹

反弹反映了控制粒子碰到导向板之后回弹的速度，这个参数只是一个比率，没有单位，默认值为 1.0，也就是当粒子碰到导向板之后会以原来的速度被弹回。这种效果与现实有些不符，因为碰撞之后总会有一些能量损失，一般应当将该值设置为小于 1 的值。对于制作流水撞击地面效果，这个参数应当设置为 0.2，以形成轻微的回弹效果，导向板参数面板如图 3-3 所示，其他参数及其作用如下：

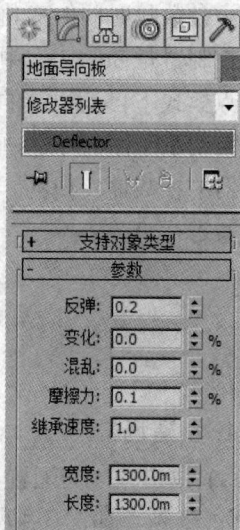

图 3-3　导向板参数面板

变化：反弹效果的随机变化程度。

混乱：反弹角度的随机变化程度，如果设置为 0，回弹效果将类似于粒子碰到"镜面"物体，回弹角度和入射角度精确匹配。要想制作粒子碰到比较粗糙的物体表面时的回弹效果，可以将这个参数设置为大于 0 的某个值。

摩擦力：定义挡板的摩擦系数，如果出现粒子沿着挡板运动的现象，这个参数就会作用。如果将这个参数设置为 100%，粒子速度会立刻变成 0；如果设置为 0，粒子不会因与挡板摩擦而减慢速度。

继承速度：当把这个参数设置为大于 0 的数值时，挡板自身的运动也会作用于粒子的反弹。

4. 导向板(挡板)空间扭曲

导向板空间扭曲的作用就是阻挡并反弹粒子的运动。导向板是最基本的挡板，形状为矩形，我们只能调节其大小、空间位置和旋转角度。这一类空间扭曲中还有导向球和全导向器两种类型，其中导向球是球形挡板，而全导向器则更为灵活，它能让任何一个不规则的几何体成为挡板。比方说，如果我们要制作水流漫过台阶的动画效果，如果使用普通的导向板，那么每一级台阶都要建立一个，而如果使用全导向器则可以将整个台阶转换成一个挡板物体。

5. 轨迹视图

轨迹视图可以让用户从完全不同的角度察看场景，用户在轨迹视图中看到的不是各种形状的模型，而是抽象的参数，这些参数控制着场景中所有几何体的外观和动画效果，因此轨迹视图又被称为"数据驱动"的视图，而普通的顶视图、前视图或者透视视图则是"几何体驱动"的视图。轨迹视图又有两种显示方式，分别是曲线编辑器和摄影表。

轨迹视图的左侧是一个树形列表，列出了场景中的所有物体和环境效果。每一个物体或者环境效果下面又包含控制其效果的所有参数。轨迹视图右侧显示出在左侧窗口中选中的某个参数随时间的变化轨迹或者变化值。

控制器是 3ds Max 中动画制作的基本手段，几乎所有动画都离不开控制器。但在自动关键点模式下自动记录的一段动画则没有和控制器打交道。事实上，几何体在建立之后，就被自动赋予了一个动画控制器，自动关键点模式下记录的动画只不过是通过修改其动画控制器的参数而实现的。在轨迹视图中，用户可以清楚地看到几何体所拥有的控制器并可以对其进行修改。

3.3　项目实施

1. 创建场景

(1) 单击"时间配置"按钮 ⬚，打开时间配置对话框，设置帧速率为"电影"，动画帧数为 73 帧，如图 3-4 所示。

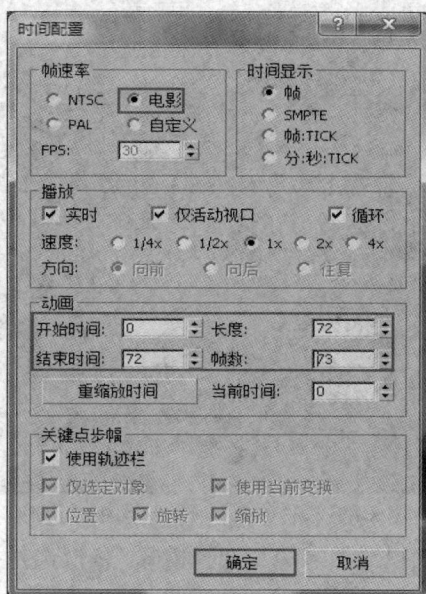

图 3-4　设置时间配置

(2) 在透视图原点处创建一个长方体，长度和宽度均为 1000 mm，高度为 500 mm，并将其命名为"房屋"，如图 3-5 所示。

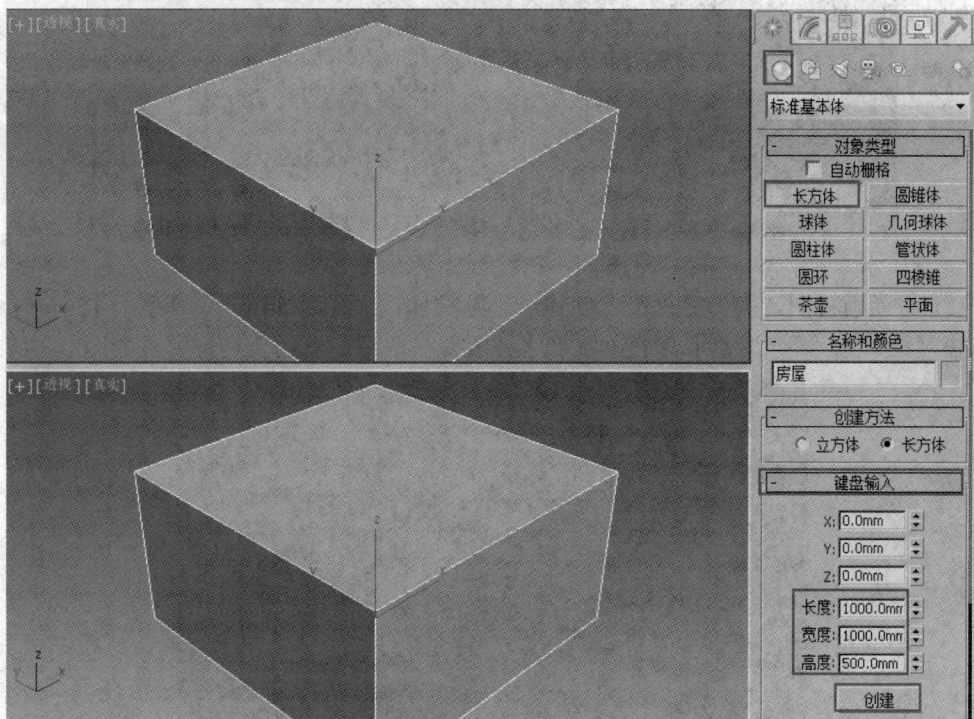

图 3-5　创建长方体

(3) 在长方体上单击鼠标右键，在弹出的菜单中选择"转换为"→"转换为可编辑多边形"，将长方体转换为可编辑多边形，如图 3-6 所示。

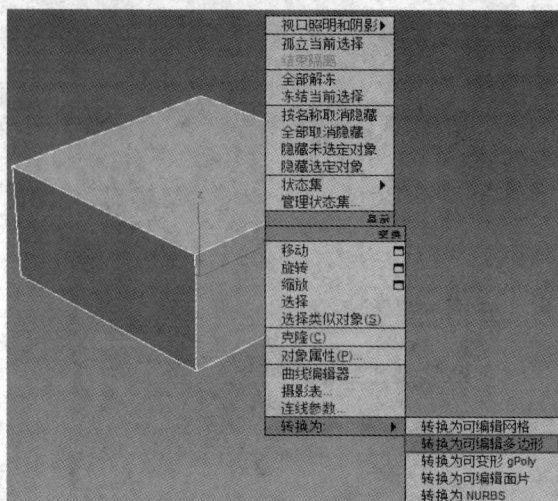

图 3-6　将长方体转换为可编辑多边形

(4) 单击多边形图标 ▇ 以激活多边形选择模式,依次选择并删除长方体的顶面、左侧面和前侧面共 3 个面,如图 3-7 所示。

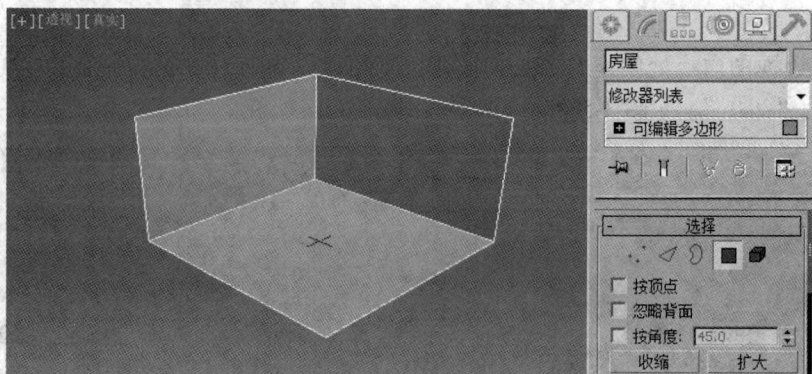

图 3-7　删除多边形多余面

(5) 将当前视图转换为前视图,创建一个圆柱体,半径为 50 mm,高度为 150 mm,并将其命名为"水管",调整水管的位置,将其放置在房屋墙面的合适位置,如图 3-8 所示。

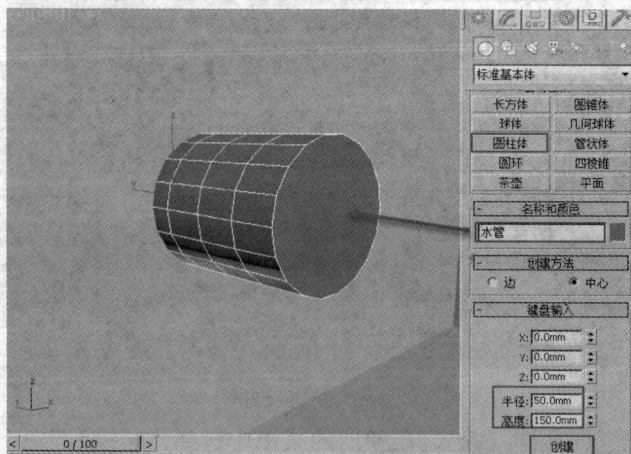

图 3-8　创建水管

(6) 将水管转换为可编辑多边形，单击多边形图标■激活多边形选择模式，选择其顶面后单击鼠标右键，在弹出的菜单中选择"挤出"命令，输入挤出高度为"0"，单击对勾选项，再选择缩放工具，将水管顶面缩小一定比例，形成水管的管壁，如图3-9 所示。

(7) 再次挤出该顶面，设置挤出高度为"0"后，将该面向水管内推一段距离，不要太深，这样水就不会从水管壁外喷出，而是尽量靠近水管口，如图3-10 所示。

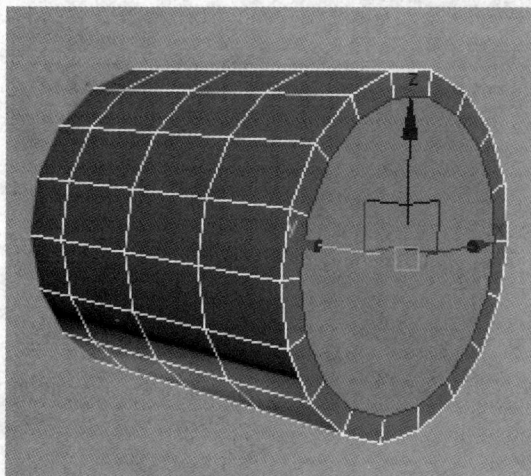

图 3-9   挤出水管管壁   图 3-10   向内挤出水管管孔

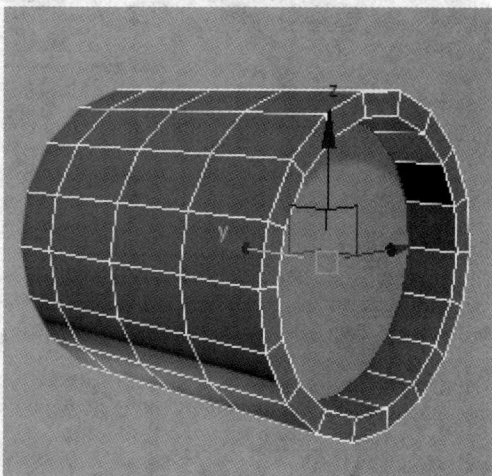

2. 设置材质与贴图

(1) 打开材质编辑器窗口，选择第 1 个材质球命名为"房屋材质"，设置其多维/子对象基本参数，设置数量为2，ID1 命名为"地面"，ID2 命名为"墙壁"，如图3-11 所示。

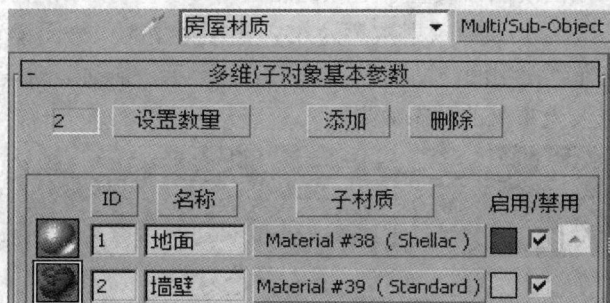

图 3-11   设置房屋材质

(2) 进入"地面"子材质，设置地面的复合材质为"虫漆材质"，基础材质为"水泥地面"，虫漆材质为"水"，虫漆颜色混合为92。进入"水泥地面"基础材质，勾选"双面"，打开"贴图"卷展栏，设置漫反射颜色贴图类型为"噪波"(Noise)，选择噪波类型为"分形"，级别为5，颜色#1 为 RGB(81，93，106)，颜色#2 为 RGB(104，111，119)。返回父级，设置凹凸数量为13，设置贴图类型为"遮罩"(Mask)，设置遮罩参数的贴图为"噪波"(Noise)，噪波类型为"湍流"，返回父级将噪波贴图拖放复制到遮罩贴图中，选择噪波类型为"分形"，级别为5，大小为60，相位为8.3，如图3-12 所示。

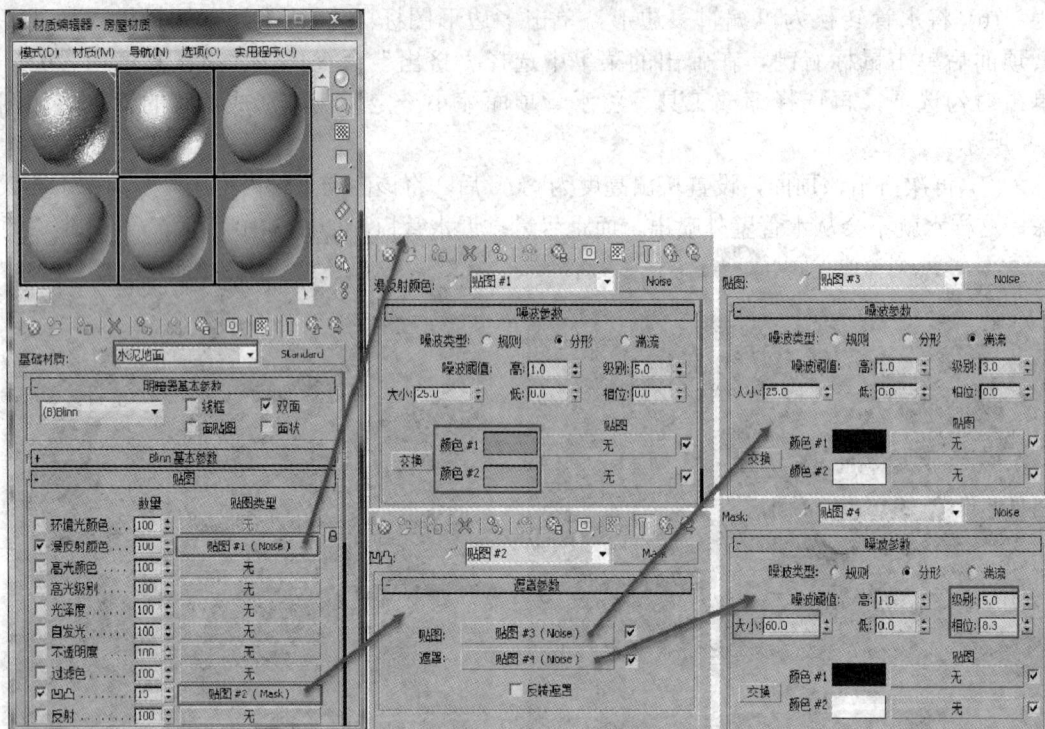

图 3-12　设置水泥地材质

（3）转到"虫漆材质"父对象，进入"虫漆材质：水"，勾选"双面"明暗器参数，设置高光级别为 174，光泽度为 24，打开贴图卷展栏，设置凹凸数量为 63，选择贴图类型为"噪波"(Noise)，噪波类型为"湍流"，级别为 5.6，大小为 8.4，启用"自动关键点"开始制作动态水的凹凸贴图动画，设置第 0 帧的相位为 0，将动画帧拖至最后一帧，设置相位为 14。再返回到父对象，设置反射数量为 65，贴图类型为"平面镜"(Flat Mirror)，应用模糊为 3，扭曲选择"使用凹凸贴图"，如图 3-13 所示。拖动滚动条预览地面的材质动画，可以看到材质球波光粼粼的动态效果。

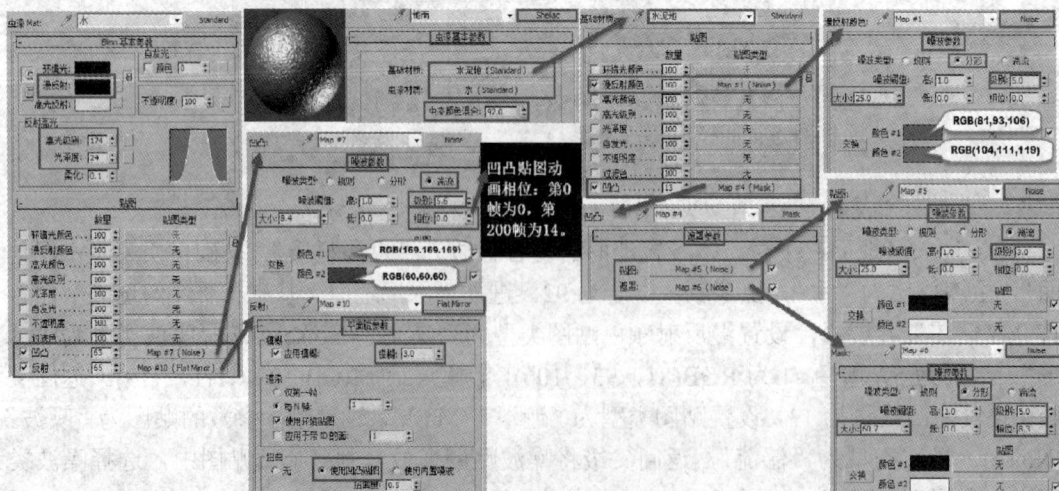

图 3-13　设置水的材质

　　(4) 转到"房屋材质"的多维/子对象父对象，进入"墙壁"子材质，勾选"双面"明暗器基本参数，在"贴图"卷展栏中，设置漫反射颜色贴图类型为"平铺"(Tiles)，设置平铺图案预设类型为"连续砌合"，"高级控制"参数的平铺设置纹理颜色为深红色，RGB(53，0，0)，水平数为 10，垂直数为 15，颜色变化为 1，淡出变化为 1，砖缝设置"纹理"颜色为白色，水平间距和垂直间距都为 0.05，转到墙壁的父对象，将漫反射的平铺贴图类型拖放复制到凹凸贴图类型，此时材质球显示出带凹凸纹理的红砖墙效果，如图 3-14 所示。

图 3-14　设置墙壁材质

　　(5) 将房屋材质赋给场景中的房屋，材质不能正常显示，激活房屋的多边形选择模式，框选房屋所有的面将其 ID 值设置为 2，此时房屋所有面都显示为墙壁的材质，再单击地面，将其 ID 值设置为 1，渲染后可预览到房屋墙壁和地面的不同效果，如图 3-15 所示。

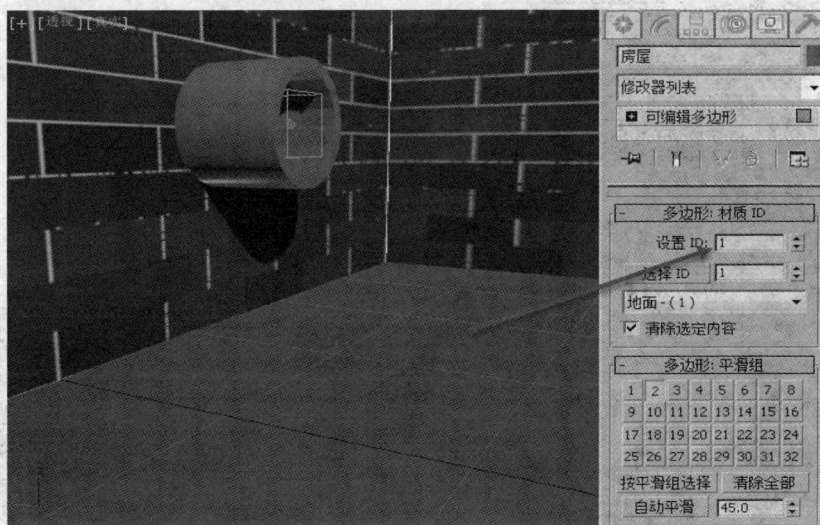

图 3-15　给房屋赋材质

　　(6) 选择房屋材质球地面的基础材质"水泥地面",将其拖放复制到第 2 个材质球上,并命名为"水泥管材质",将该材质赋给场景中的"水管",如图 3-16 所示。

图 3-16　设置水泥管材质

　　(7) 选择第 3 个空白样本球并将其命名为"流水材质",勾选"面贴图"明暗器选项,调整其漫反射颜色为青色,RGB(150,181,205),高光级别为 180,光泽度为最大值 100,在不透明度贴图通道上添加一个"渐变"(Gradient)贴图,设置其渐变类型为径向。在漫反射贴图通道上添加一个"遮罩"(Mask)贴图,设置其遮罩贴图为渐变,并设置其渐变类型为径向。对于水流效果可以使用泡沫材质,这种材质和烟雾材质类似,粒子的类型仍然是面,同时具有一个圆形渐变的效果。制作完水流粒子后,将该材质赋给流水粒子,如图 3-17 所示。

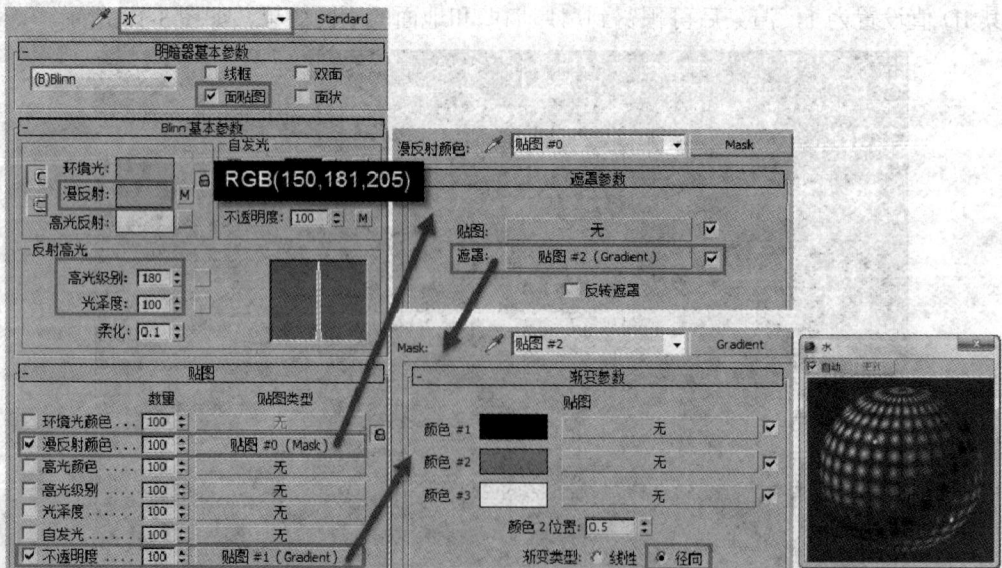

图 3-17　 的设置水材质的不透明度贴图

3. 创建粒子阵列

(1) 启动 3ds Max，单击"创建" ✳→"几何体面板" ⬤，选择子类型为粒子系统，单击"粒子阵列"按钮并在场景中拖动建立粒子系统，将其命名为"水流"。这时播放动画不会看到有粒子发射，因为粒子阵列需要一个物体作为其发射源，如图 3-18 所示。

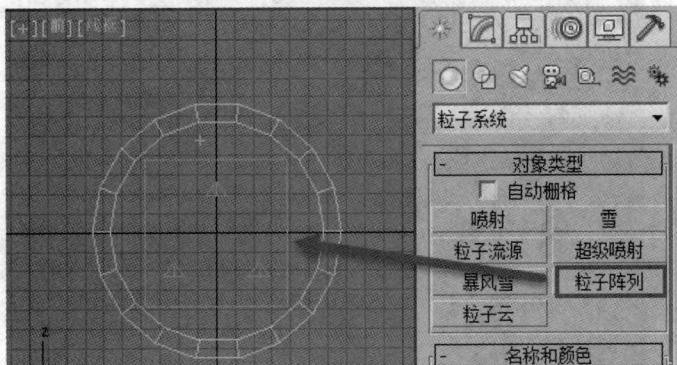

图 3-18　创建粒子阵列

(2) 选中上一步建立的粒子系统"水流"，进入"修改"面板，单击"拾取对象"按钮，选择喷射水流的物体圆管。这时如果播放动画，可以看到粒子从物体的各个表面上向四面八方发射出来，即"粒子阵列"和圆管绑定后的默认效果，如图 3-19 所示。

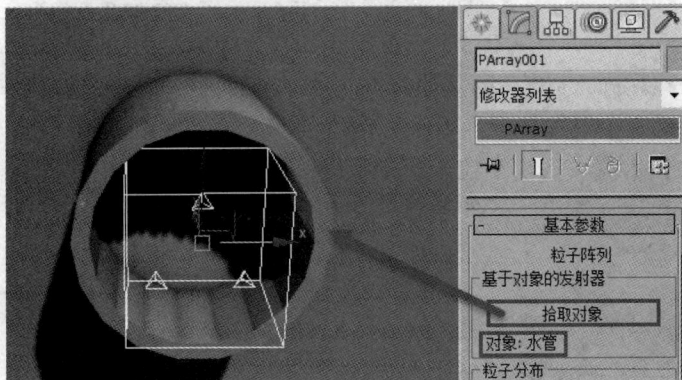

图 3-19　绑定"粒子阵列"和圆管

(3) 为水管添加一个"多边形选择"修改器，激活"多边形"子物体，选择水管出水口的面，粒子需要从这个面上发射出来。完成之后，退出"多边形选择"修改器，如图 3-20 所示。

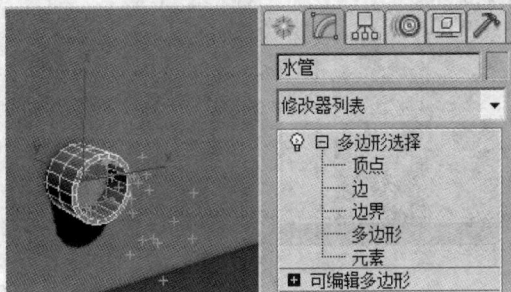

图 3-20　选择水管出水口

(4) 重新选择粒子系统"水流",在其修改面板的"粒子分布"中勾选"使用选定子对象",这个选项可以让粒子系统"水流"以在水管上选中的那个面作为粒子发射的面,如图 3-21 所示。

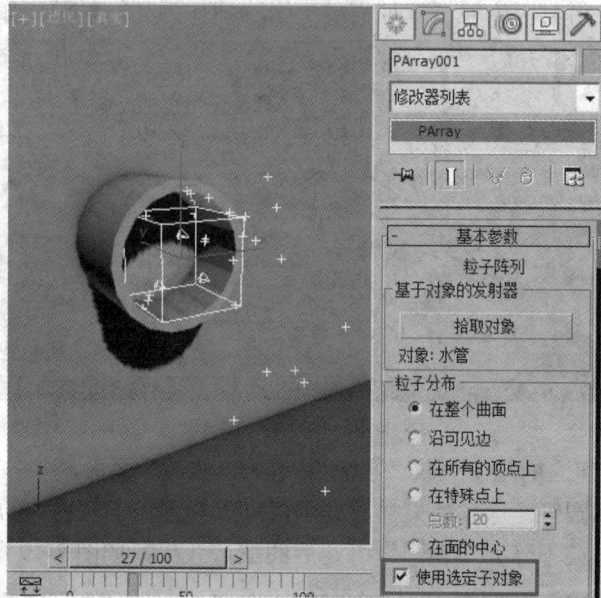

图 3-21　设置粒子从水管口喷出

(5) 设置粒子系统"水流"的其他参数。在粒子数量中选择"使用速率",设置其值为50。在"粒子运动"中设置速度为 10 m,散度为 20°,散度用于控制粒子的散播范围,过大或者过小都会使水流失真。在粒子计时中设置"发射开始"和"发射停止"分别为 -30和 100,也就是和动画等长。另外寿命也应当设置为 100,也就是说粒子产生之后不会自己消失,如图 3-22 所示。

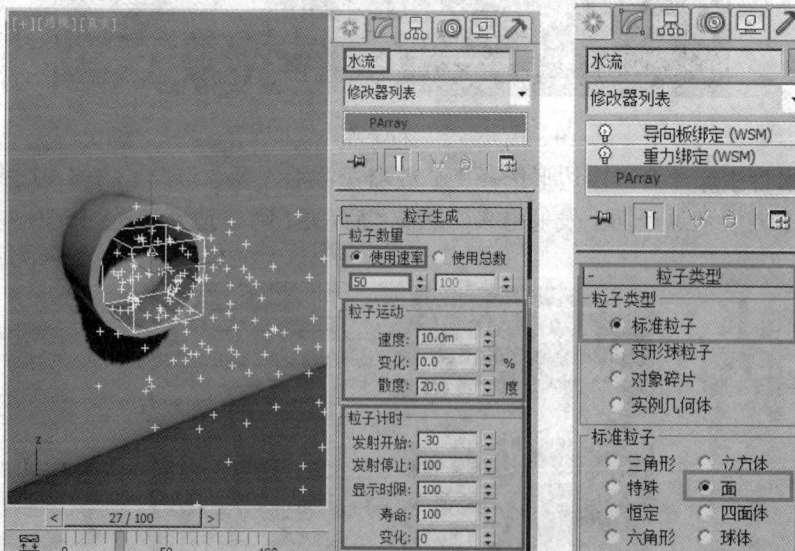

图 3-22　设置粒子系统参数

4. 建立空间扭曲

为了制作水流落下以及水流碰到地面后溅起的效果，需要两个空间扭曲，一个是"重力"空间扭曲，它的作用是使水流向下落，另外一个是导向板空间扭曲，它的作用是让地面具有"回弹"功能。

(1) 打开"创建" ☀ → "空间扭曲" ≋ → "力"，单击"重力"(Gravity)按钮，在场景中拖动建立重力并命名为"下落"，参数使用默认值，如图 3-23 所示。

图 3-23 设置重力参数

(2) 使用"绑定到空间扭曲" ≋ 工具将重力"下落"绑定到粒子阵列"水流"上面。

(3) 现在播放动画，粒子虽然受到重力影响落到了地面，但是碰到地面后直接穿透过去了，显然不符合实际，可以创建导向板来让地面具备反弹粒子的性能。单击"创建" ☀ → "空间扭曲" ≋ ，单击子物体选择框下拉按钮，选择"导向器"，然后单击"导向板"按钮。在场景中拖动鼠标创建导向板物体，并将其覆盖在地面上，命名为"地面导向板"。注意其大小和位置将会影响到渲染效果，如图 3-24 所示。

图 3-24 设置地面导向板

5. 粒子发射的速度波动

真实的水流速度是有一定波动的，这是将通过使用一个 Bezier Float(贝兹浮点)控制器和一个 Noise(噪波)控制器来对粒子系统"水流"的速度参数进行动态调整来实现这种效果。

(1) 选择粒子系统"水流"，在其修改堆栈中选择最下面的 PArray 条目，其参数面板将会自动展开，如图 3-25 所示。

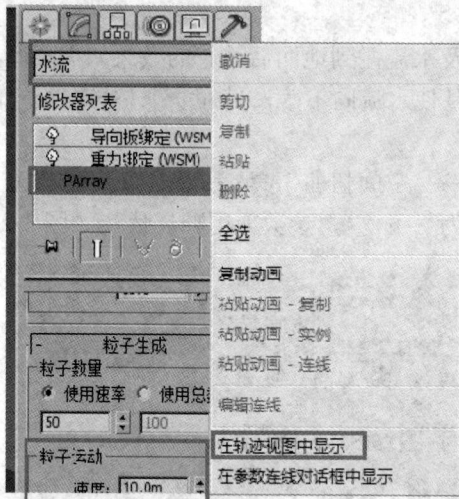

图 3-25 设置"水流"Parray 参数

(2) 在粒子运动中的速度输入窗口中单击鼠标右键,从弹出的菜单中选择"在轨迹视图中显示"。注意,操作之前应当将时间轴的滑块调整到第一帧。

(3) 在轨迹视图窗口中单击"编辑"→"控制器"→"指定",为这个参数指定控制器。在弹出的指定浮点控制器对话框中选择控制器类型为 Bezier 浮点。

(4) 完成上一步操作之后,speed 参数的名称将会变成"speed:bezier float",表示这个参数正受到贝兹浮点控制器的控制,仍然选择这个条目,再次打开菜单"编辑"→"控制器"→"指定",这一次从指定浮点控制器对话框中选择浮点列表控制器。严格来说,浮点列表本身并不是一个控制器,它是起一个容器的作用。某个参数上面如果有了这个控制器,用户就可以对其添加多个对浮点型参数起作用的控制器。还可以为这些浮点型控制器设置作用的权重值来决定哪一个控制器的效果表现得比较明显,如图 3-26 所示。

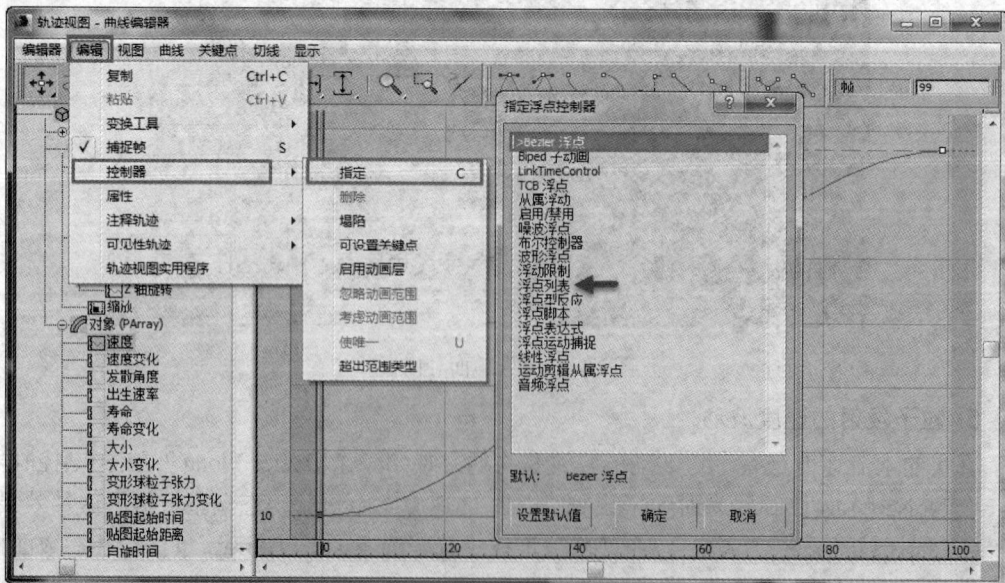

图 3-26 设置浮点型控制器

(5) 完成上一步操作后，速度前面多了一个加号，表示可以展开，展开后可以看到下面多了一个"可用"项目，选择这个项目，可以再次指定浮点控制器，这一次选择"噪波浮点"控制器，如图 3-27 所示。

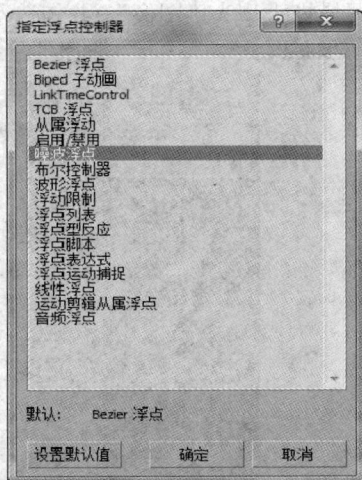

图 3-27　选择噪波浮点控制器

(6) 在项目"噪波浮点"上单击鼠标右键选择"属性"，在弹出的噪波控制器属性对话框中设置强度为 10，设置噪波值的最大波动范围，加上原来的速度值就可以知道最终的速度波动范围；频率为 0.2；取消分形噪波复选框，可以让参数波动更加平滑；勾选>0 前面的复选框，可以设置噪波值始终大于 0，如图 3-28 所示。

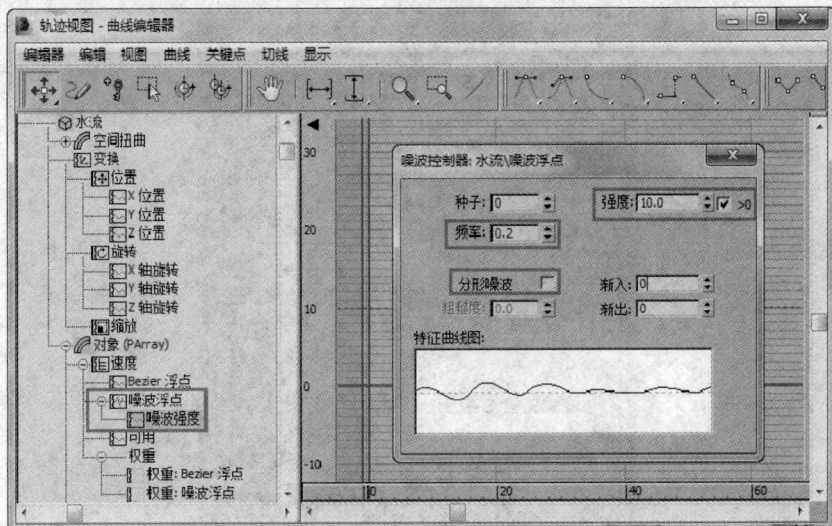

图 3-28　设置噪波控制器属性

6. 添加运动模糊

在 3ds Max 的动画制作中，使用运动模糊不仅可以强化动态效果，也是掩盖瑕疵的一个技巧。虽然只要物体的运动速度足够快，运动模糊似乎会"理所当然"地产生，但是动画毕竟不是真实的物理场景，很多情况下运动模糊绝不是画蛇添足，而是必不可少的步骤。

如果不为粒子的运动添加运动模糊，则水珠将是一个一个蹦出来的，与真实的物理效果大相径庭。

(1) 在场景中选择粒子系统"水流"，选择"编辑"→"对象属性"打开其对象属性对话框，在"运动模糊"组中设置模糊类型为"图像"，并勾选"启用"选项，如图 3-29 所示。

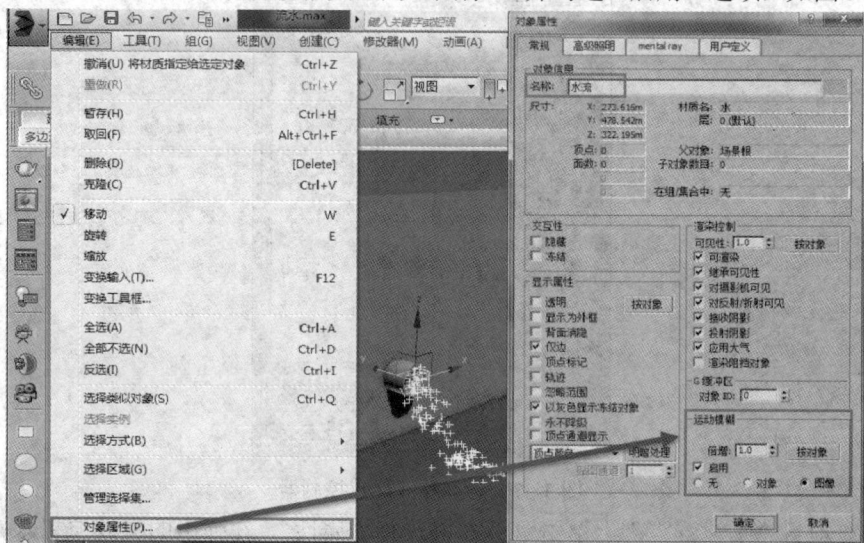

图 3-29　设置水流对象属性

(2) 打开渲染场景对话框(快捷键 F10)，选择渲染器选项卡，在下面的"对象运动模糊"组中勾选"应用"，然后开始渲染，如图 3-30 所示。

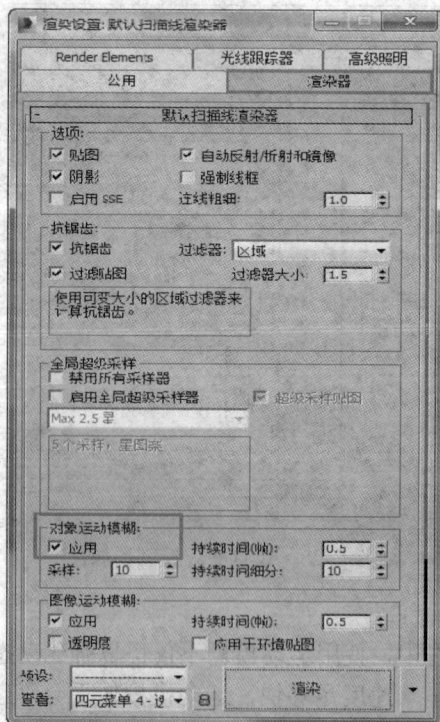

图 3-30　设置渲染参数

最终效果如图 3-31 所示。

图 3-31　液体流动效果

实 践 演 练

使用粒子阵列制作星球爆炸特效动画效果，如图 3-32 所示。

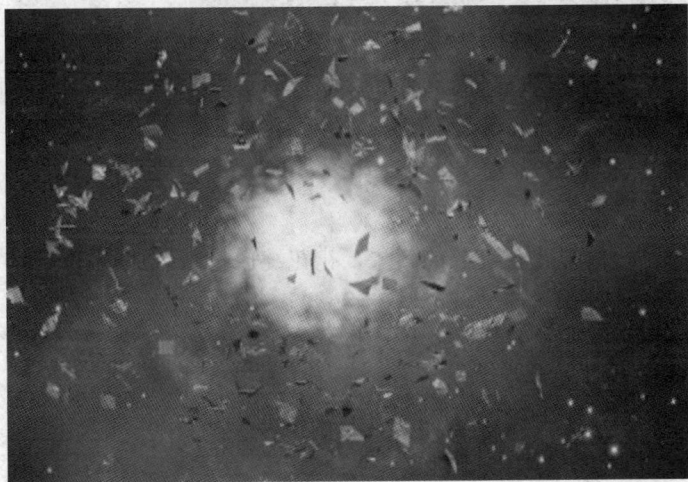

图 3-32　星球爆炸特效动画效果

实践演练 3　制作星球爆炸特效动画

项目 4　制作礼花绽放效果

4.1　项目描述

利用粒子系统制作礼花绽放的特效，如图 4-1 所示。

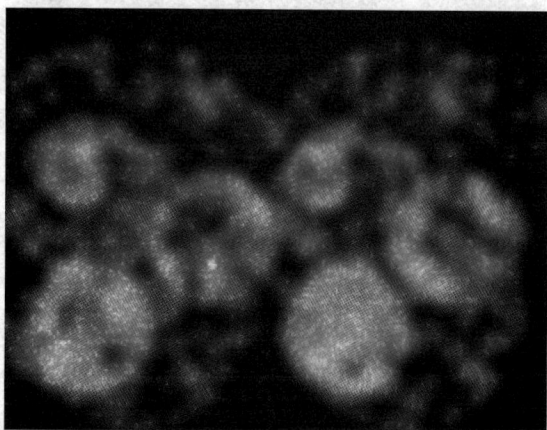

动画 4

AR

图 4-1　礼花绽放效果图

具体要求如下：

(1) 创建粒子系统模拟礼花绽放的效果，礼花绽放符合燃放规律。

(2) 礼花绽放动画时长为 3 秒钟。

微课 4

(3) 输出 avi 格式的动画文档，输出大小为 800 像素×600 像素。

4.2　知识准备

超级喷射

超级喷射是指发射受控制的粒子系统，此粒子系统与简单的喷射粒子系统类似，只是增加了所有新型粒子系统提供的功能。创建超级喷射粒子系统的具体操作方法如下：

在"创建"面板 ■ 上，确保"几何体" ○ 已激活，并在对象类别列表中选择"粒子系统"，然后单击"超级喷射"按钮，在任一视口中拖动以创建超级喷射发射器图标，该图标显示为带箭头的相交平面和圆。喷射的初始方向(基于发射器图标的方向并由图标箭头指示)取决于从中创建图标的视口。通常在正交视口中创建该图标时，粒子向用户的方向喷射，在透视视口中创建该图标时，粒子向上喷射。可以通过调整以下各卷展栏中的参数以更改喷射效果。

1) "粒子生成"卷展栏

在"粒子生成"卷展栏中通过设置相关参数可以控制粒子产生的时间和速度、粒子的移动方式以及不同时间粒子的大小，如图 4-2 所示。

(1) "粒子数量"组。

在"粒子数量"组中，可以从随时间确定粒子数的两种方法中选择一种，如果将"粒子类型"设置为"对象碎片"，则这些设置不可用。"使用速率"(默认设置)指定每帧发射固定的粒子数，使用微调器可以设置每帧产生的粒子数。"使用总数"指定在系统使用寿命内产生的总粒子数，使用微调器可以设置每帧产生的粒子数。系统的使用寿命(以帧数计)由"粒子计时"组中的"寿命"微调器指定。通常，"使用速率"最适合连续的粒子流，而"使用总数"比较适合短期内突发的粒子。

(2) "粒子运动"组。

"粒子运动"组中的微调器可以控制粒子的初始速度，方向为沿着曲面、边或顶点法线(为每个发射器点插入)。粒子运动的"速度"是指粒子在出生时沿着法线的速度(以每帧移动的单位数计)。"变化"是指对每个粒子的发射速度应用一个变化百分比；"散度"是指应用每个粒子的速度可以从发射器法线变化的角度。碎片簇的初始方向是簇的种子面的法线方向。可利用以下方法来创建簇：选择一个面(种子面)，然后根据在"粒子类型"卷展栏的"对象碎片控制"组中选择的方法创建从该面向外的簇。

(3) "粒子计时"组。

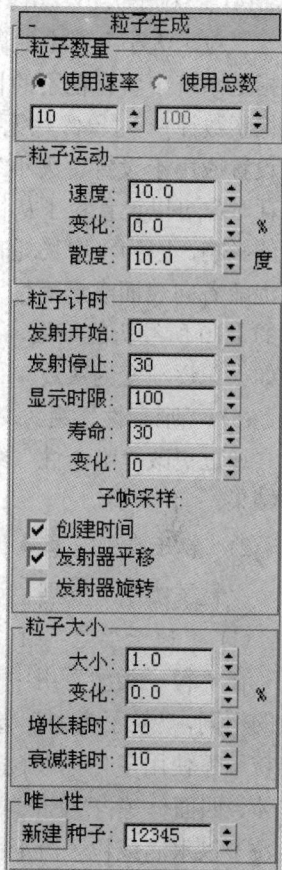

图 4-2 "粒子生成"卷展栏

"粒子计时"组中的选项可以指定粒子发射开始和停止的时间以及各个粒子的寿命。"发射开始"设置粒子开始在场景中出现的帧；"发射结束"设置发射粒子的最后一个帧(如果选择"对象碎片"粒子类型，则此设置无效)；"显示时限"指定所有粒子均将消失的帧(无论其他设置如何)；"寿命"用于设置每个粒子的寿命(以从创建帧开始的帧数计)；"变化"用于指定每个粒子的寿命可以从标准值变化的帧数。"子帧采样"启用其下三个复选框的任意一个后，通过以较高的子帧分辨率(而不是相对较低的帧分辨率)对粒子采样，有助于避免粒子"膨胀"。根据用户的需要，可以按照时间、运动或旋转进行采样。"膨胀"是发射单独的粒子泡或粒子簇的效果(而不是连续的粒子流)，为发射器设置动画后，此效果尤其明显。"创建时间"允许向防止发生膨胀的运动过程添加时间偏移，此设置对"对象碎片"粒子类型时无效，默认设置为启用。启用"发射器平移"后，如果基于对象的发射器在空间中移动，在沿着可渲染位置之间的几何体路径上以整数倍数创建粒子，这样可以避免在空间膨胀(如果启用了"对象碎片"粒子类型，则此设置无效，默认设置为启用)；启用"发射器旋转"后，如果发射器旋转，可以避免膨胀，并产生平滑的螺旋形效果，默认设置为禁用状态。注意：每多启用一个子帧采样中的复选框，会渐进增加必要的计算。"发射器旋转"比"发射器平移"需要的计算量大,"发射器平移"比"创建时间"需要的计算量大。

(4) "粒子大小"组。

"粒子大小"组中的微调器可以指定粒子的大小。设置"大小"参数可根据粒子的类型指定系统中所有粒子的目标大小,即标准粒子的主要尺寸(恒定类型粒子的尺寸(以渲染的像素数计),对象碎片无效);"变化"可以设置每个粒子的大小从标准值变化的百分比,此设置应用于设置"大小"的值,使用此参数可以获取不同大小的粒子的真实混合;"增长耗时"可以设置粒子从很小增长到"大小"的值所经历的帧数,结果受"大小""变化"值的影响,因为"增长耗时"在"变化"之后应用,使用此参数可以模拟自然效果,例如气泡随着向表面靠近而增大;"衰减耗时"可以设置粒子在消亡之前缩小到其"大小"设置的 1/10 所经历的帧数,此设置也在"变化"之后应用,使用此参数可以模拟自然效果,例如火花逐渐变为灰烬。

(5) "唯一性"组。

通过更改"唯一性"组中的"种子"值,可以在其他粒子设置相同的情况下达到不同的结果。

2) "粒子类型"卷展栏

"粒子类型"卷展栏如图 4-3 所示。

(1) "粒子类型"组。

在"粒子类型"组中可以指定粒子的类型,根据所选选项的不同,"粒子类型"卷展栏下部会出现不同的控件。"标准粒子"使用多种标准粒子类型中的一种,例如三角形、立方体、四面体等;"变形球粒子"使用变形球粒子,这些变形球粒子以水滴或粒子流形式混合在一起;"对象碎片"使用对象的碎片创建粒子,只有粒子阵列可以使用对象碎片,如果要使粒子发射器对象破碎,并使用碎片作为粒子,则选择此选项,用于设置爆炸和破碎碰撞的动画,碎片在"发射开始时间"帧创建,"使用比率""使用全部""发射结束时间"和"粒子大小"参数不可用;"实例几何体"生成粒子,这些粒子是对象、对象链接层次或组的实例,对象在"粒子类型"卷展栏的"实例参数"组中处于选定状态,如果希望粒子成为场景中另一个对象的相同实例,则选择"实例几何体"。实例几何体粒子对创建人群、畜群或非常细致的对象的对象流非常有效。

粒子系统只能使用一种粒子,但一个对象可以绑定多个粒子阵列,每个粒子阵列可以发射不同类型的粒子。

(2) "标准粒子"组。

如果在"粒子类型"组中选择了"标准粒子",则此组中的选项变为可用。可以选择以下选项之一指定粒子类型。

① 三角形:将每个粒子渲染为三角形。对水流或烟雾使

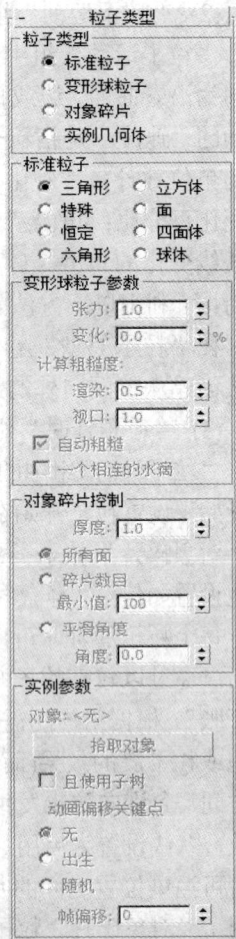

图 4-3　"粒子类型"卷展栏

用噪波不透明的三角形粒子。

② 立方体：将每个粒子渲染为立方体。

③ 特殊(Special)：每个粒子由三个交叉的 2D 正方形组成。这种方法对于以下操作更有效，即使用"明暗器基本参数"卷展栏中介绍的面贴图材质(或者选择与不透明贴图配合使用)来创建三维粒子的效果。

④ 面：面将每个粒子渲染为始终朝向视图的正方形，对气泡或雪花要使用相应的不透明贴图。

⑤ 恒定：恒定提供保持相同大小的粒子，粒子大小以像素为单位，在"粒子生成"卷展栏中的"粒子大小"组中指定。不管粒子与摄影机间的距离是多少，此选项数值大小永远不会更改。

⑥ 四面体：四面体将每个粒子渲染为贴图四面体。要对雨滴或火花使用四面体粒子。四面体粒子的默认对齐方式取决于粒子系统类型和发射器设置。要指定对齐方式，请使用"旋转和碰撞"卷展栏中的控件。

⑦ 六角形：六角形将每个粒子渲染为二维的六角形。

⑧ 球体：球体将每个粒子渲染为球体。

(3) "变形球粒子参数"组。

如果在"粒子类型"组中选择了"变形球粒子"选项，则此组中的选项变为可用，且变形球作为粒子使用。变形球粒子需要额外的时间进行渲染，但是对于喷射和流动的液体效果非常有效。"张力"确定有关粒子与其他粒子混合倾向的紧密度，张力越大，聚集越难，合并也越难。"变化"指定张力效果的变化的百分比。"计算粗糙度"指定计算变形球粒子解决方案的精确程度，粗糙值越大，计算工作量越少，不过，如果粗糙值过大，可能变形球粒子效果很小或根本没有效果。如果粗糙值设置过小，计算时间可能会非常长。"渲染"设置渲染场景中的变形球粒子的粗糙度，如果启用了"自动粗糙"，则此选项不可用；"视口"设置视口显示的粗糙度，如果启用了"自动粗糙"，则此选项不可用；"自动粗糙"的一般规则是，将粗糙值设置为介于粒子大小的 1/4 到 1/2 之间，如果启用此项，软件会根据粒子大小自动设置渲染粗糙度，视口粗糙度会设置为渲染粗糙度的大约两倍；"一个相连的水滴"，如果禁用该选项(默认设置)，将计算所有粒子，如果启用该选项，将使用快捷算法，仅计算和显示彼此相连或邻近的粒子。

(4) "对象碎片控制"组。

对于粒子阵列，如果选择了"对象碎片"粒子类型，则此组中的选项变为可用的，并且基于对象的发射器将爆炸为碎片，而不是用于发送粒子。

若要在视口中查看碎片，应在"基本参数"卷展栏底部附近的"视口显示"组中选择"网格"，此组中包括"厚度"微调器以及三个用于确定如何形成碎片的选项按钮。

要创建对象爆炸的幻觉，必须将原对象设置为在爆炸开始时不可见，或者移动或缩放原对象，使其在视图中不可见。厚度设置为碎片的厚度，值为 0 时，碎片是没有厚度的单面碎片；厚度值大于 0 时，碎片在破碎时将挤出指定的量。碎片的外表面和内表面使用相同的平滑度(从基于对象的发射器中选取)，碎片的边不会平滑化。

以下三个选项指定了对象的破碎方式。

① 所有面："所有面"对象的每个面均成为粒子，这将产生三角形粒子。

② 碎片数目："碎片数目"对象破碎成不规则的碎片。下面的"最小值"微调器指定将出现的碎片的最小数目。计算碎片的方法可能会使产生的碎片数多于指定的碎片数。通过设置"最小值"可以确定几何体中"种子"的面数。每个种子面收集周围的相连面,直到所有可用面均用尽。剩余面将成为独特的粒子,从而增加最小碎片数。

③ 平滑角度："平滑角度"根据"角度"微调器中指定的面法线之间的夹角破碎。通常,角度值越大,碎片数越少。通过"角度"后的数值可设置平滑角的角度。

(5) "实例参数"组。

"实例参数"组参数面板如图 4-4 所示。

在"粒子类型"组中指定"实例几何体"时,可使用"实例参数"组中的选项,每个粒子作为对象、对象链接层次或组的实例生成。

注意:可以为实例对象设置动画,包括以下一种或多种类型:

① 对象几何体参数的动画,例如球体的半径设置。

② 对象空间修改器的动画,例如弯曲修改器的角度设置。

③ 层次对象的子对象的变换动画。不支持顶级父对象和非层次对象的变换动画。例如,如果使用工具栏的"选择并旋转"功能设置长方体旋转的动画,然后使用该长方体作为粒子系统的实例几何体,则系统不会使用实例长方体的关键帧动画。

单击"拾取对象"选项,在视口中选择要作为粒子使用的对象,如果选择的对象属于层次的一部分,并且启用了"且使用子树",则拾取的对象及其子对象会成为粒子,如果拾取了组,则组中的所有对象作为粒子使用;如果要将拾取的对象的链接子对象包括在粒子中,则启用"且使用子树"选项,如果拾取的对象是组,将包括组的所有子对象,可以随时启用或禁用此选项来更改粒子。"动画偏移关键点"因为可以为实例对象设置动画,此处的选项可以指定粒子的动画计时;"无"表示每个粒

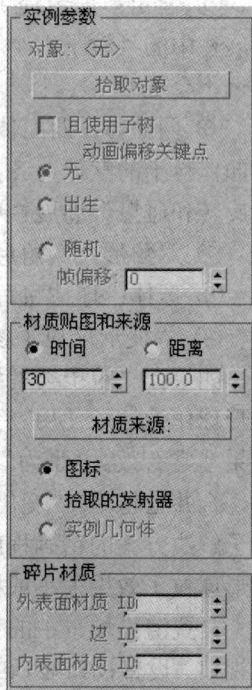

图 4-4　"实例参数"组

子复制原对象的计时,因此,所有粒子的动画的计时均相同。"出生"表示第一个出生的粒子是源对象的当前动画在该粒子出生时的实例,每个后续粒子将使用相同的开始时间设置动画,如果源对象的动画从 0° 弯曲到 180°,第一个粒子在第 30 帧出生,当对象在 45°时,该粒子及所有后续粒子将从弯曲 45° 开始出生。"随机"表示当"帧偏移"设置为 0 时,此选项等同于"无";否则,每个粒子出生时使用的动画都将与源对象出生时使用的动画相同,但会基于"帧偏移"微调器的值产生帧的随机偏移。"帧偏移"指定从源对象的当前计时的偏移值。

(6) "材质贴图和源"组。

"材质贴图和源"组中指定贴图材质如何影响粒子,并且可以对粒子赋予指定的材质。"时间"指定从粒子出生开始完成粒子的一个贴图所需的帧数。"距离"指定从粒子出生开始完成粒子的一个贴图所需的距离(以单位计),需注意的是四面体粒子是一个例外,四面体粒子总是有自己的局部详细贴图。使用"材质来源"按钮下面的选项来源可更新粒子系统携带的材质,只要选择其他来源,或为指定来源指定新材质,一定要单击"材质来源"

按钮，粒子系统对象只能携带一种材质(或多维/子对象材质)，因此在更改来源时，实际上是使用来源材质的实例覆盖了当前指定的材质。"图标"表示粒子使用当前为粒子系统图标指定的材质。

"时间"和"距离"选项只有在选择此选项时才可用；"拾取的发射器"表示粒子使用为分布对象指定的材质；"实例几何体"表示粒子使用为实例几何体指定的材质，仅当在"粒子类型"组中选择"实例几何体"时，此选项才可用。

如果启用了"拾取的发射器"或"实例几何体"，则所选来源的材质的实例将被复制到发射器图标，覆盖原来为该图标指定的材质。因此，如果为粒子发射器指定了材质后，切换到"拾取的发射器"，则原来为该图标指定的材质将替换为所拾取对象携带的材质的实例。如果之后返回"图标"选项，粒子系统不会还原到为该图标指定的材质，而是保留从拾取的对象获得的材质。

(7) "碎片材质"组。

使用"碎片材质"组的微调器可以为碎片粒子的外表面、边和内表面指定不同的材质 ID 编号，使用多维/子对象材质可以为碎片的正面、边和背面指定不同的材质。

"外表面材质 ID"可以为碎片的外表面赋予指定的面 ID 编号，此微调器默认设置为 0，它不是有效的 ID 编号，从而会强制粒子碎片的外表面使用当前为关联面指定的材质，如果分布对象已具有若干指定给其外表面的子材质，则可使用 ID0 保留这些材质，如果需要单一的特定子材质，则可以通过更改"外部 ID"编号指定它。"边 ID"可以为碎片的边赋予指定子材质 ID 编号。"内表面材质 ID"可以为碎片的内表面赋予指定的子材质 ID 编号。

3) "粒子繁殖"卷展栏

"粒子繁殖"卷展栏如图 4-5 所示。

(1) "粒子繁殖效果"组。

"粒子繁殖效果"组中的选项可以确定粒子在碰撞或消亡时发生的情况。

无：不使用任何繁殖控件，粒子按照正常方式活动，即在碰撞时粒子根据导向器中的"粒子反弹"设置反弹或粘住，在消亡时粒子消失。

碰撞后消亡：粒子在碰撞到绑定的导向器(例如导向球)后消失。"持续"微调器指定了粒子在碰撞后持续的寿命(帧数)，如果将此选项设置为 0(默认设置)，粒子在碰撞后会立即消失。"变化"表示当"持续"大于 0 时，每个粒子的"持续"值各不相同，使用此选项可以"羽化"粒子密度的逐渐衰减。

碰撞后繁殖：在与绑定的导向器碰撞时产生繁殖效果。

消亡后繁殖：在每个粒子的寿命结束时产生繁殖效果。

繁殖拖尾：在现有粒子寿命的每个帧处，从该粒子繁殖粒子。"倍增"微调器指定了每个粒子繁殖的粒子数。繁殖的粒子的基本方向与父粒子的速度方向相反，"缩放混乱""方向混乱"和"速度混乱"因子则应用于该基本方向。

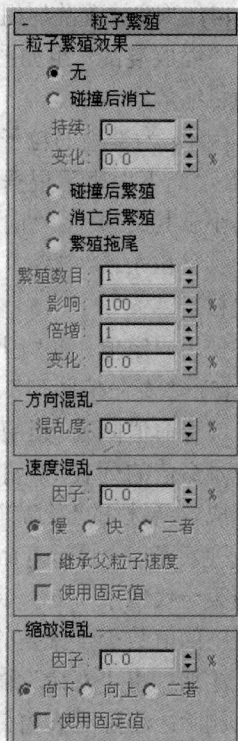

图 4-5 "粒子繁殖"卷展栏

如果"倍增"大于 1，则三个混乱因子中至少有一个要大于 0，才能看到其他繁殖的粒子。否则，倍数将占据该空间。

为了获得最佳效果，应先将"粒子生成"卷展栏上的"粒子数量"设置为"使用比率"，并设置为 1。

繁殖数目：除原粒子以外的繁殖数。例如，如果此选项设置为 1，则并在消亡时繁殖，每个粒子超过原寿命后繁殖一次。

影响：指定将繁殖的粒子的百分比。如果减小此设置，会减少产生繁殖粒子的粒子数。

倍增：每个繁殖事件繁殖的粒子数。

变化：逐帧指定"倍增"值将变化的百分比范围。

(2) "方向混乱"组。

混乱度：指定繁殖的粒子的方向可以从父粒子的方向变化的量。如果设置为 0，则表明无变化；如果设置为 100，繁殖的粒子将沿着任意随机方向移动；如果设置为 50，繁殖的粒子可以从父粒子的路径最多偏移 90°。

(3) "速度混乱"组。

因子：繁殖的粒子的速度相对于父粒子的速度变化的百分比范围。如果值为 0，则表明无变化。"慢"表示随机应用速度因子，减慢繁殖的粒子的速度；"快"表示根据速度因子随机加快粒子的速度；"二者"表示根据速度因子，有些粒子加快速度，而其他粒子减慢速度。

继承父粒子速度：除了速度因子的影响外，繁殖的粒子还继承父体的速度。

使用固定值：将"因子"值作为设置值，而不是作为随机应用于每个粒子的范围。

(4) "缩放混乱"组。

"缩放混乱"组如图 4-6 所示，该组中的选项可对粒子应用随机缩放。

因子：为繁殖的粒子确定相对于父粒子的随机缩放百分比范围。"向下"表示根据"因子"的值随机缩小繁殖的粒子，使其小于其父粒子；"向上"表示随机放大繁殖的粒子；使其大于其父粒子；"二者"表示将繁殖的粒子缩放为大于和小于其父粒子。

使用固定值：将"因子"的值作为固定值，而不是值范围。

(5) "寿命值队列"组。

"寿命值队列"组中的选项可以指定繁殖的每一代粒子的备选寿命值的列表。繁殖的粒子使用这些寿命，而不使用在"粒子生成"卷展栏的"寿命"微调器中为原粒子指定的寿命。

列表窗口：显示寿命值的列表。列表上的第一个值用于繁殖的第一代粒子，下一个值用于下一代粒子，依此类推。如果列表中的值数少于繁殖的代数，最后一个值将重复用于所有剩余的繁殖粒子数。

添加：将"寿命"微调器中的值加入列表窗口。

删除：删除列表窗口中当前高亮显示的值。

替换：可以使用"寿命"微调器中的值替换队列中的值。使用时先将新值放入"寿命"

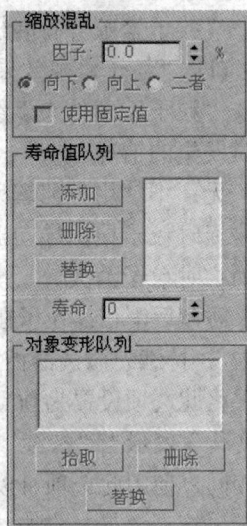

图 4-6 "缩放混乱"组参数

微调器，再在队列中选择要替换的值，然后单击"替换"按钮。

寿命：使用此选项可以设置一个值，然后单击"添加"按钮将该值加入列表窗口。

(6) "对象变形队列"组。

使用此组中的选项可以在带有每次繁殖(按照"繁殖数"微调器设置)的实例对象粒子之间切换。以下选项只有在当前粒子类型为"实例几何体"时才可用。

列表窗口：显示要实例化为粒子的对象的列表。列表中的第一个对象用于第一次繁殖，第二个对象用于第二次繁殖，依此类推。如果列表中的对象数少于繁殖数，列表中的最后一个对象将用于所有剩余的繁殖粒子数。

拾取：单击此选项，然后在视口中选择要加入列表的对象。注意，使用的对象类型基于"粒子类型"卷展栏的"实例参数"组中的设置。例如，如果在该组中启用了"子树"，可以拾取对象层次。同样，如果拾取了某个组，可以使用组作为繁殖的粒子。

删除：删除列表窗口中当前高亮显示的对象。

替换：使用其他对象替换队列中的对象。在队列中选择对象可以启用"替换"按钮。单击"替换"按钮，然后在场景中拾取对象，替换队列中高亮显示的项。

4.3　项 目 实 施

(1) 单击"创建" ✳ → "几何体" ◯ ，在列表框中选择"粒子系统"，单击"对象类型"面板中的"超级喷射"按钮，在透视图中创建一个超级喷射的粒子系统，如图 4-7 所示。

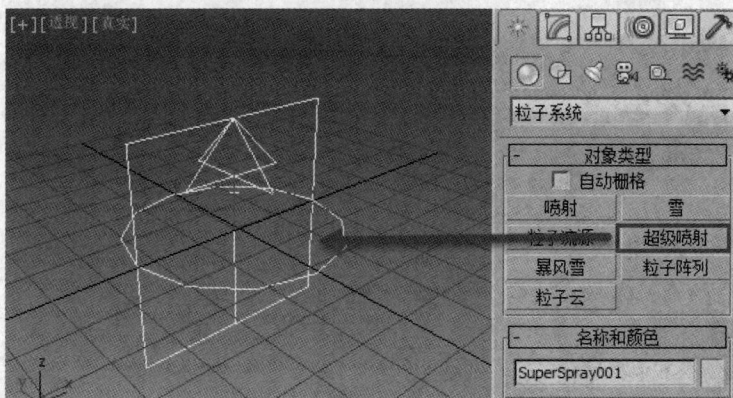

图 4-7　创建"超级喷射"粒子系统

(2) 单击"修改命令"选项卡 ，修改超级喷射粒子系统的基本参数：粒子分布的轴扩散为 30°，平面扩散为 90°，视口采用"网格"方式显示，粒子数百分比为 100%。粒子生成：使用总数为 20；粒子运动速度为 2.5 m，变化为 20%，粒子计时发射开始时间为 −60 帧，发射停止为 60 帧，显示时限为 100，寿命为 40 帧，粒子大小为 0.35 m，增长耗时和衰减耗时都为 0；粒子类型为标准粒子"立方体"。粒子繁殖：消亡后繁殖，繁殖数目为 1，影响为 100%，倍增为 200，变化为 100%，方向混乱度为 100%，使礼花喷射后再生粒子，并向四周迸射，如图 4-8 所示。

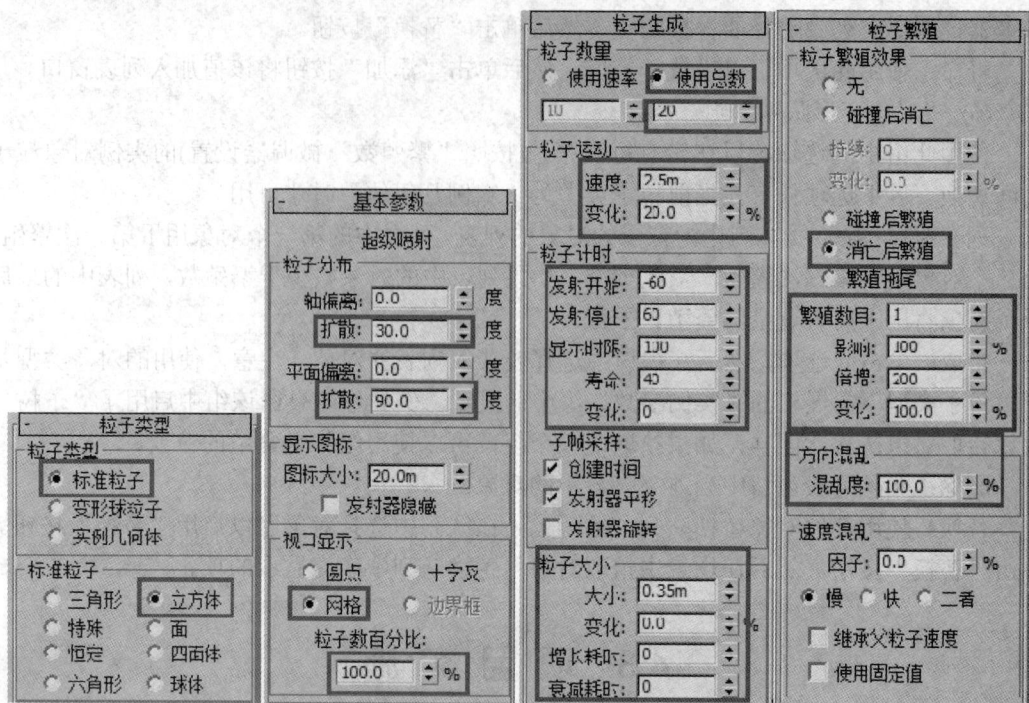

图 4-8　超级喷射粒子系统的基本参数

(3) 创建重力。单击"创建" ✳ →"空间扭曲" ≋，在列表框中选择"力"，在对象类型中选择"重力"，调整力的强度为 0.2，在透视图的超级喷射粒子系统边创建重力，如图 4-9 所示。

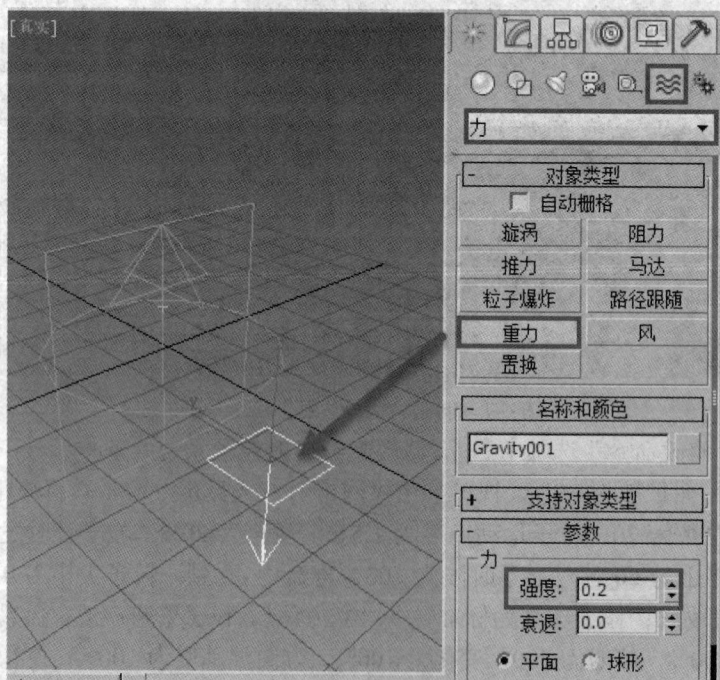

图 4-9　创建重力

（4）在主工具栏中单击"绑定到空间扭曲"按钮 ～ 激活该选项，在透视图中将超级喷射粒子系统图标拖拽到重力上，使超级喷射产生的粒子受重力影响向下落，如图4-10所示。

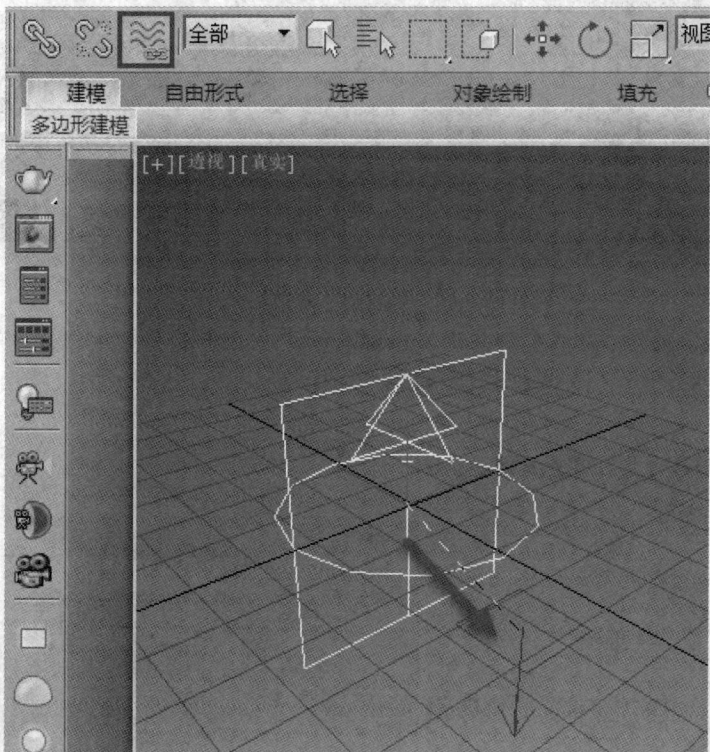

图4-10　将超级喷射粒子系统绑定重力

（5）复制粒子系统及其重力，同时创建一台目标摄像机，设置镜头为36mm，调整摄像机角度，使摄像机视图能呈现出礼花的全景，如图4-11所示。

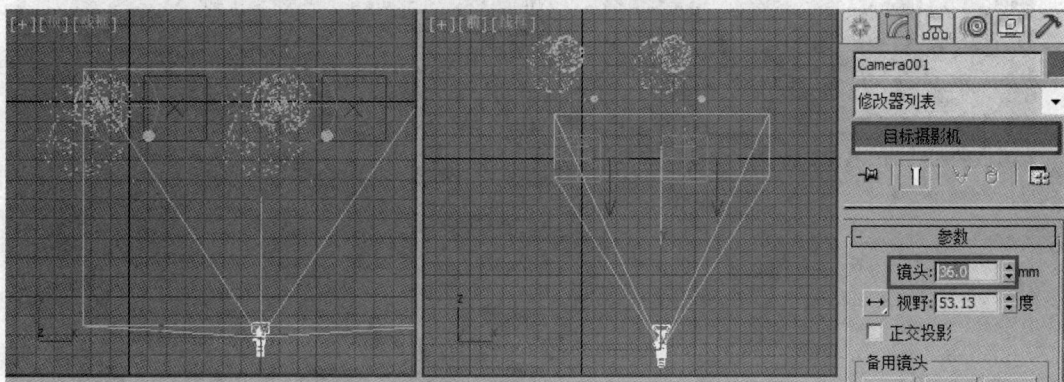

图4-11　创建一台目标摄像机

（6）按M键进入材质编辑器，选择一个未使用过的材质球，将该材质赋给场景中的粒子系统，设置其高光级别为25，光泽度为5，自发光数量为100，并将自发光贴图设置为粒子年龄，颜色#1为RGB(255，100，222)，颜色#2为RGB(243，173，0)，颜色#3为RGB(255，0，0)，如图4-12所示。

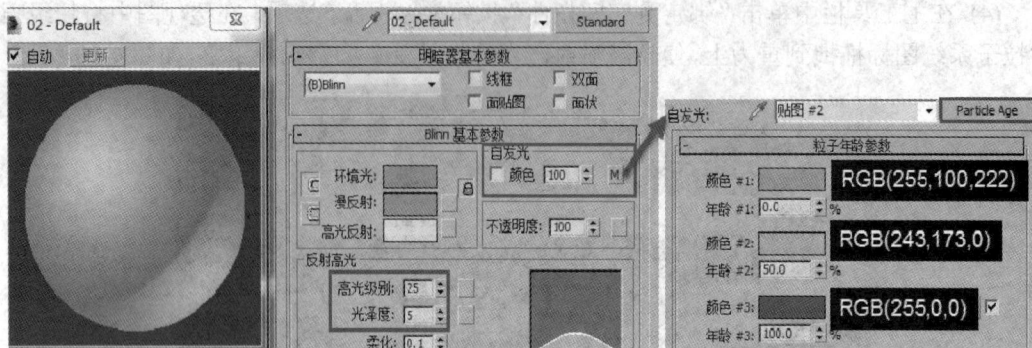

图 4-12　设置粒子系统材质

(7) 在透视图中选择粒子系统并单击鼠标右键，在弹出的菜单中选择"对象属性"，打开"对象属性"对话框，设置 G 缓冲区的对象 ID 为 1，运动模糊按"图像"倍增设置为 0.2，如图 4-13 所示。

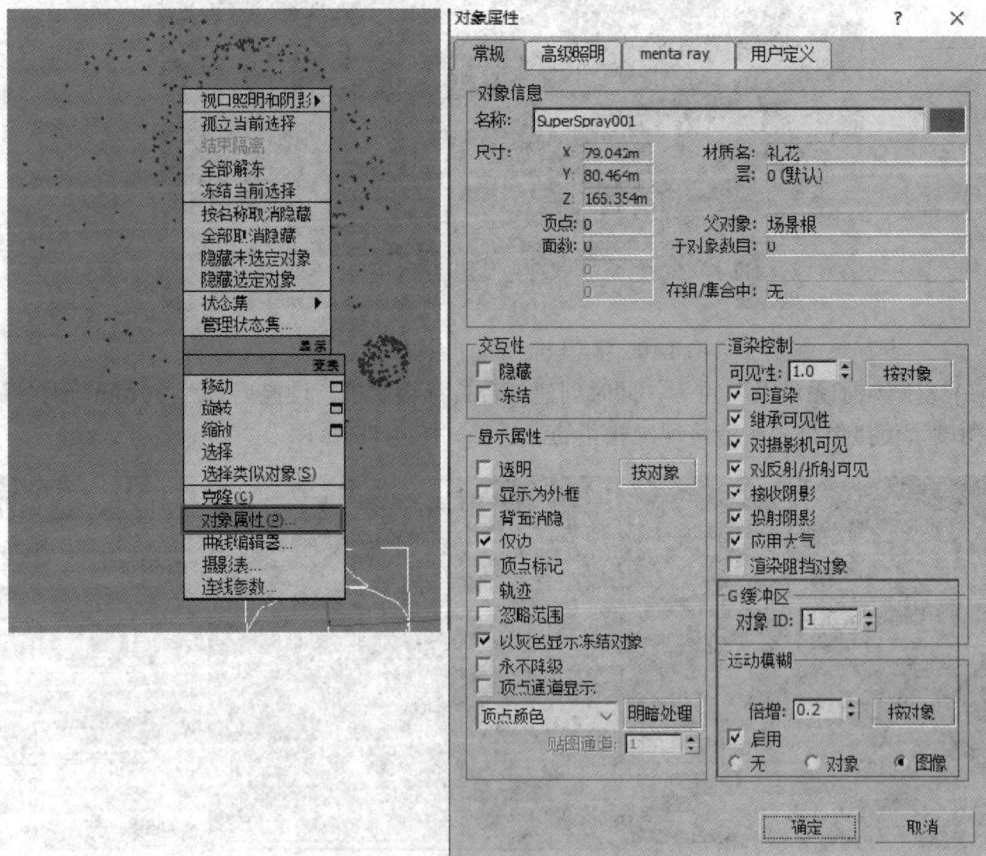

图 4-13　设置粒子系统的"对象属性"

(8) 单击主工具栏中的"渲染"→"视频后期处理"，打开"视频后期处理"对话框，单击 ▦ 添加场景事件，在"编辑场景事件"对话框中指定 Camera001，单击 ▦ 添加图像过滤事件，指定"镜头效果光晕"作为图像过滤事件，单击 ▦ 添加图像输出事件，设置"文件"并保存为"礼花.avi"，如图 4-14 所示。

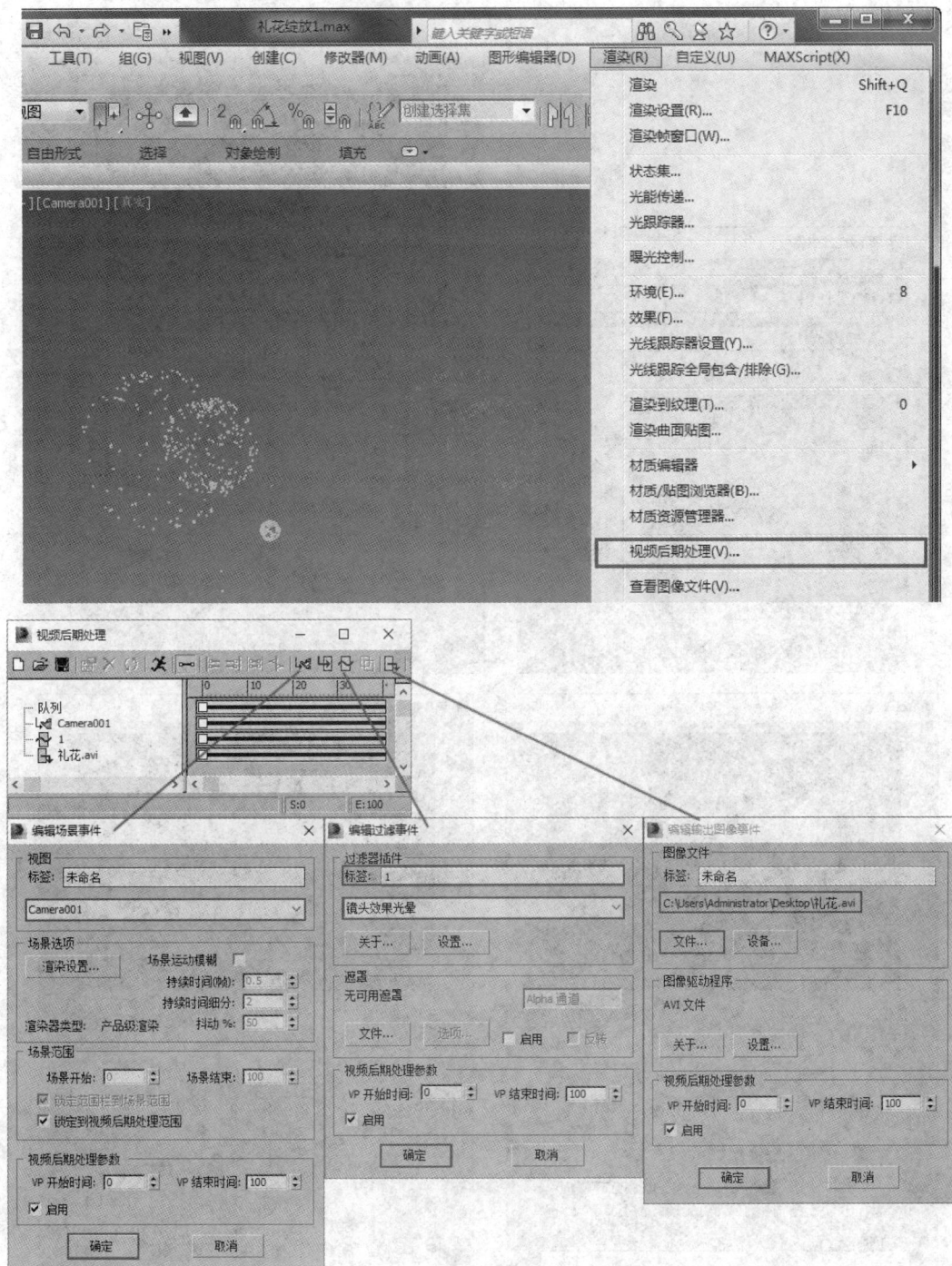

图 4-14　设置视频后期处理参数

　　(9) 在"编辑过滤事件"对话框中，单击"设置"按钮，打开"镜头效果光晕"窗口，分别单击"VP 队列"和"预览"按钮，此时可预览礼花绽放的效果图。在"属性"选项卡中勾选"对象 ID"并设置为 1，过滤事件为"边缘"；在"首选项"选项卡，设置效果大小为 1，颜色为渐变；在"噪波"选项卡，设置运动参数为 3，这样礼花绽放时会带有模糊效果，如图 4-15 所示。

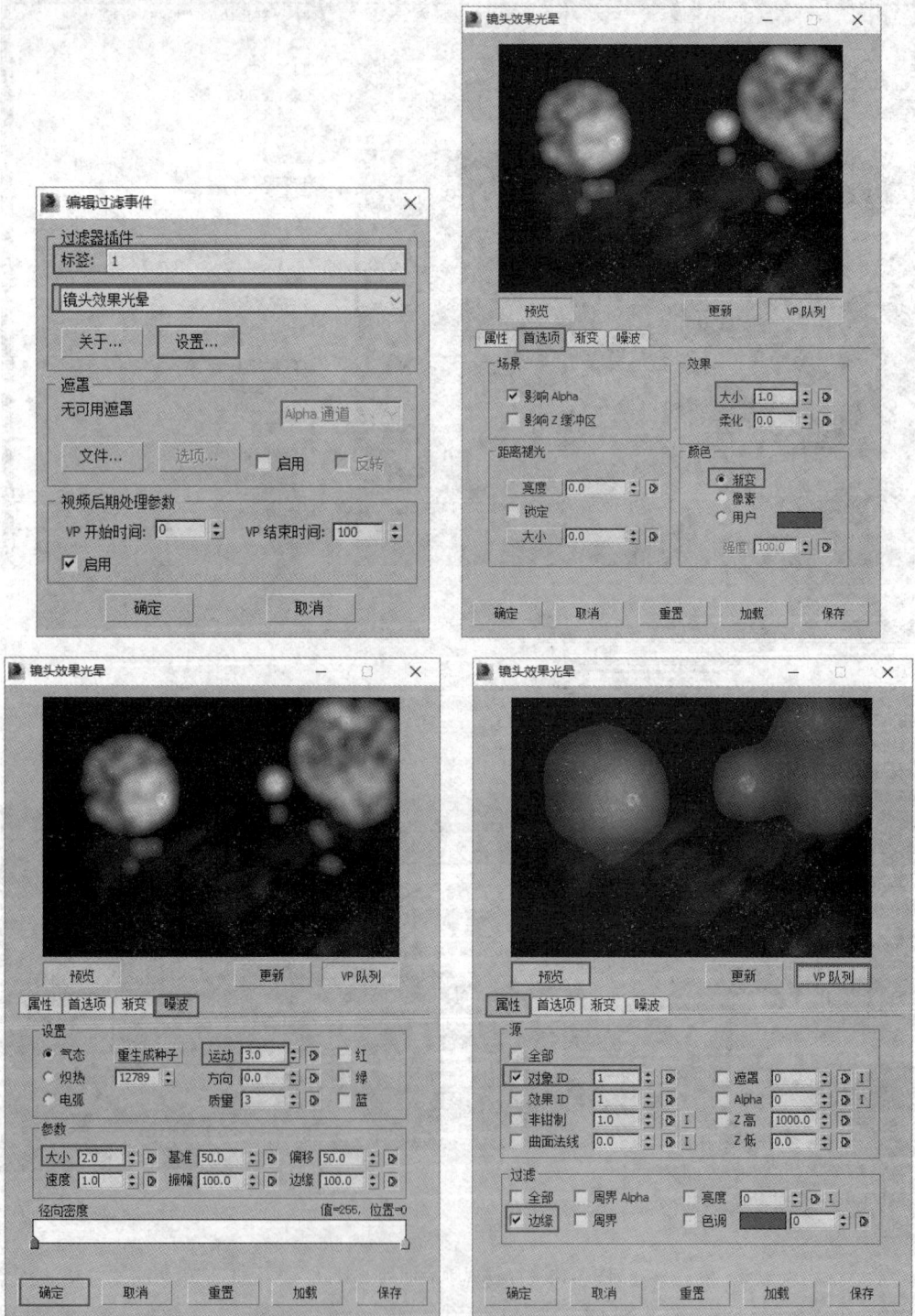

图 4-15　设置"镜头效果光晕"参数

(10) 单击"视频后期处理"工具栏中的 ✖ 执行队列，时间输出"单个"，渲染第 0 帧，输出大小为 800 像素×600 像素，单击"渲染"按钮，渲染礼花绽放的最终动画效果，如图

4-16 所示。

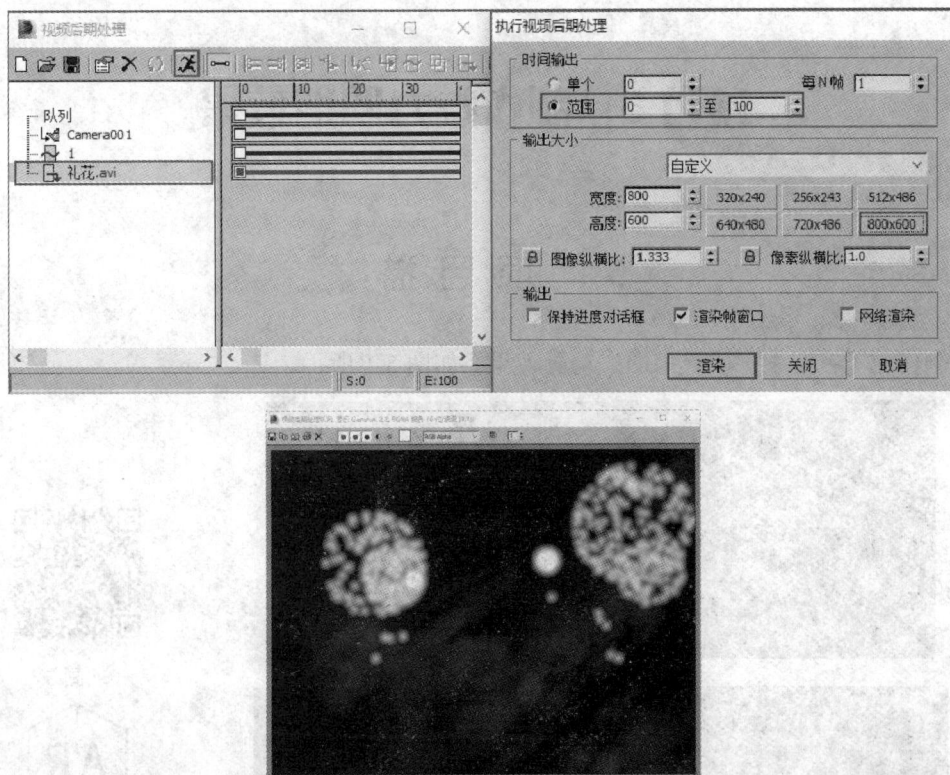

图 4-16　渲染礼花绽放的效果图

实 践 演 练

利用超级喷射制作奇幻文字动画，如图 4-17 所示。

图 4-17　奇幻文字动画效果

实践演练 4　制作奇幻
文字动画

项目 5　制作魅力四射效果

5.1　项 目 描 述

制作粒子在空中生成魅力四射动画效果，如图 5-1 所示。

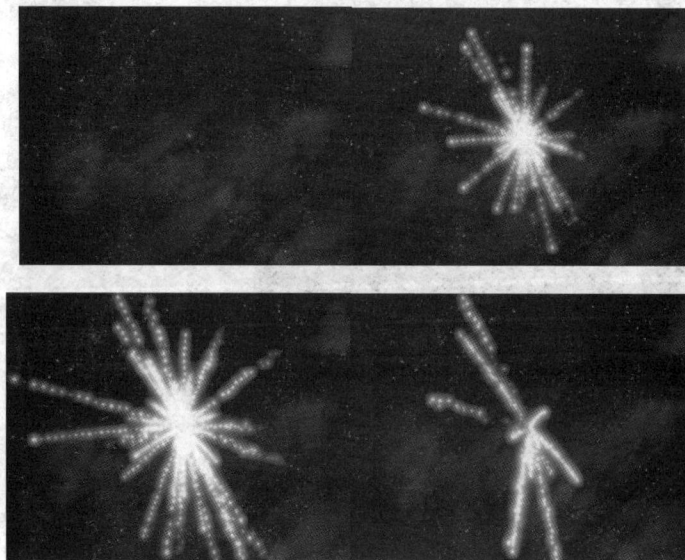

动画 5

微课 5

图 5-1　魅力四射效果图

具体要求如下：

(1) 创建粒子系统模拟魅力四射的效果粒子动画绚丽自然。

(2) 分别渲染第 0、20、50、100 帧的效果，输出大小为 640 像素×480 像素。

(3) 输出 avi 格式的动画文档，输出大小为 640 像素×480 像素。

5.2　知 识 准 备

1. 空间扭曲

空间扭曲能创建使指定对象变形的力场，从而创建出涟漪、波浪和风吹等效果。空间扭曲的创建方法是单击"创建"面板→"空间扭曲"，空间扭曲是影响其他对象外观的不可渲染对象。空间扭曲的行为方式类似于修改器，只不过空间扭曲影响的是世界空间，而几何体修改器影响的是对象空间。创建空间扭曲对象时，视口中会显示一个线框来表示。可以像对其他 3ds Max 对象那样变换空间扭曲。空间扭曲的位置、旋转和缩放会影响其作用。

被空间扭曲变形的表面如图 5-2 所示，左侧是爆炸扭曲表面，右侧是涟漪表面，后面是波浪表面。空间扭曲只会影响和它绑定在一起的对象。扭曲绑定显示在对象修改器堆栈的顶端。空间扭曲总是在所有变换或修改器之后应用。

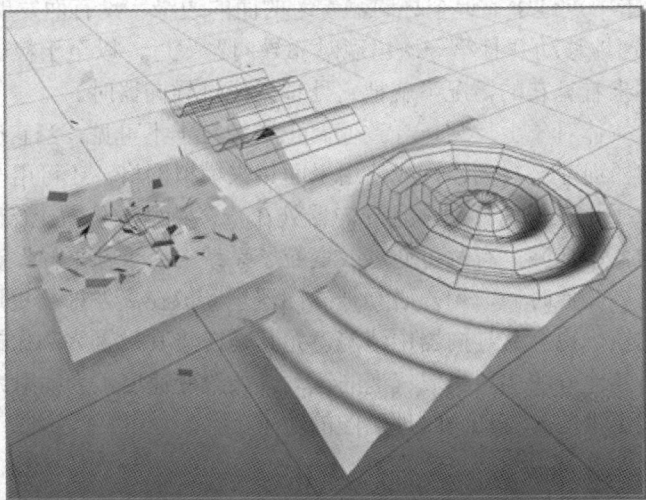

图 5-2　被空间扭曲变形的表面

当把多个对象和一个空间扭曲绑定在一起时，空间扭曲的参数会平等地影响所有对象。不过，每个对象距空间扭曲的距离或者它们相对于扭曲的空间方向可以改变扭曲的效果。由于该空间效果的存在，只要在扭曲空间中移动对象就可以改变扭曲的效果。也可以在一个或多个对象上使用多个空间扭曲。多个空间扭曲会以用户应用它们的顺序显示在对象的堆栈中。

注意：可以利用"自动栅格"功能调整新的空间扭曲相对于现有对象的方向和位置。

1) 空间扭曲和支持的对象

有些空间扭曲类型是专门用于可变形对象上的，如基本几何体、网格、面片和样条线。其他类型的空间扭曲则用于粒子系统，如"喷射"和"雪"。

在命令面板上，"力""导向器"和"几何/可变形"类别中的每个空间扭曲都有一个标记为"支持对象类型"的卷展栏。该卷展栏列出了可以和扭曲绑定在一起的对象类型。

2) 空间扭曲的基本用法

首先创建空间扭曲，把对象和空间扭曲绑定在一起，然后在主工具栏上，单击"绑定到空间扭曲"按钮，然后在空间扭曲和对象之间拖动。

对于使用粒子系统的空间扭曲，仅适用于非事件驱动粒子系统。

空间扭曲不具有在场景上的可视效果，除非把它和对象、系统或选择集绑定在一起，调整空间扭曲的参数，可以使用"移动""旋转"或"缩放"来变换空间扭曲，变换操作通常会直接影响绑定的对象。若要使空间扭曲参数和变换动画化，还可以通过给绑定到扭曲上的对象制作变换操作动画，使空间扭曲效果动起来。

3) 粒子泄漏和导向器空间扭曲

导向器是一种在粒子系统中充当粒子障碍物的空间扭曲。在下列情况下，离群的粒子有时会从导向器泄漏。

(1) 当粒子恰巧在极靠近时间间隔的结束或起始点击中导向器，且解决方案中的数值错误没有报告击中时；

(2) 当粒子的击中点过于靠近全导向器参考的面的边缘，没有面发现该粒子时；

(3) 当粒子快速地移动并且第一次出现时靠导向器太近，以至于粒子系统内的首次更新循环在导向器还未看见它的情况下就把它处理为经过导向器时。

因为粒子会从实体对象上反弹，导致偏离正道的粒子不可见，当它确实引发问题时，可以使用平面导向器而非全导向器，或使用平面集来模拟网格，还可用一个简单的网格来替换平面。如果粒子正在快速移动，且导向器处在一个特殊的位置上(离发射器太近)，很多粒子就会从导向器中泄漏。有时可通过改变粒子系统的"子帧采样"设置或者粒子速度修正这种泄漏现象。其他时候，用户必须把导向器重新放在离发射器更远的位置。另外，处在气泡运动中的粒子也会从导向器中泄漏，尤其是在将其设置为高振幅时。要避免出现这种情况，应使用其他方法实现类似气泡的运动，如改变速度，为喷射系统设置更大的流扩散角度，或使用更大的带有动画纹理贴图的粒子。

2. 重力

"创建"面板的"空间扭曲"类别的下拉列表中提供了空间扭曲的类别。这些空间扭曲用于影响粒子系统。"对象类型"卷展栏中指明了各个空间扭曲所支持的系统，如图 5-3 所示。

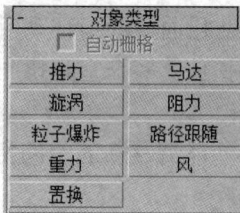

图 5-3　空间扭曲"支持对象类型"卷展栏

"重力"空间扭曲可以在粒子系统所产生的粒子上对自然重力的效果进行模拟。重力具有方向性。沿重力箭头方向的粒子做加速运动，逆着箭头方向的粒子做减速运动。

在球形重力下，粒子运动朝向重力图标，重力引起的粒子降落如图 5-4 所示，施加在雪上的重力效果如图 5-5 所示。

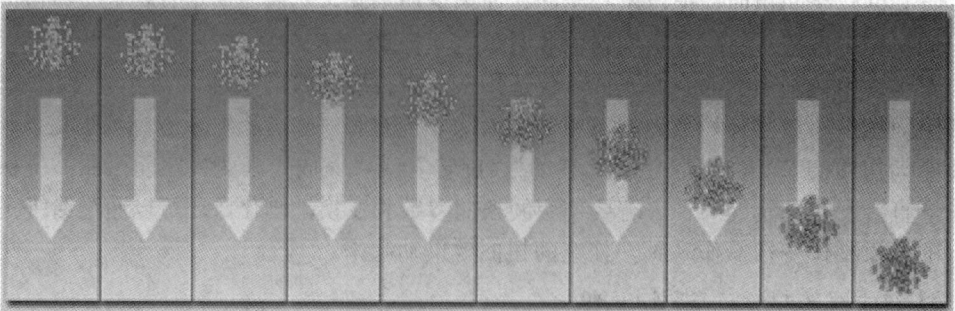

图 5-4　重力引起的粒子降落

图 5-5　施加在雪上的重力效果

创建重力过程如下：

在"创建"面板 上，单击"空间扭曲"图标 。从列表中选择"力"，然后在"对象类型"卷展栏上单击"重力"，并在视口中拖动，显示出重力图标，对于平面重力(默认值)，图标是一个一侧带有方向箭头的方形线框，对于球形重力，图标是一个球形线框，重力参数如图 5-6 所示。

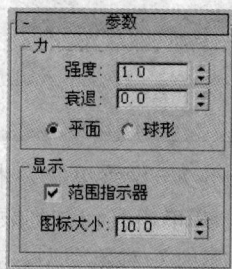

图 5-6　重力参数

(1)　"力"组

强度：增加"强度"值会增加重力的效果，即对象的移动与重力图标的方向箭头的相关程度。小于 0.0 的强度会创建负向重力，该重力会排斥以相同方向移动的粒子，并吸引以相反方向移动的粒子。设置"强度"值为 0.0 时，"重力"空间扭曲没有任何效果。

衰退：设置"衰退"值为 0.0 时，"重力"空间扭曲用相同的强度贯穿于整个世界坐标内的空间。增加"衰退"值会导致重力强度从重力扭曲对象的所在位置开始随距离的增加而减弱，默认设置是 0.0。

平面："平面"重力效果垂直于贯穿场景的重力扭曲对象所在的平面。

球形："球形"重力效果为球形，以重力扭曲对象为中心。该选项能够有效创建喷泉或行星效果。

(2)　"显示"组。

范围指示器：勾选该选项后，当"衰退"值大于 0.0 时，视口中的图标指示着重力为最大值一半时的范围。使用"平面"选项时，指示器是两个平面；使用"球形"选项时，指示器是一个带两个环箍的球体。

图标大小：该选项是指以活动单位数表示的重力扭曲对象的图标大小。拖动鼠标创建重力对象时会设置初始大小，该值不会改变重力效果。

5.3　项目实施

(1) 打开 3ds Max，单击"自定义"→"单位设置"，选择公制为"米"，设置完成后单击"确定"按钮，将当前单位设定为"米"，如图 5-7 所示。

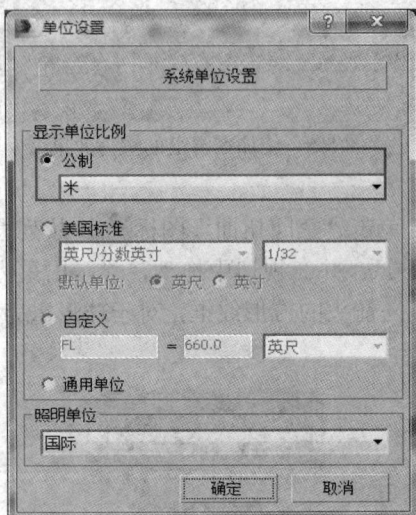

图 5-7　设置单位为米

(2) 单击"创建"→"几何体"，并单击几何体列表框的下拉按钮，在弹出的下拉菜单中选择"粒子系统"，并单击"超级喷射"对象类型，其名称默认为 SuperSpray001，在透视图中拖拽鼠标创建超级喷射粒子图标，如图 5-8 所示。

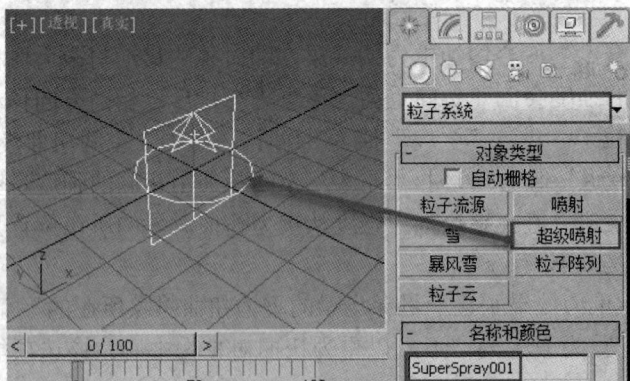

图 5-8　创建超级喷射粒子

(3) 单击"修改"选项卡，进入超级喷射粒子参数面板，设置粒子分布轴扩散为 180°，可以在顶视图看到粒子沿 X 轴扩散开，平面扩散 90°，粒子向周围扩散。视口显示为"网格"，粒子数百分比为 100%，即可将粒子在视口中全面呈现出来，并以网格的形式出现。粒子生成使用总数为 30，场景中会生成 30 颗粒子。粒子运动速度为 4m，粒子速度可以控制粒子迸发的力度，速度值越大粒子发散范围越大，速度变化为 100%，是使粒子运动速度在 4 m 区间内的变化值。粒子计时发射开始为 0，发射停止为 0，表示粒子从第 0 帧产生，且只会产生 1 次就停止发射了，显示时限为 200，表示粒子整个动画过程都可以看到，寿命为 50，表示粒子第 50 帧以后就消亡了，变化为 60，表示粒子寿命区间，通过移动动画帧，可以看到粒子随参数变化的状态。粒子大小为 0.6 m，变化为 0%，调整这个百分数可以发现粒子会出现大小不同的变化，如果场景中粒子太小，可以将大小调大，增长耗时为 12，表示粒子产生有一个由小变大的过程，衰减耗时为 12，表示粒子产生有一个由大变小的过程。粒子类型为标准粒子，选择立方体的显示方式，此时场景中的粒子呈现出立方体的状态。自旋时间为 0，表示粒子保持一个方向发射不会旋转。粒子繁殖效果选择"繁殖拖尾"，影响为 100%，倍增为 2，变化为 0%，表示粒子在第 50 帧消亡后都会生成新的粒子，而且 1 个粒子会变成 2 个，将时间帧调整到第 60 帧能看到粒子激增的变化。方向混乱度为 1%，会使粒子不是沿单一轨迹发射，而是会错开距离。速度混乱因子为 1%，可以调整粒子整体形状。缩放混乱因子为 100%，表示将新生粒子大小不一。移动时间帧滚动条，可以看到魅力四射变化的原形，如图 5-9 所示。

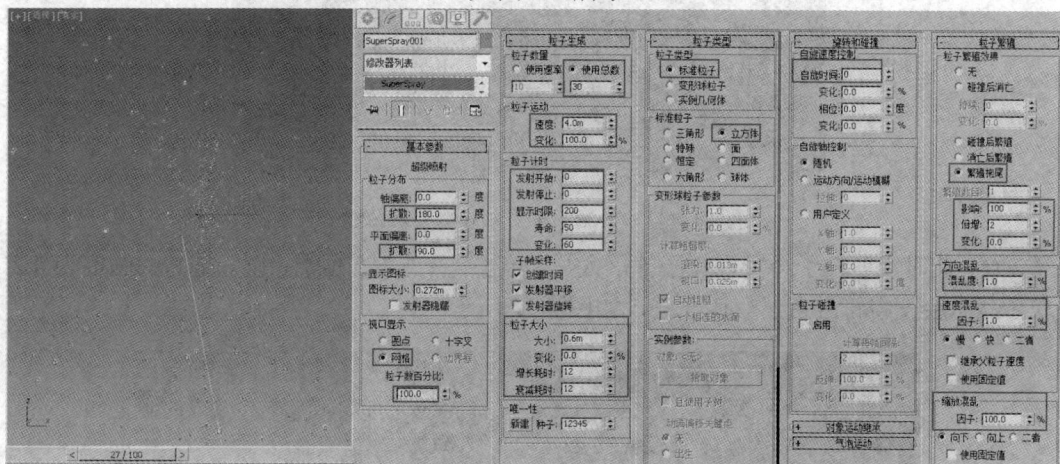

图 5-9　设置超级喷射粒子参数制作魅力四射动画原形

　　(4) 为了使产生的粒子有自由落体的现象，需要添加重力。单击"创建"→"空间扭曲"→"力"，选择"重力"，在透视图中创建重力图标，如图 5-10 所示。

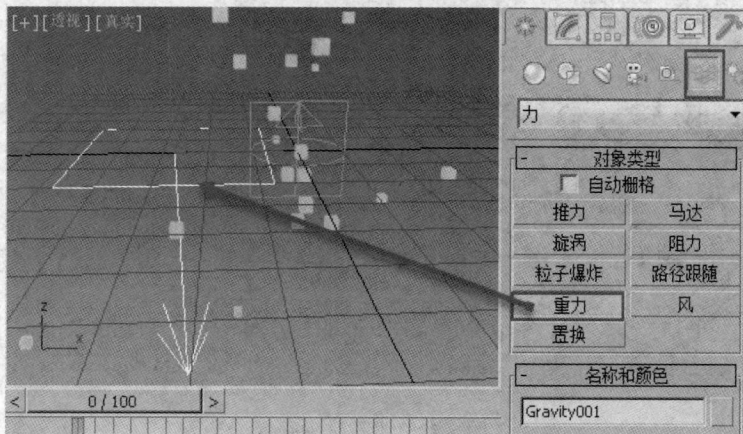

图 5-10　创建重力

(5) 单击工具栏中的"绑定到空间扭曲"图标 ![icon]，在透视图中沿重力图标拖拽一条线到超级喷射粒子图标上，即可完成重力绑定到粒子的过程，如图 5-11 所示。

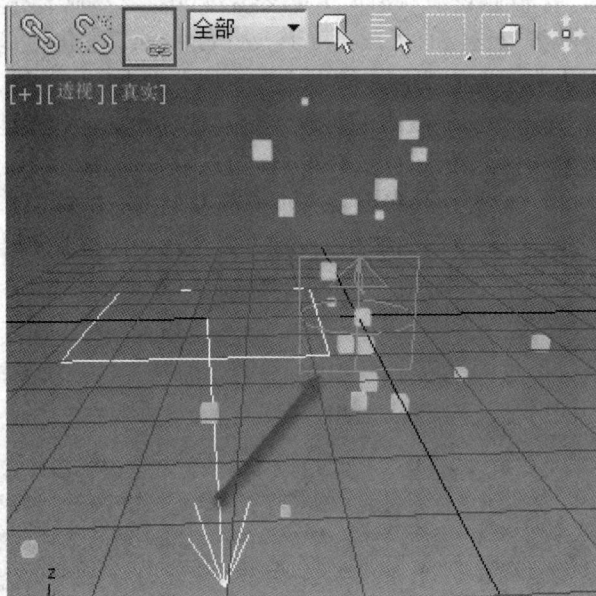

图 5-11　将重力绑定到超级喷射粒子

(6) 此时观察粒子会发现粒子掉落太早，单击"修改"选项卡，设置重力的强度为 0.2，粒子状态会变得符合自然规律一些，如图 5-12 所示。

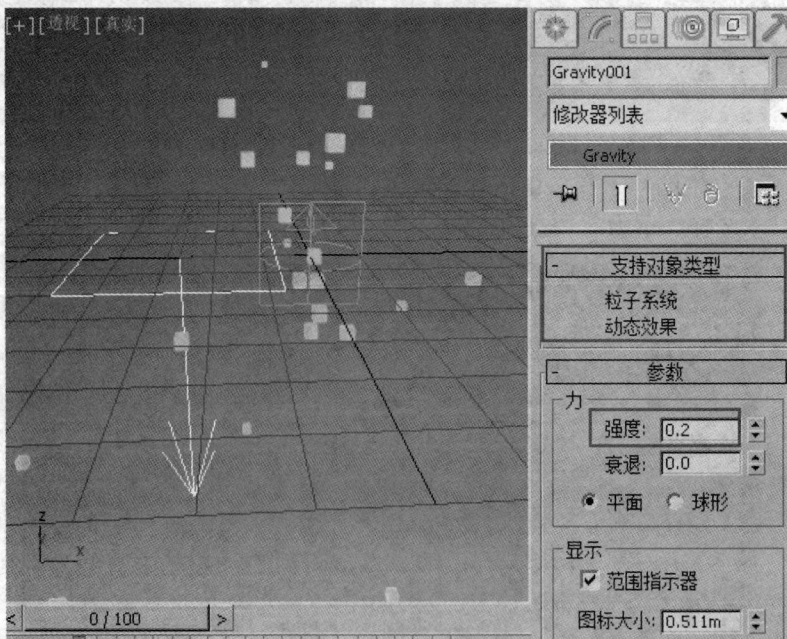

图 5-12　设置重力强度

(7) 单击"创建"→"摄像机"，选择"目标"，在顶视图创建一个目标摄像机，将目标点放在粒子上,将透视图转换为摄像机视图,将时间帧定位在大概 50 帧的中间位置,在三个视图中调整摄像机的角度及位置,尽量将粒子整个呈现在场景中,如图 5-13 所示。

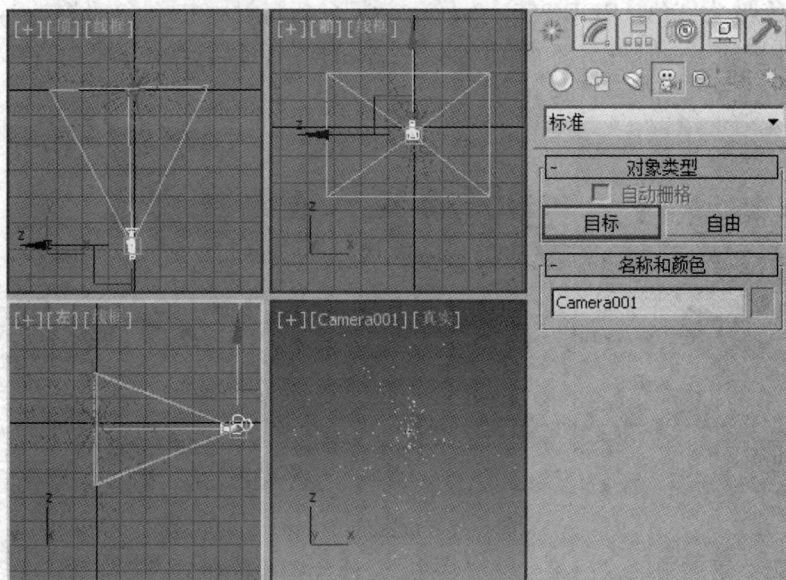

图 5-13　创建目标摄像机

(8) 在修改面板中将目标摄像机的镜头参数设置为 35 mm,这符合人们观察事物的角度范围,播放整个动画观察粒子变化的动态过程,如图 5-14 所示。

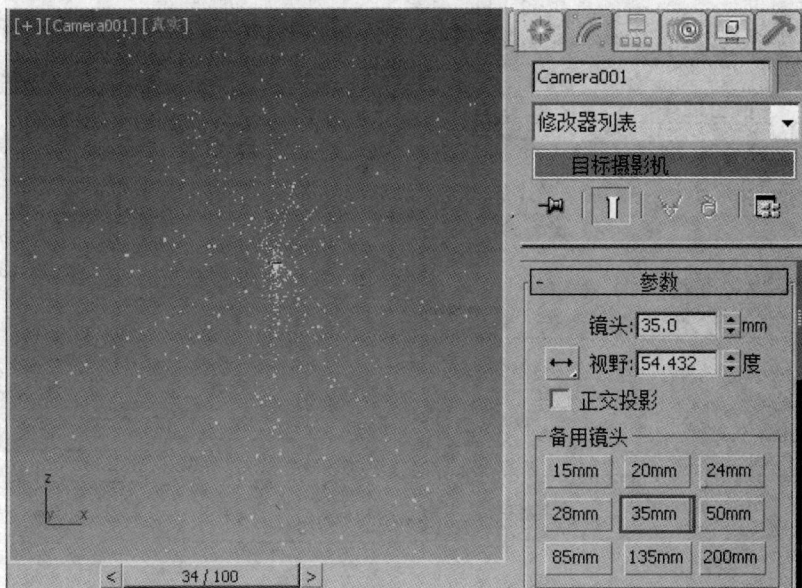

图 5-14　设置目标摄像机镜头

(9) 单击材质编辑器,打开材质编辑器窗口,选择第 1 个材质球并将其命名为"粒子材质",设置高光级别为98,光泽度为28,自发光颜色为67,打开漫反射贴图类型,在材质/贴图浏览器的输入框中输入"粒",在弹出的选项中选择"粒子年龄",并单击"确定"按钮。在粒子年龄参数中,设置颜色#1为紫色,RGB(255,0,255),颜色#2为橙色,RGB(255,115,0),颜色#3为红色,RGB(255,0,0),返回父级将材质ID通道设置为1,并将该材质赋给场景中的粒子,如图5-15所示。渲染摄像机视图可以看到粒子里面是紫色,中间是橙色,外边是红色。

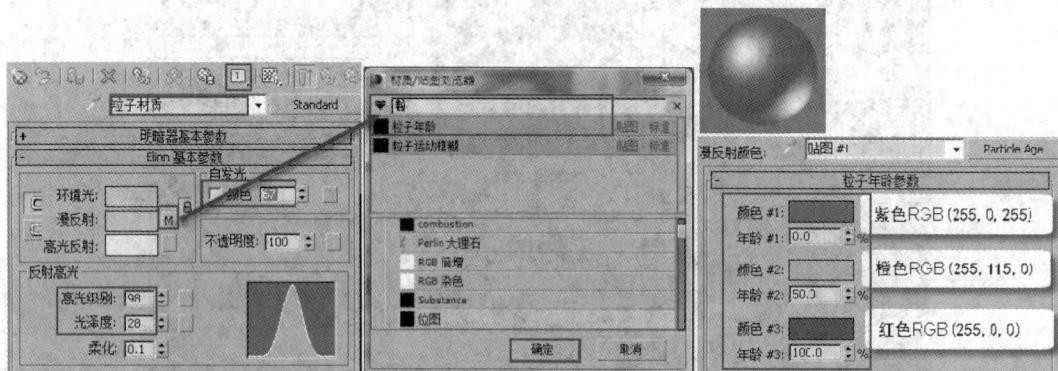

图 5-15　设置粒子材质

(10) 单击菜单栏中的"渲染"→"环境",打开"环境和效果"窗口,单击环境贴图"无"按钮,选择"位图",将"天空.JPG"图片作为环境背景,再将该贴图拖拽到材质编辑器窗口的第2个材质球上,将贴图坐标设置为"屏幕",如图5-16所示。

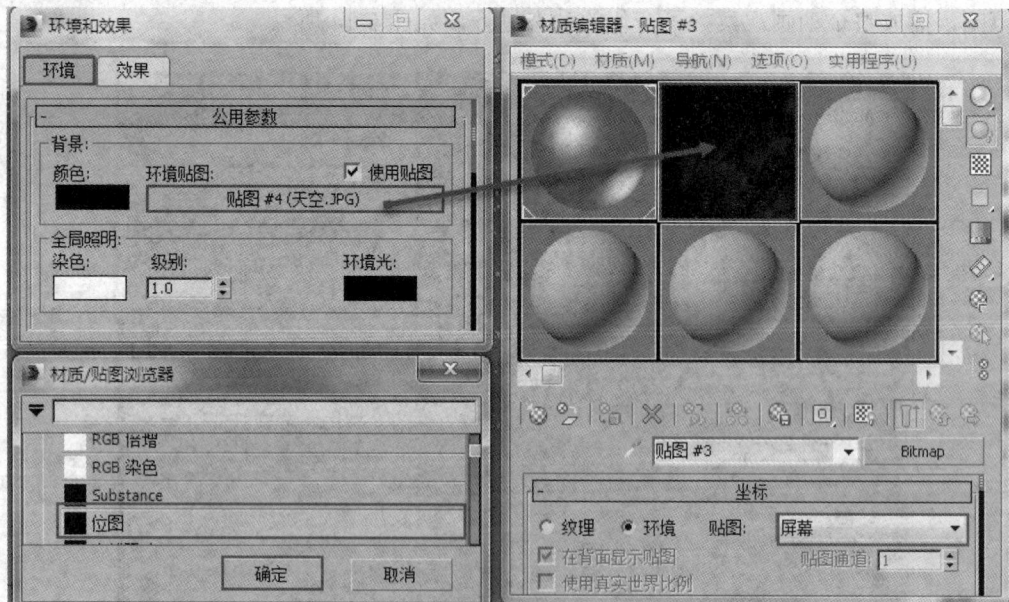

图 5-16　设置天空环境背景

(11) 单击菜单栏中的"编辑"→"对象属性",打开对象属性窗口,将 G 缓冲区对象 ID 设置,与材质中设置的粒子的 ID 通道相对应,设置运动模糊"图像"倍增为0.2,如图5-17所示。

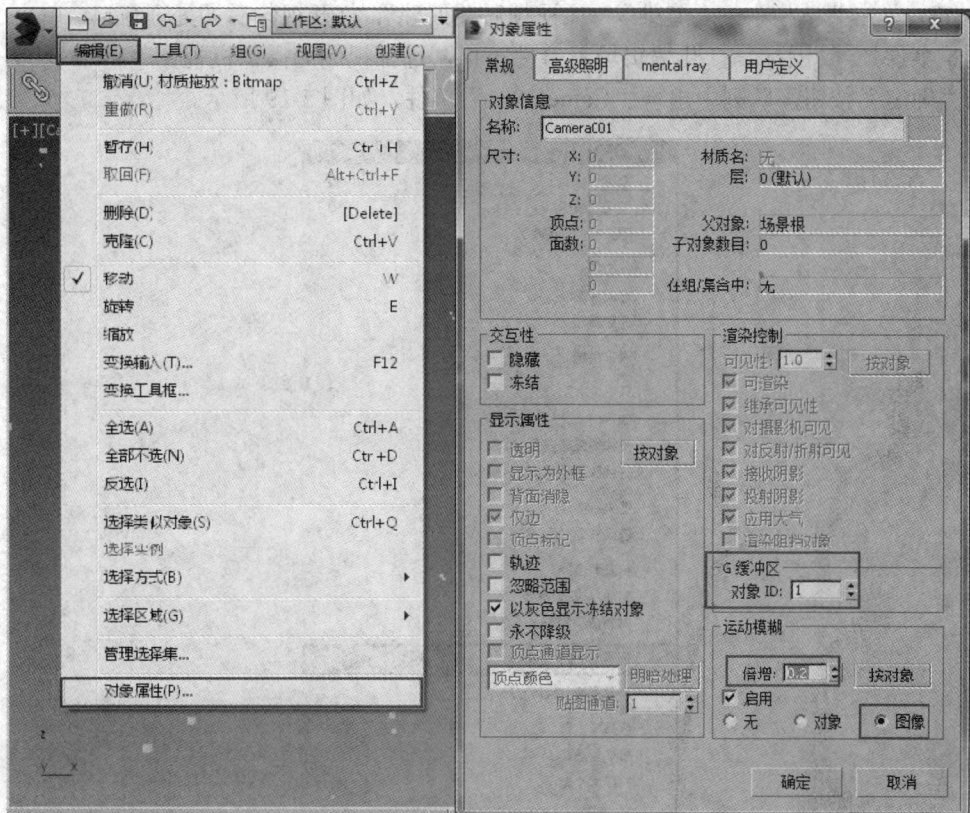

图 5-17　设置粒子对象属性

(12) 渲染摄像机视图可以看到天空中粒子发射的形状，但没有魅力四射的效果，如图 5-18 所示。

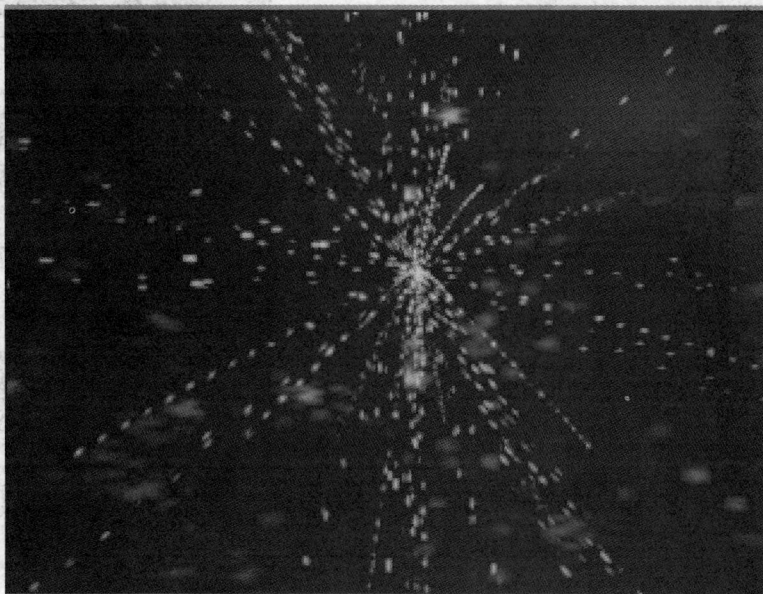

图 5-18　粒子发射形状

(13) 单击菜单栏中的"渲染"→"视频后期处理",打开视频后期处理窗口,单击"添加场景事件" ![图标],打开编辑场景事件窗口,选择视图为摄像机视图"Camera001",单击"确定"按钮,队列中出现"Camera001"事件,如图 5-19 所示。

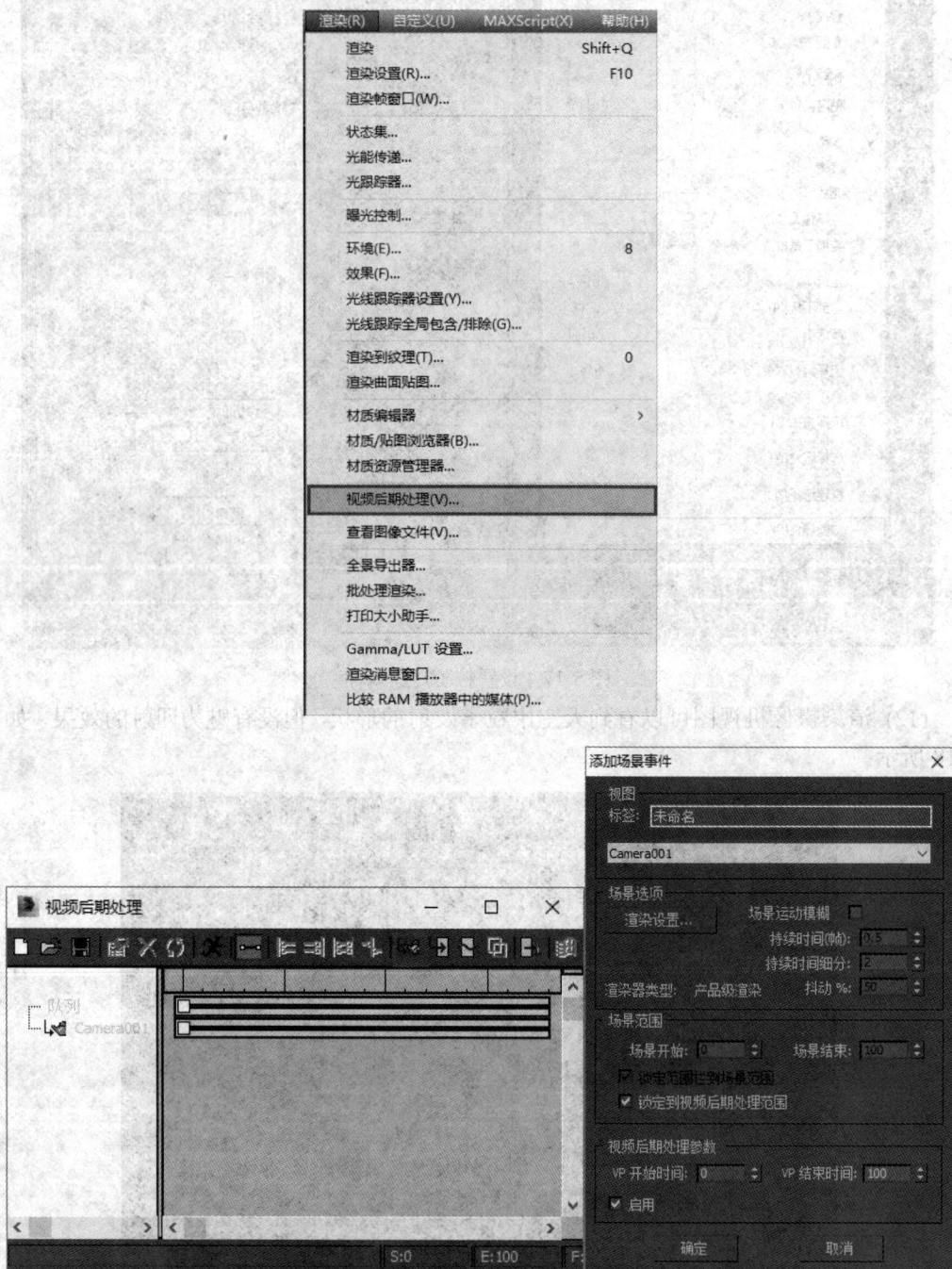

图 5-19　设置视频后期处理视图

(14) 单击添加图像过滤事件工具图标 ![图标],打开添加图像过滤事件窗口,单击过滤器插件下面的下拉按钮,选择"镜头效果光晕",并单击"设置"按钮,如图 5-20 所示。

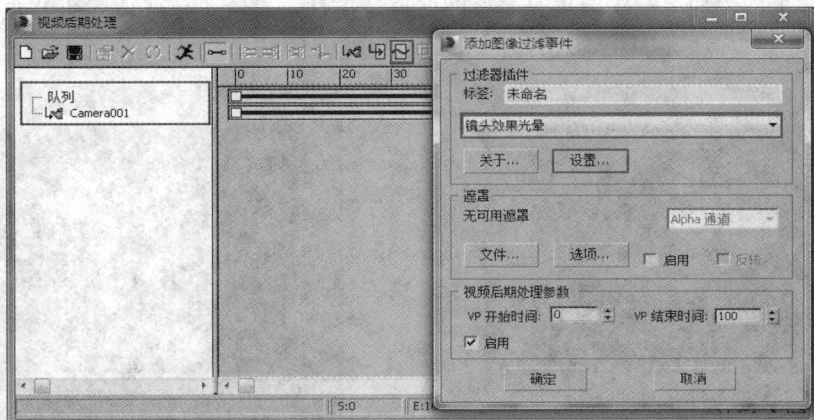

图 5-20　添加图像过滤事件

(15) 打开镜头效果光晕窗口，在"属性"选项卡中勾选"效果 ID"，可以看到该 ID 值为 1，与粒子材质 ID1 通道相对应，勾选"边缘"过滤选项，单击"预览"和"VP 队列"按钮可以预览粒子的变化状态，如图 5-21 所示。

(16) 单击"首选项"选项卡，设置效果大小为 4，选择颜色中的"像素"，与材质的颜色相匹配。如果选择"渐变"，颜色会变成蓝色，因此渐变选项卡中默认颜色是蓝色，用户可以根据自己的需要进行调试，强度为 40。单击"确定"按钮，返回视频后期处理，在修改参数的过程中，可以发现预览图会自动更新，如果图中未显示粒子，可以在执行序列后进行渲染，从而看到粒子效果，如图 5-22 所示。

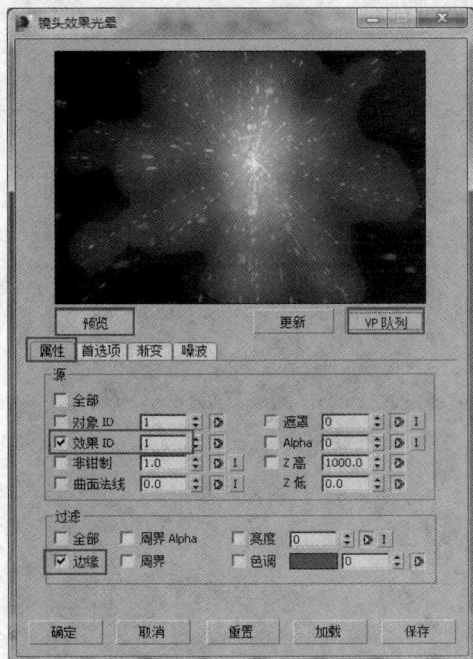

图 5-21　设置粒子属性

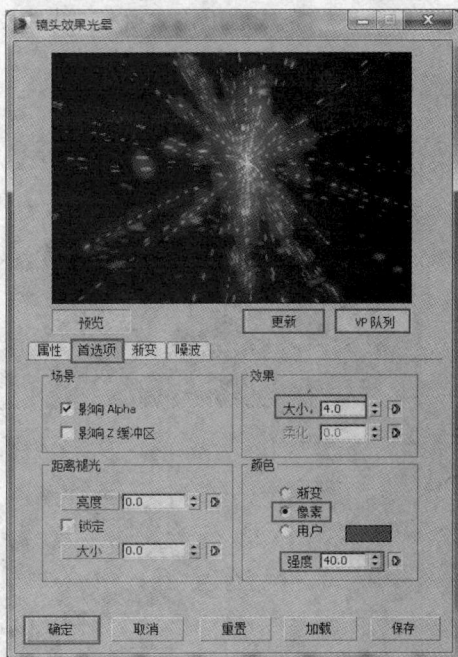

图 5-22　设置首选项

(17) 第 2 次添加"镜头效果光晕"图像过滤事件，设置"首选项"效果大小为 2，强度为 70，设置完成后单击"确定"按钮，如图 5-23 所示。

(18) 第 3 次添加"镜头效果光晕"图像过滤事件，设置"首选项"效果大小为 0.5，强度为 8，设置完成后单击"确定"按钮，如图 5-24 所示。

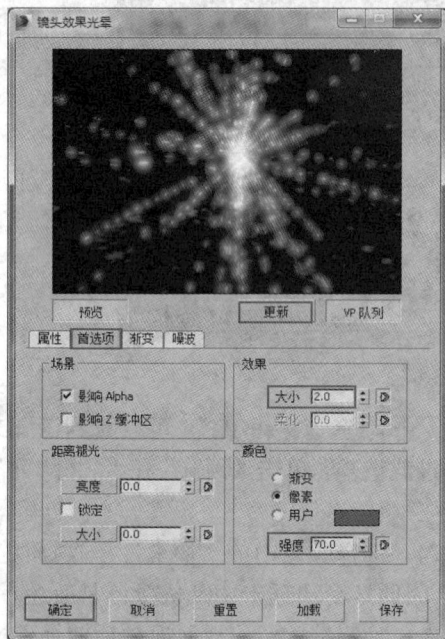

图 5-23　第 2 次镜头光晕

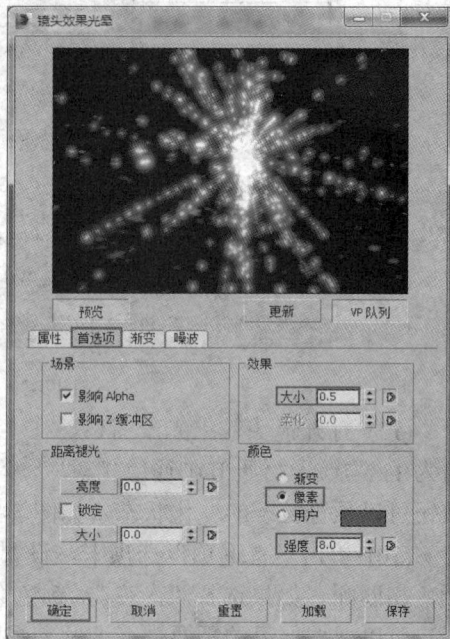

图 5-24　第 3 次镜头光晕

(19) 第 4 次添加"镜头效果光晕"图像过滤事件，设置"首选项"效果大小为 3，强度为 2，设置完成后单击"确定"按钮，如图 5-25 所示。

(20) 第 5 次添加"镜头效果光晕"图像过滤事件，设置"首选项"效果为 1，强度为 30，设置完成后单击"确定"按钮，如图 5-26 所示。可以看到粒子变亮变艳的过程。

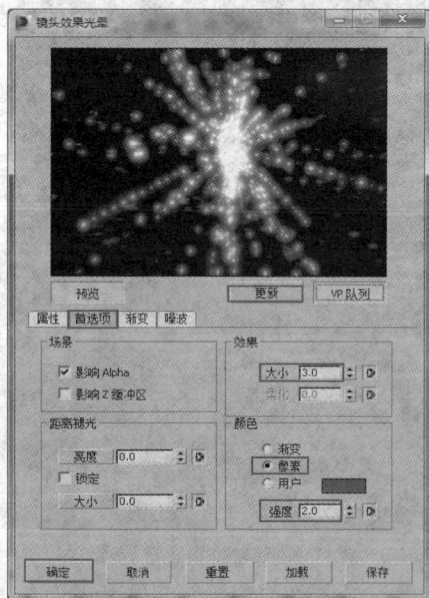

图 5-25　第 4 次镜头光晕

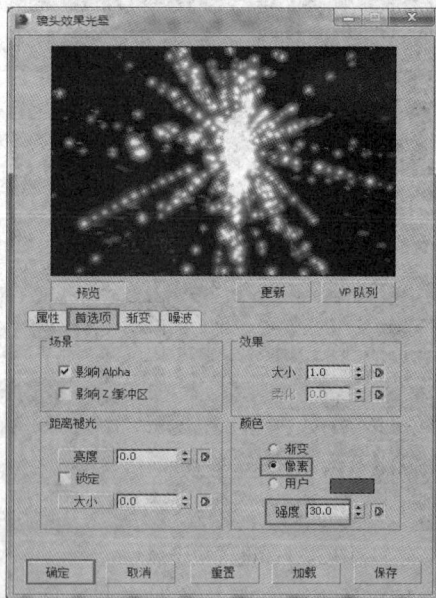

图 5-26　第 5 次镜头光晕

(21) 在视频后期处理窗口中单击"添加图像输出事件"图标 ，设置图像文件为"魅力四射.avi"，如图 5-27 所示。

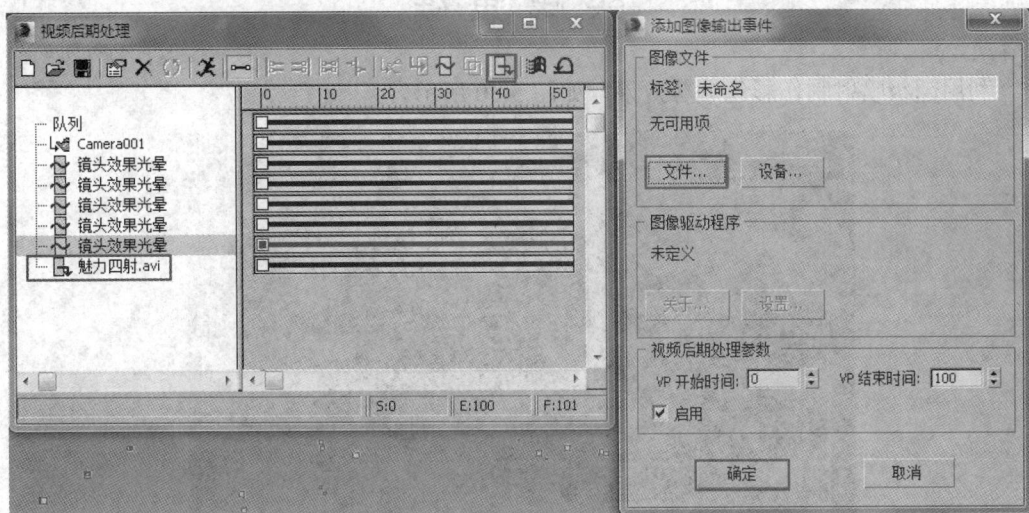

图 5-27 添加图像输出事件

(22) 单击"执行序列"图标 ，打开执行视频后期处理窗口，设置时间输出范围为 0 至 100 帧，输出大小为 640 像素×480 像素，并单击"渲染"按钮，如图 5-28 所示。

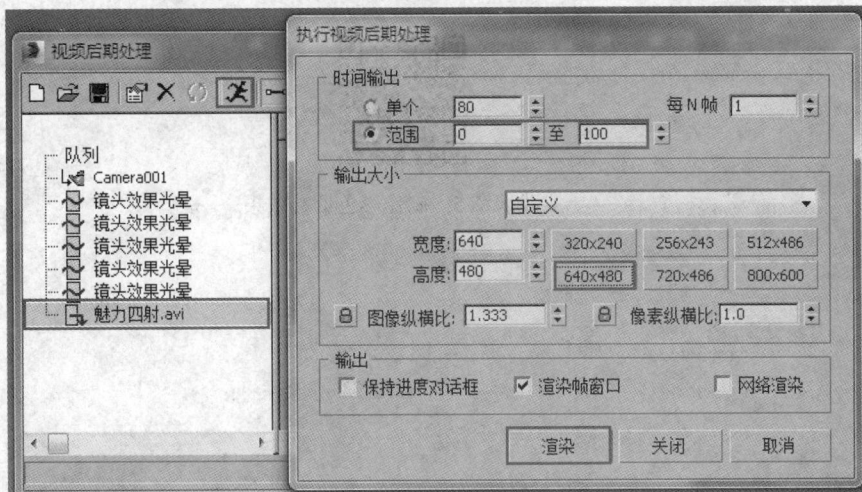

图 5-28 渲染动画

(23) 最后生成"魅力四射"动画效果，如图 5-29 所示。

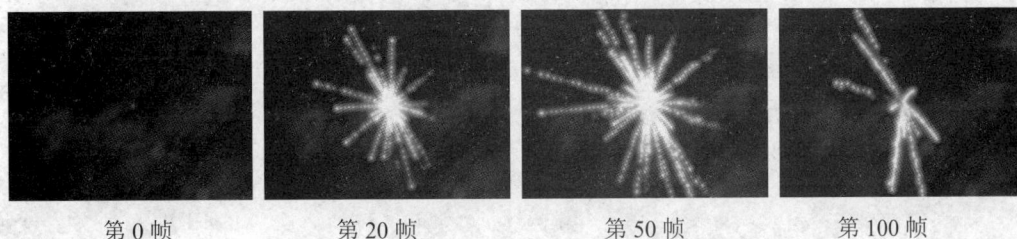

第 0 帧   第 20 帧   第 50 帧   第 100 帧

图 5-29 "魅力四射"动画效果

实 践 演 练

利用超级喷射制作彩色烟雾效果,如图 5-30 所示。

图 5-30　彩色烟雾动画效果

实践演练 5　制作彩色烟雾效果

项目 6 制作树叶飘落动画

6.1 项 目 描 述

制作水面上大树树叶被风吹落的效果，如图 6-1 所示。

动画 6

图 6-1 树叶飘落效果图

具体要求如下：

(1) 创建一个平面及一棵大树。

(2) 将平面材质设置为水面。

(3) 创建粒子系统模拟树叶被风吹散并飘落到水面的效果。

(4) 设置日落的蓝天白云效果。

微课 6

(5) 整个动画时长 3 秒钟，渲染 avi 格式的动画文档。

(6) 要求渲染第 0、20、50、70 帧的效果图，输出大小为 1280 像素×720 像素。

6.2 知 识 准 备

暴风雪粒子

单击"创建" ✦ → "几何体" ●，在下拉列表框中选择"粒子系统"，在"对象类型"卷展栏中单击中"暴风雪"，在透视图中拖拽一个暴风雪粒子的发射器图标，暴风雪粒子创建面板如图 6-2 所示。

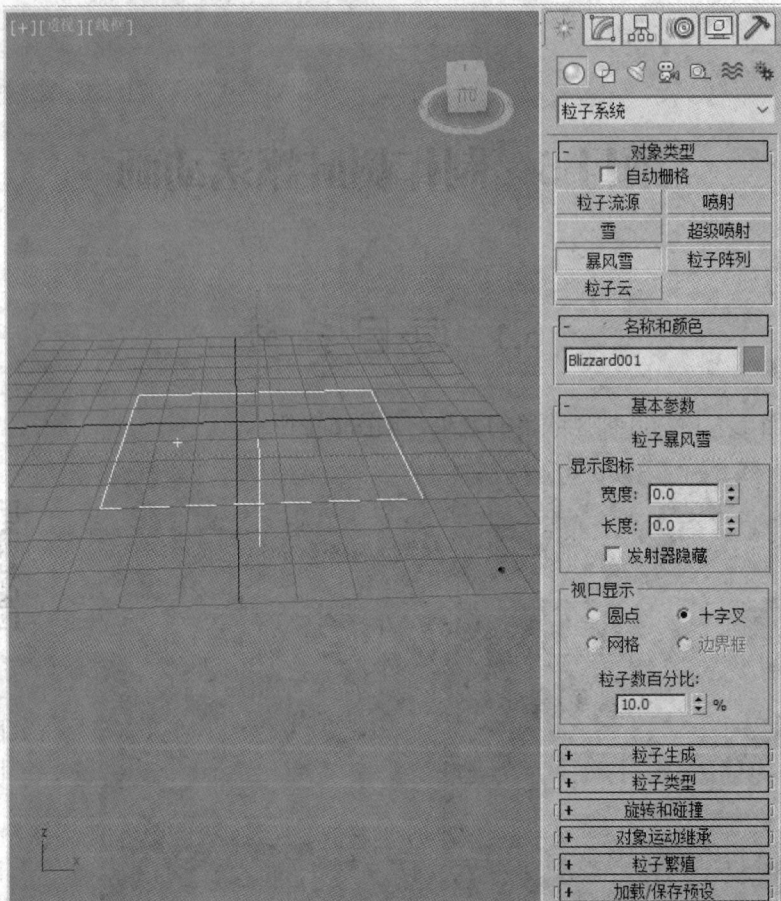

图 6-2　创建暴风雪粒子发射器

　　在暴风雪粒子"基本参数"卷展栏中的"显示图标"组可以设置发射器的宽度和长度。在视口中拖动以创建发射器时,即隐性设置了"宽度"和"长度"这两个参数的初始值,也可以在卷展栏中调整这些值,粒子系统在给定时间内占用的空间是初始参数以及已经应用的空间扭曲组合作用的结果。

　　发射器隐藏:在视口中隐藏发射器。禁用该选项后,在视口中会显示发射器,默认设置为禁用。

　　暴风雪粒子的"粒子生成""粒子类型""粒子繁殖"卷展栏与项目 4 中介绍的相同,此处不再赘述。

6.3　项目实施

1. 创建场景

　　(1) 打开 3ds Max,将文件保存为"树叶飘落.max"文件,单击"自定义"→"单位设置",在"单位设置"窗口,设置显示单位比例公制为"厘米",设置完成后单击"确定"按钮,如图 6-3 所示。

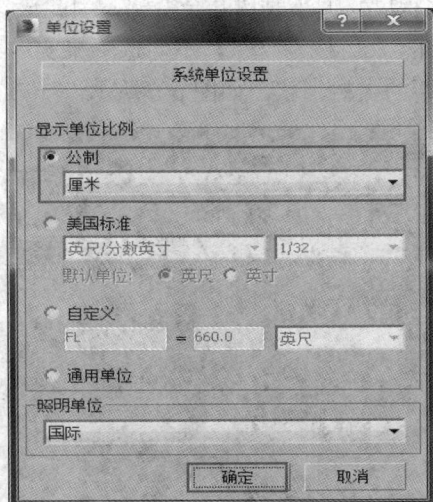

图 6-3 设置单位为厘米

(2) 单击"创建"→"几何体",在"标准基本体"类型中单击"平面",单击"键盘输入"前的"+",在"键盘输入"卷展栏中输入"长度"为 2000 cm,"宽度"为 2000 cm,设置完成后单击"确定"按钮,在透视图中创建一个平面,进入修改面板将其命名为"水面",如图 6-4 所示。

(3) 单击"创建"→"几何体",单击"标准基本体"的下拉按钮,选择下拉列表框中的"AEC 扩展",在"对象类型"中选择"植物",在收藏的植物预览图中选择"美洲榆",并在顶视图水平面右边单击鼠标左键,创建一棵"美洲榆"大树,如图 6-5 所示。

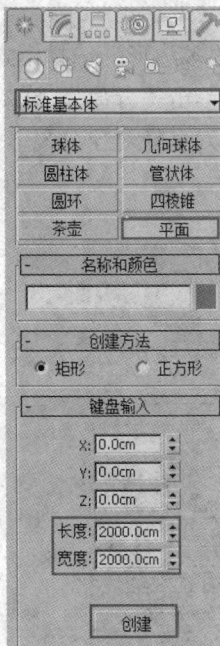

图 6-4 创建水面

图 6-5 创建一棵"美洲榆"大树

(4) 单击"修改"选项卡,将美洲榆命名为"大树",设置高度为 450 cm,密度为 0.3,

密度参数决定了树叶的茂密程度，调小时树叶会变稀，因此该参数不宜调得太高。在"显示"组中勾选"树叶""树干""树枝""根"，不勾选"果实"和"花"，设置"详细程序等级"为"中"，得到所需要的大树形状，如图 6-6 所示。

图 6-6　设置大树参数

(5) 在"大树"的修改器列表中选择"编辑网格"命令，激活"多边形"选择模式，在顶视图选择一片独立的树叶面片，在"编辑几何体"命令面板中单击"分离"，在"分离"窗口中的"分离为:"后的输入框中输入"树叶"，并勾选"作为克隆对象分离"，然后单击"确定"按钮，将该片树叶从大树上分离出来，如图 6-7 所示。

图 6-7　将一片树叶从大树中分离

(6) 删除"编辑网格"命令，在工具栏中单击"按名称选择"工具，在"从场景选择"窗口列表中选择"树叶"，选择顶视图并单击"最大化视口切换"，将该视口最大化显示，按下 F10 键进入"渲染设置"，设置输出大小为 800 像素×600 像素，渲染该单片树叶的效果图，并保存为"树叶.jpg"文件，如图 6-8 所示。

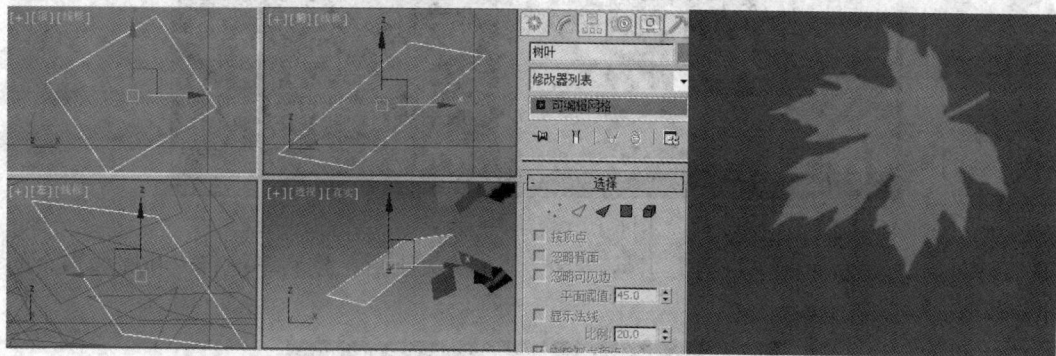

图 6-8　渲染并保存树叶的效果图

2. 制作树叶贴图素材

(1) 打开 Photoshop 应用程序，单击"文件"→"打开"，在文件列表中选择"树叶.jpg"图片，然后再单击"选择"→"色彩范围"，在"色彩范围"窗口中，将颜色容差调整到最大 200，移动鼠标到图中树叶周围黑色区域并单击鼠标左键，树叶边缘出现虚线，设置完成后单击"确定"按钮，使树叶被处于框选的状态，如图 6-9 所示。

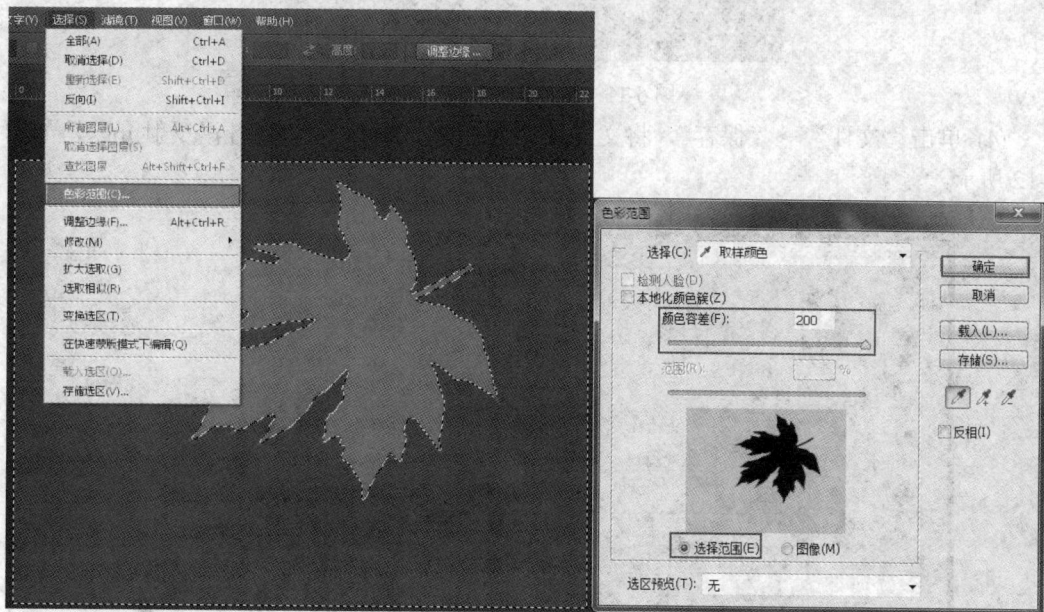

图 6-9　使用"色彩范围"选择树叶选区

(2) 单击"选择"→"反向"，选择绿色树叶区域，再单击"编辑"→"复制"，新建图层"图层 1"，按 Ctrl+V 快捷键将绿色的树叶粘贴到新的图层，删除"背景"图层，树叶呈现在棋盘格的背景中，如图 6-10 所示。

图 6-10　新建树叶图层

(3) 单击工具盒中的"裁剪"工具，调整画布的大小后，按回车键将树叶周边多余的部分裁剪去除，如图 6-11 所示。

图 6-11　裁剪树叶画布大小

(4) 单击"文件"→"保存"，将文件保存为"树叶.psd"和"树叶漫反射.jpg"，如图 6-12 所示。

图 6-12　保存树叶漫反射文件

（5）将工具盒下面的"前景/背景"切换为默认的黑/白模式，选择"图层1"并按复合键 Ctrl 选择树叶选区，按 Ctrl+Delete，将绿色的树叶设置为白色，如图 6-13 所示。

（6）按快捷键 Shift+Ctrl+I，反选树叶其他选区，按 Alt+Delete 键，将树叶其他区域设置成黑色，如图 6-14 所示。

图 6-13　将树叶设置为白色　　　　图 6-14　将树叶其他区域设置为黑色

（7）单击"文件"→"保存"，将文件保存为"树叶不透明.jpg"，同时保存"树叶.psd"，如图 6-15 所示。

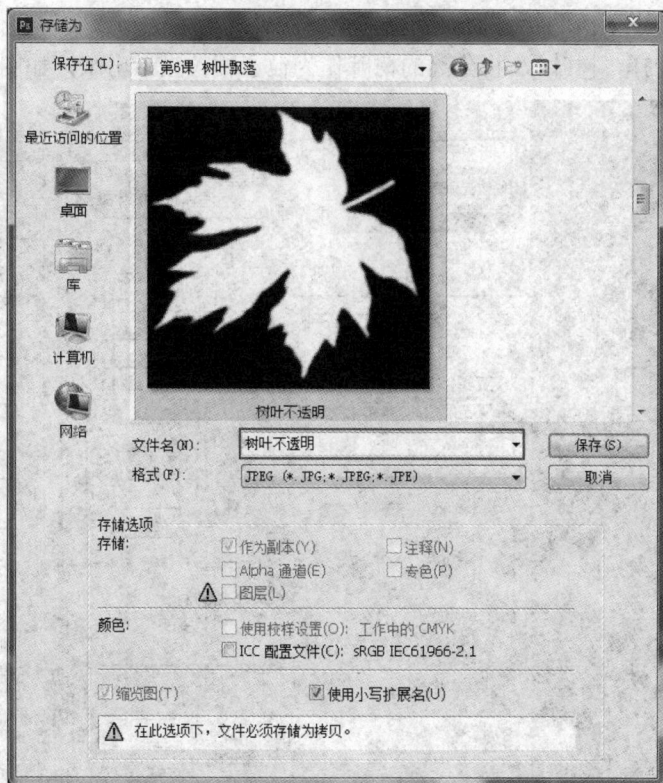

图 6-15　保存"树叶不透明.jpg"文件

3. 创建树叶粒子

（1）返回 3ds Max 应用程序，单击"创建"→"几何体"，单击"标准基本体"的下拉按钮，选择下拉列表框中的"粒子系统"，在"对象类型"中选择"暴风雪"，在顶视图大树的位置拖拽粒子的图形，如图 6-16 所示。

图 6-16　创建暴风雪粒子

(2) 在前视图中将粒子调到树冠上端的位置，单击"修改"选项卡，将粒子暴风雪命名为"树叶粒子"，设置显示图标宽度为 200 cm，长度为 200 cm，视口显示"粒子数百分比："为 100%，粒子生成的"粒子数量"使用速率为 10，粒子运动速度为 0 cm，发射开始为 0，发射停止为 30，此时粒子在树下会出现一个层段，显示时限和寿命都设置为 100，移动动画滚动条可以预览粒子下落的状态，在"粒子类型"卷展栏中选择"实例几何体"，单击"拾取对象"按钮，选择"树叶"，将分离的树叶作为粒子颗粒显示出来，如图 6-17 所示。

图 6-17　设置粒子参数

(3) 按设计要求制作 3 秒钟动画，单击右下角的"时间配置"按钮，打开时间配置窗口，设置帧速率为"电影"，动画帧数为 73，设置完成后单击"确定"按钮，此时动画时间从默认的 100 帧缩减到 72 帧。如图 6-18 所示。

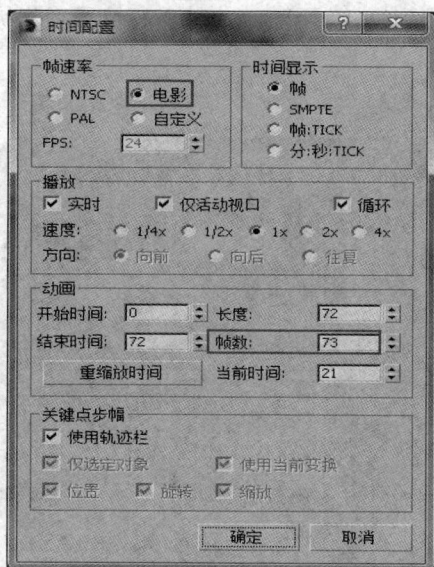

图 6-18　设置时间配置参数

4. 创建重力、风力及导向板

(1) 单击"创建"→"空间扭曲"，选择"力"的对象类型为"重力"，在顶视图树下位置拖拽一个"重力"图标，设置重力强度为 0.2，调整重力及粒子的位置，再单击"绑定到空间扭曲"工具图标，在前视图中从重力图标上拖拽一条虚线到树叶粒子上，此时观察粒子下落状态，粒子会受重力作用下落，如图 6-19 所示。

图 6-19　创建重力

(2) 树叶飘落除了受重力影响，还会受到风的影响，下面添加风力。单击"创建"→

"空间扭曲"，选择"力"的对象类型为"风"，在左视图树中间位置拖拽一个"风"的图标，设置风强度为 0.1，调整风的位置，再单击"绑定到空间扭曲"工具图标，在前视图中从风图标上拖拽一条虚线到树叶粒子上，此时观察粒子下落状态，粒子会受风作用飘散，如图 6-20 所示。

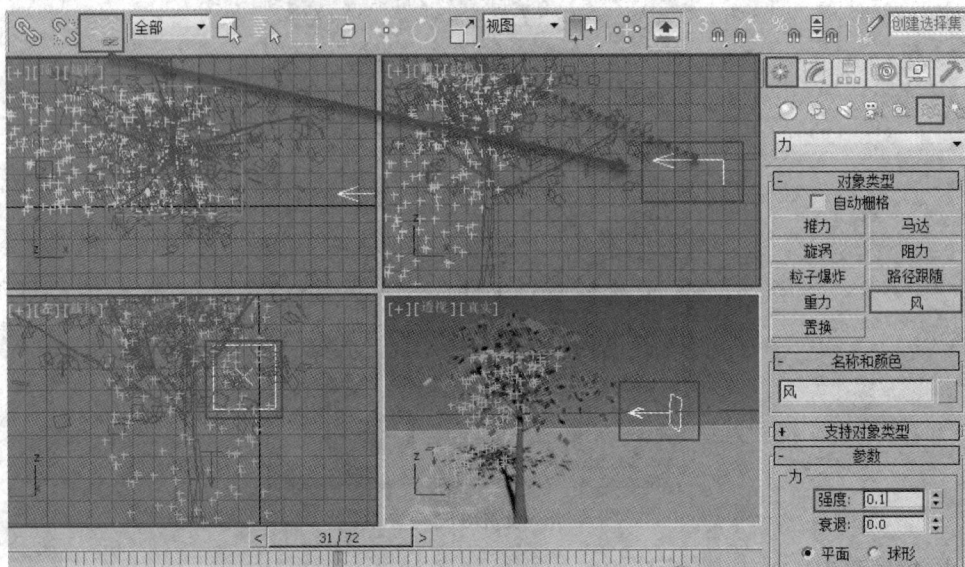

图 6-20　创建风

(3) 若要实现树叶飘落会落在水面上的效果，需要创建一个导向板承载树叶。单击"创建"→"空间扭曲"，单击下拉按钮选择"导向器"，单击"导向板"按钮，在顶视图中拖拽一个导向板，要比创建的水平面大一些，反弹值为 0，摩擦力为 90，预览动画，可以看到树叶落向水面后不会反弹，但会向外飘走，如图 6-21 所示。

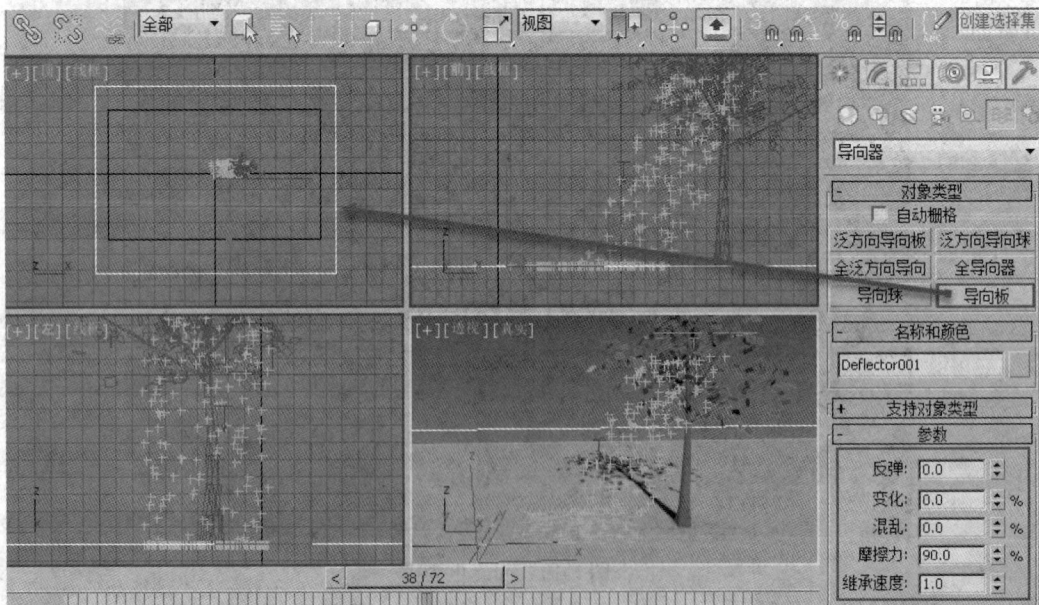

图 6-21　创建导向板

5. 设置材质与贴图

(1) 单击工具栏中的"材质编辑器"工具图标，打开材质编辑器窗口，选择第 1 个材质球并将其命名为"树叶材质"，勾选"双面"，设置"高光级别"为 0，"光泽度"为 0，使树叶双面显示绿色且不会带白色背景，单击"漫反射"贴图按钮，选择制作的"树叶漫反射.jpg"绿色树叶作为漫反射贴图，再单击"不透明度"贴图按钮，选择"树叶不透明.jpg"黑白树叶作为不透明度贴图，将该材质赋给场景中的树叶粒子，如图 6-22 所示。

图 6-22　设置树叶材质

(2) 选择第 2 个材质球并将其命名为"水面材质"，设置漫反射颜色为黑色，高光级别为 120，光泽度为 30，打开"贴图"卷展栏，设置凹凸数量为 30，贴图类型为噪波(Noise)，噪波类型为湍流，大小为 15，级别为 5。为了制作水面波光要设置凹凸动画，单击"自动关键点"按钮启用动画，设置相位第 0 帧为 0，最后一帧为 14，此时预览可以看到水面材质波光粼粼的效果。转到父级材质，设置反射数量为 30，贴图类型为"平面镜"(Flat Mirror)，勾选"应用模糊"，设置应用模糊值为 2，选择扭曲中的"使用凹凸贴图"，转到父级材质，设置折射数量为 30，贴图类型为"光线跟踪"(Raytrace)，将该材质赋给场景中的水面，如图 6-23 所示。

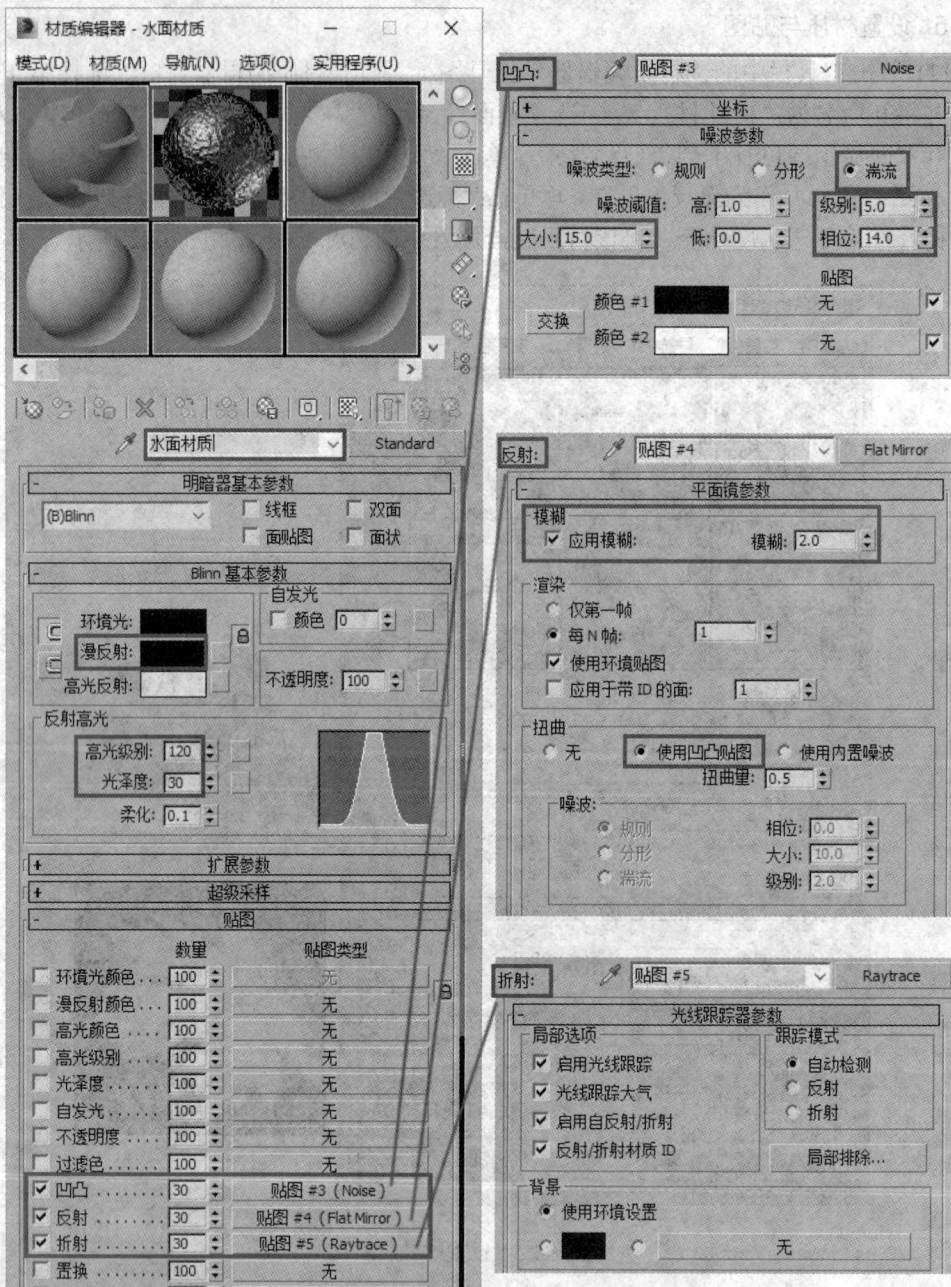

图 6-23　设置水面材质

6. 环境与摄像机

(1) 按数字键 8 打开"环境和效果"窗口，设置环境贴图为"渐变"(Gradient)，将该贴图拖拽到材质编辑器的第 3 个材质球上，选择"实例"复制该贴图，设置贴图坐标为"屏幕"，在"渐变参数"卷展栏中，设置颜色#1 的贴图为"噪波"(Noise)，噪波类型为"分形"，大小为 10，级别为 5，颜色#1 为蓝色，转到渐变的父级材质，设置颜色#2 为白色，颜色#3 为红色，可以看到红日当空的蓝天白色贴图，如图 6-24 所示。

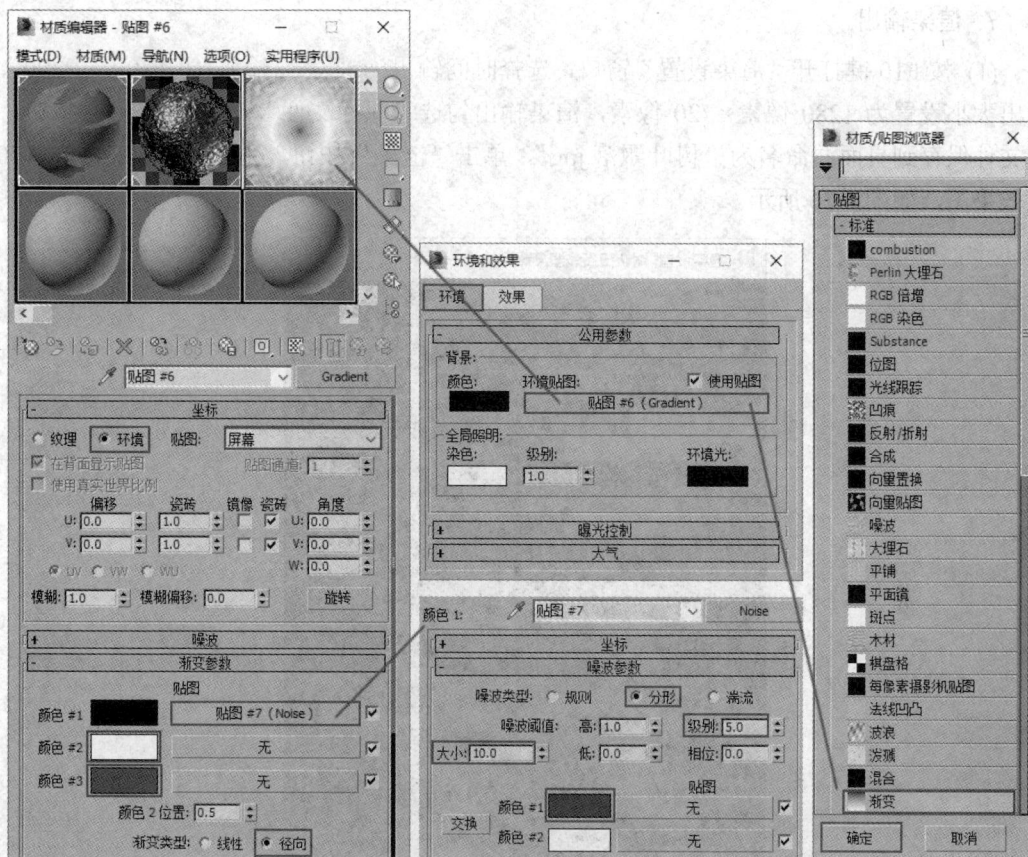

图 6-24 设置环境贴图

(2) 创建摄像机。单击"创建"→"摄像机",选择自由摄像机,镜头参数为 35 mm,在前视图中的树中间单击鼠标左键创建一个自由摄像机,将透视图切换到摄像机视图,调整摄像机角度及位置,直到能看到完整的大树,如图 6-25 所示。

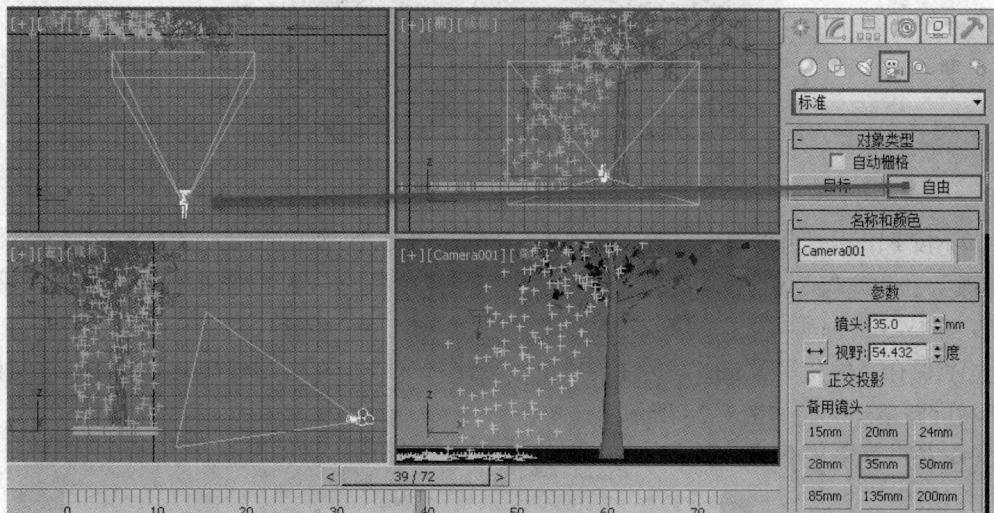

图 6-25 创建自由摄像机

7. 渲染输出

（1）按 F10 键打开"渲染设置"窗口，选择时间输出为"帧"，输入"0，20，50，70"，输出大小设置为 1280 像素×720 像素，渲染输出勾选"保存文件"，单击"文件"按钮，将文件保存到桌面并命名为"树叶飘落.jpg"，单击"渲染"按钮，生成第 0，20，50，70 帧效果图，如图 6-26 所示。

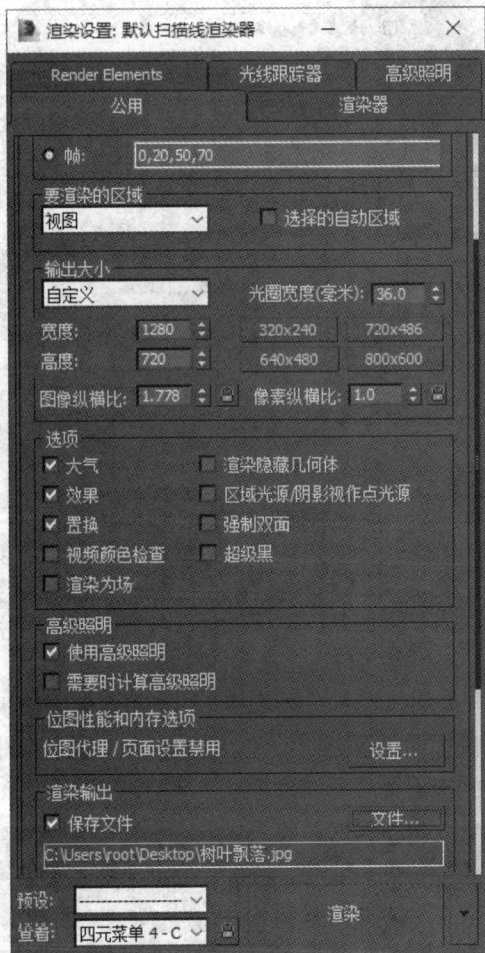

图 6-26　渲染效果图

（2）按 F10 键打开"渲染设置"窗口，选择时间输出为"活动时间段：0 到 72"，在"渲染输出"中单击"文件"按钮，将文件保存到桌面并命名为"树叶飘落.avi"，单击"渲染"按钮，生成 3 秒钟动画，如图 6-27 所示。

（3）保存"树叶飘落.max"文件，单击"文件"→"另存为"→"归档"，将文件归档为"树叶飘落.zip"，如图 6-28 所示。

（4）树叶飘落第 0 帧、第 20 帧、第 50 帧、第 70 帧的效果如图 6-29 所示。

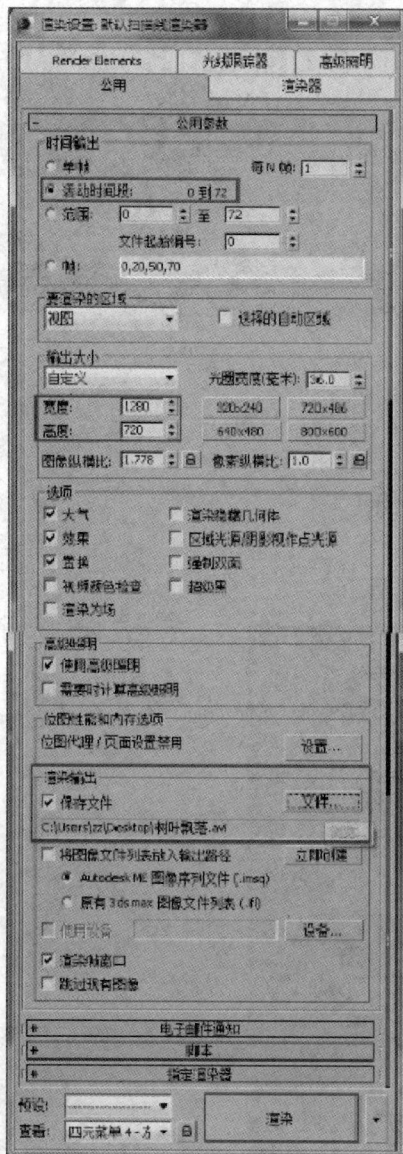

图 6-27　渲染动画

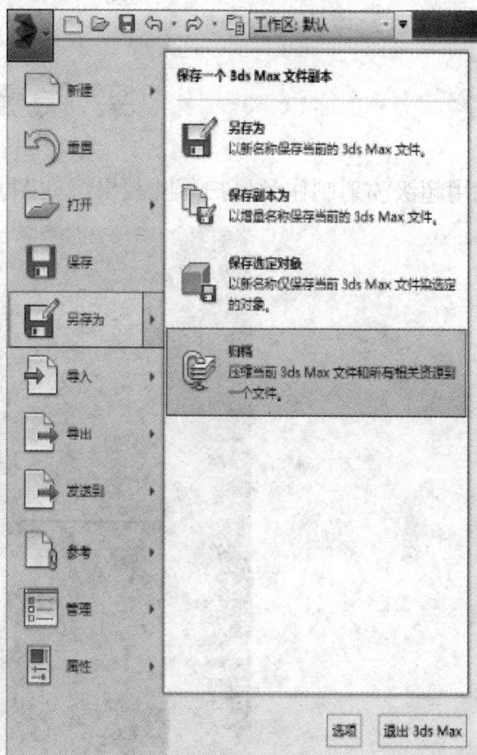

图 6-28　文件归档

第 0 帧

第 20 帧

第 50 帧　　　　　　　　　　　　　　　　第 70 帧

图 6-29　树叶飘落效果

实　践　演　练

利用超级喷射制作秋风扫落叶效果，如图 6-30 所示。

图 6-30　秋风扫落叶效果

实践演练 6　制作秋风扫落叶效果

项目 7　制作水中泡泡效果

7.1　项目描述

制作马达空间扭曲泡泡动画，如图 7-1 所示。

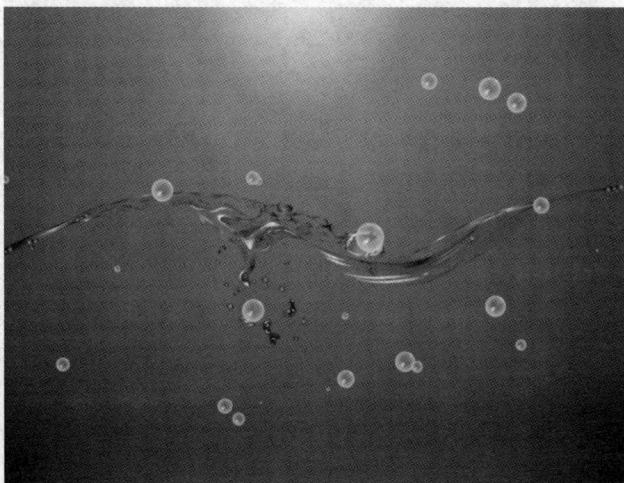

动画 7

图 7-1　泡泡效果图

具体要求如下：

(1) 创建 5 cm 的泡泡球体模型。

(2) 创建粒子系统，将泡泡模型添加到粒子中。

(3) 制作泡泡粒子在水中呈现旋转式上升的效果。

(4) 渲染输出大小为 1024 像素×768 像素的泡泡效果图。

(5) 渲染第 0 帧到第 100 帧 avi 格式的动画。

微课 7

7.2　知识准备

1. 粒子云

粒子云可以使用的几何体容器的形状是长方体、球体或圆柱体，也可以使用场景中的任意可渲染对象作为容器，只要该对象具有深度，二维对象不能使用粒子云。粒子云图标如图 7-2 所示。

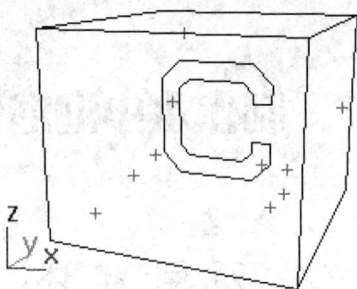

图 7-2　粒子云图标

1)　"基本参数"卷展栏

粒子云"基本参数"卷展栏如图 7-3 所示。

(1)　"基于对象的发射器"组。

在"基于对象的发射器"组中可以选择要作为粒子发射器使用的可渲染网格对象,仅当在"粒子分布"组中选择了"基于对象的发射器"选项时,才能使用此对象。单击"拾取对象"选项,然后选择要作为自定义发射器使用的可渲染网格对象。

对象:显示所拾取对象的名称。

(2)　"粒子分布"组。

在"粒子分布"组中,使用以下选项可以指定发射器的形状。

长方体发射器:选择长方体形状的发射器。

球体发射器:选择球体形状的发射器。

圆柱体发射器:选择圆柱体形状的发射器。

基于对象的发射器:选择"基于对象的发射器"组中所选的对象。

注意:对于基于对象的发射器的动画,粒子将在帧 0 正确填充变形对象,但是在发射器移动时无法与发射器一起移动。如果发射器直线移动,可以提供随发射器移动的云的外观。

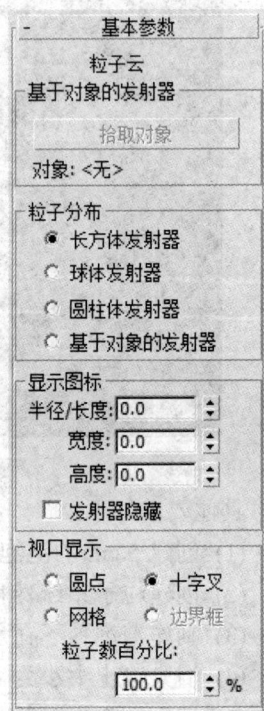

图 7-3　"基本参数"卷展栏

(3)　"显示图标"组。

在"显示图标"组中,如果不使用自定义对象作为发射器,可以使用以下选项调整发射器图标的尺寸;如果使用自定义对象,仍可以使用以下选项调整"填充"图标的大小。

半径/长度:调整球体或圆柱体图标的半径以及立方体图标的长度。

宽度:设置立方体发射器的宽度。

高度:设置立方体或圆柱体发射器的高度。

发射器隐藏:隐藏发射器。

2)"粒子生成"卷展栏

"粒子生成"卷展栏如图 7-4 所示。

"粒子生成"卷展栏的"粒子运动"组中各选项含义如下:

速度:粒子在出生时沿着法线的速度(以每帧的单位数计)。要获得正确的体积效果,"速度"应设置为 0。

变化:对每个粒子的发射速度应用一个变化百分比。

随机方向:影响粒子方向,选择此选项将沿着随机方向发射粒子。

方向向量:通过 X、Y 和 Z 三个微调器定义的向量指定粒子的方向。X、Y、Z 显示粒子的方向向量。

参考对象:沿着指定对象的局部 Z 轴的方向发射粒子。

对象:显示所拾取对象的名称。

拾取对象:单击"拾取对象"按钮,即可在场景中选择要作为参考对象使用的对象,仅当选择了"参考对象"时,此按钮才可用。

变化:变化是指在选择"方向向量"或"参考对象"选项时,对方向应用一个变化百分比,如果选择"随机方向",则此微调器不可用。

2. 马达空间扭曲

马达空间扭曲对受影响的粒子或对象应用的是转动扭矩而不是定向力,马达图标的位置和方向都会对围绕其旋转的粒子产生影响,马达空间扭曲效果如图 7-5 所示,马达驱散云状粒子如图 7-6 所示。

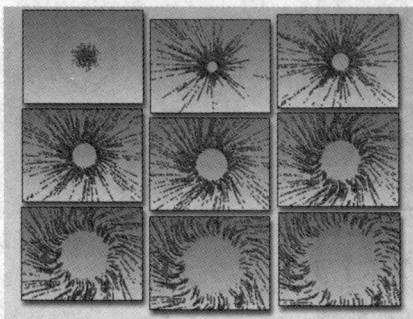

图 7-4　"粒子生成"卷展栏

图 7-5　马达空间扭曲效果

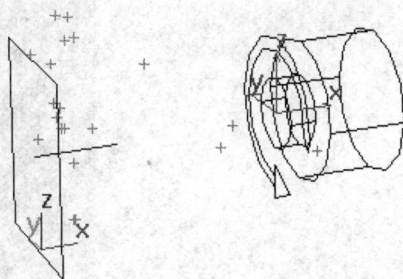

图 7-6　马达驱散云状粒子

创建马达空间扭曲的方法如下:

在"创建"面板上,单击"空间扭曲"按钮,从列表中选择"力",然后在"对象类型"卷展栏中单击"马达"按钮,在视口中单击并拖动鼠标,定义其大小。马达扭曲显示为一个带有箭头的长方体形状的图标,该箭头指向扭矩的方向。马达"参数"卷展栏如图 7-7 所示。

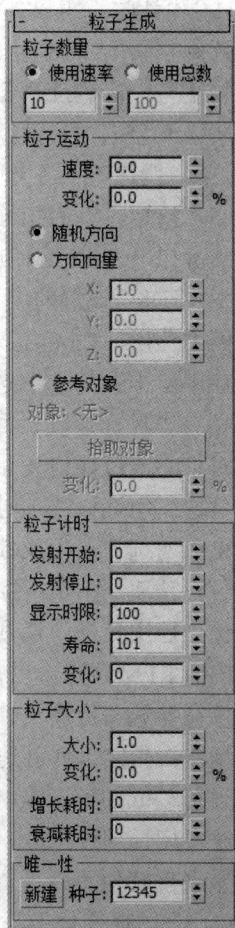

(1)"计时"组。

开始时间/结束时间:空间扭曲效果开始和结束时所在的帧编号。因为应用马达的对象是随着时间发生移动的,所以不会创建关键帧。

(2)"强度控制"组。

基本扭矩:空间扭曲施加的力的量。

N-m/Lb-ft/Lb-in:使用扭矩的世界通用度量单位,指定"基本扭矩"设置的度量单位。N-m 代表牛顿米,Lb-ft 代表磅力英尺,Lb-in 代表磅力英寸。

启用反馈:勾选该选项时,力会根据受影响粒子相对于指定"目标速度"而变化。关闭该选项时,不管受影响对象的速度如何变化,力都保持不变。

图 7-7　马达"参数"卷展栏

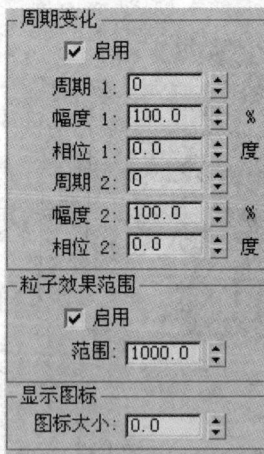

可逆:勾选该选项时,如果对象的速度超出了"目标速度"设置,力会发生逆转。此选项仅在勾选"启用反馈"选项时可用。

目标转速:指定反馈生效前的最大转数,以每帧经过的单位数来指定速度。此选项仅在勾选"启用反馈"选项时可用。

RPH/RPM/RPS:以每小时、每分钟或每秒的转数指定"目标转速"的度量单位。此选项仅在勾选"启用反馈"选项时可用。

增益:指定以何种速度调整力以达到目标速度。如果设置为100%,校正会立即进行;如果设置较低的值,发生的响应会越来越慢、越来越"散"。此选项仅在勾选"启用反馈"选项时可用。超过 100% 的"增益"设置会导致校正过量,但有时这是必需的,目的是为了克服来自其他系统设置的阻尼,如 IK 阻尼。

(3)"周期变化"组。

"周期变化"组参数面板如图 7-8 所示。

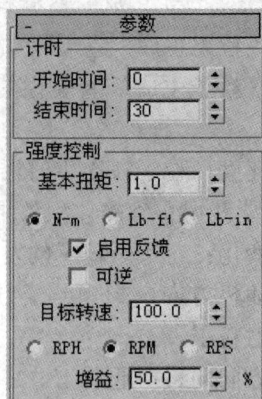

图 7-8　"周期变化"组参数面板

启用:打开该选项以启用变化。

周期 1:噪波变化完成整个循环所需的时间。例如,设置为 20 表示每 20 帧循环一次。

幅度 1:(用百分比表示的)噪波变化强度。该选项使用的单位类型和"基本扭矩"微调器相同。

相位 1：偏移变化模式。

周期 2：提供额外的变化模式以增加噪波。

幅度 2：(用百分比表示的)二阶波的变化强度。该选项使用的单位类型和"基本扭矩"微调器的相同。

相位 2：偏移二阶波的变化模式。

(4)"粒子效果范围"组。

"粒子效果范围"组将马达效果的范围限制为一个特定的球形体积。

启用：打开该选项时，会将效果范围限制为一个球体，其显示为一个带有 3 个环箍的球体。当粒子靠近球体边界时，效果会加速衰退。

范围：以单位数指定效果范围的半径。

(5)"显示图标"组。

"显示图标"组中的"图标大小"用于设置马达图标的大小。该设置仅用于显示，而不会改变马达效果。

7.3　项目实施

1. 制作泡泡模型

(1) 在透视图原点位置创建一个球体，半径为 5cm，命名为"泡泡"，如图 7-9 所示。

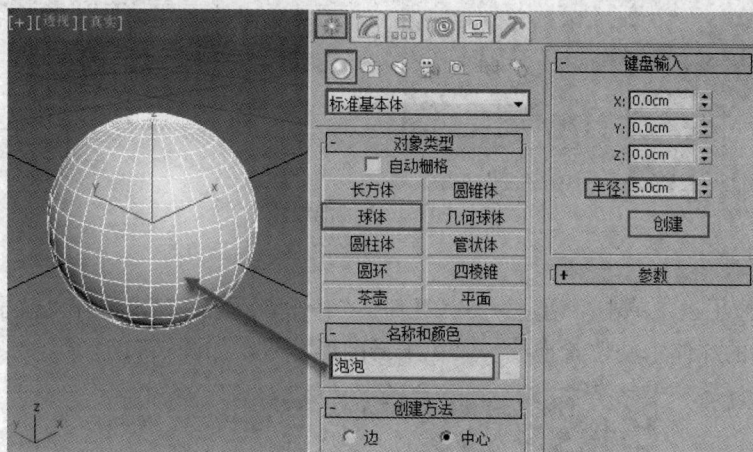

图 7-9　创建泡泡球体

(2) 给泡泡赋材质。打开材质编辑器，命名第 1 个材质球为"泡泡材质"，选择明暗器基本参数为各向异性，取消环境光与漫反射之间的关联，设置环境光颜色为深蓝色，RGB(0，0，121)，设置漫反射颜色为蓝色，RGB(0，30，255)，勾选自发光颜色复选框，设置颜色为浅蓝色，RGB(124，124，255)。调整高光级别为 80，光泽度为 40，各向异性为 63，给自发光添加"衰减"(Falloff)贴图类型，转到父级对象后，给不透明度也添加"衰减"(Falloff)贴图，可以直接将自发光的衰减贴图拖拽复制到不透明度的贴图类型中，改变衰减前面的颜色为浅蓝色，RGB(170，170，255)。转到泡泡材质父级对象，在贴图卷展栏中的反射添加"光线跟踪"(Raytrace)。在贴图卷展栏中，改变自发光贴图数量为 95，不透明度为 80，反射为 20。查看调整好的效果，将各向异性基本参数的不透明度改为 0。将材质赋给场景中的泡泡，如图 7-10 所示。

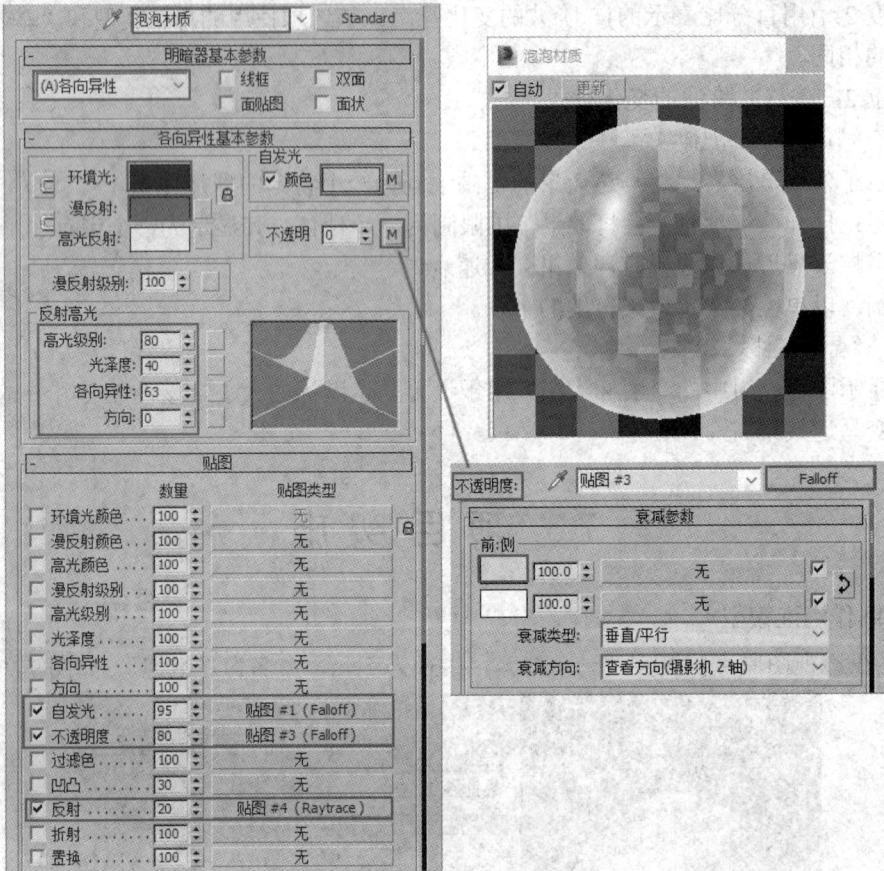

图 7-10　设置泡泡材质

2. 创建粒子云

(1) 创建粒子云。单击"创建"→"几何体"→"粒子系统"，选择"粒子云"对象类型，在透视图的球体中心位置拖拽一个粒子云图形符号，如图 7-11 所示。

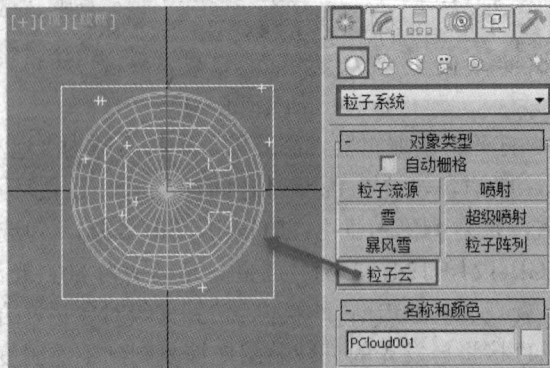

图 7-11　创建粒子云

　　(2) 设置粒子分布为"长方体发射器"，显示图标中的半径/长度为 130 cm，宽度为 120 cm，高度为 3 cm，单击所有视图最大化显示选定对象，将粒子云图形符号最大化显示在顶视图，如图 7-12 所示。

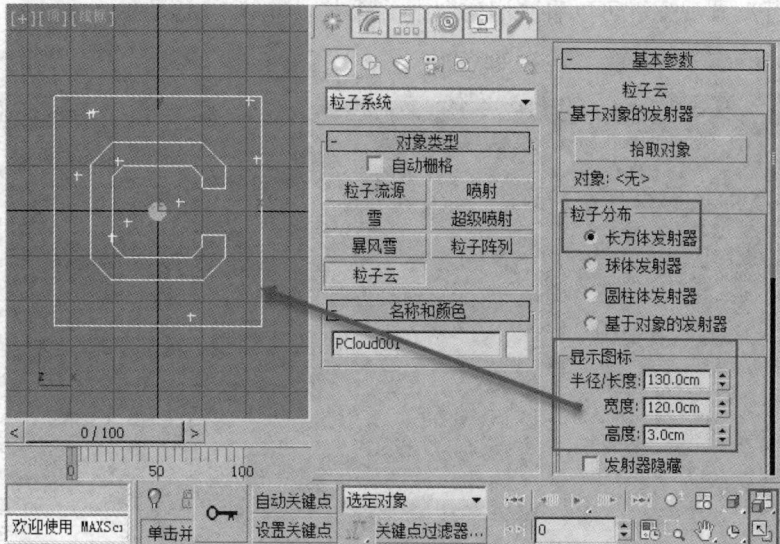

图 7-12　设置粒子图标大小

　　(3) 进入修改面板设置参数，粒子数量选择"使用速率"，设置速率为 1；粒子运动速度为 1 cm，变化为 100；选择"方向向量"，将 X 设置为 0，Z 设置为 10。粒子计时发射开始为 0，发射停止为 100，显示时限为 100，寿命为 30，变化为 10，设置粒子大小为 1 cm，变化为 100，如图 7-13 所示。

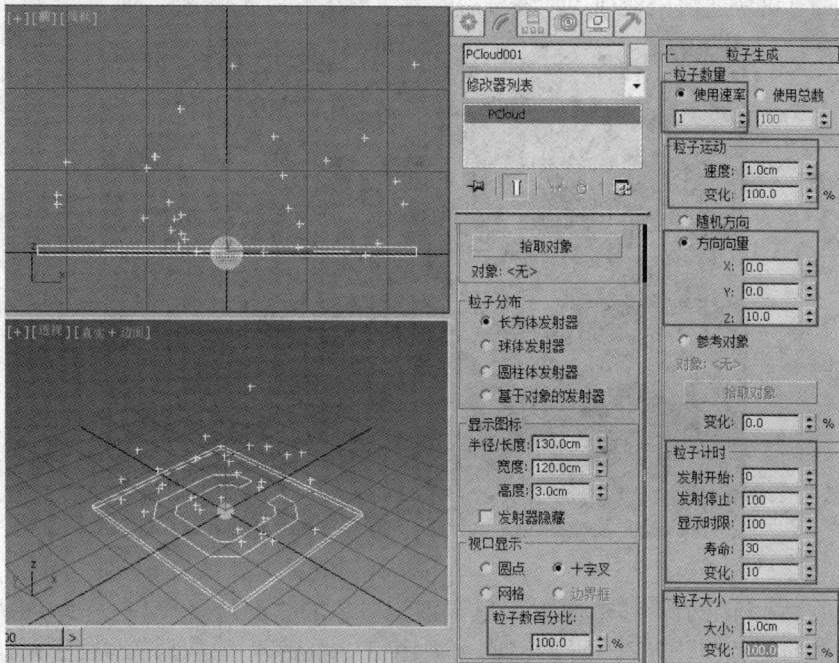

图 7-13　设置粒子生成参数

(4) 在粒子类型中选择"实例几何体"，拾取对象为球体"泡泡"。滑动动画关键点滑块可以发现从第 0 帧开始只能看到十字叉粒子上升的效果，没有看到场景中出现泡泡；将粒子视口显示方式设置为"网格"，将透视图切换为顶视图，并将顶视图最大化显示，再移动滑块进行动画观察，可以看到泡泡向眼前涌来，如图 7-14 所示。

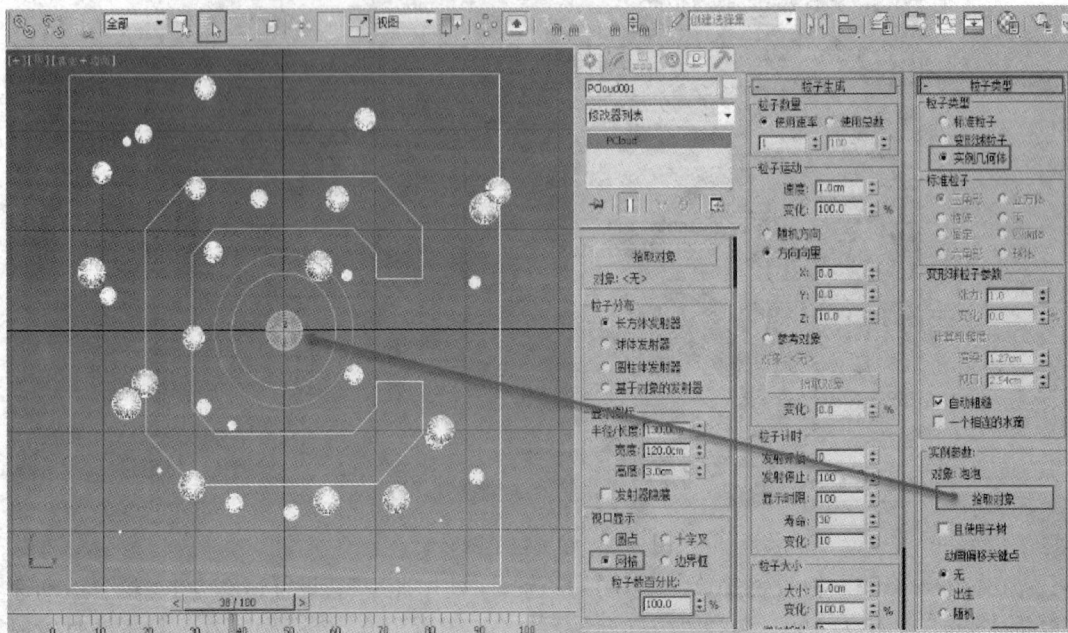

图 7-14　拾取泡泡作为粒子实例参数对象

(5) 按 F9 键快速渲染透视图，渲染后的泡泡形状不是透明泡泡，如图 7-15 所示。

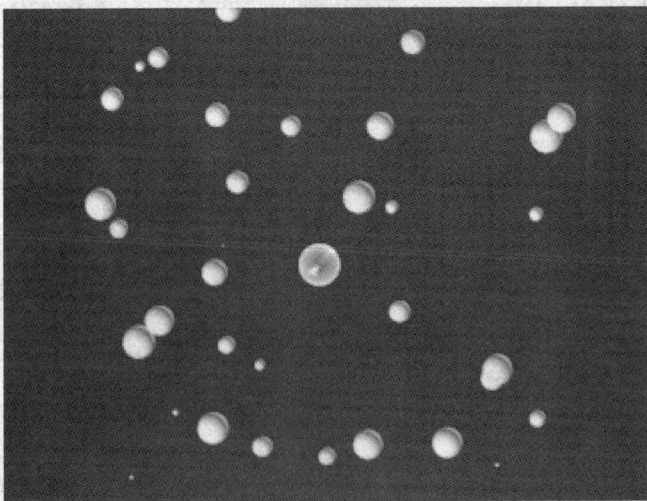

图 7-15　渲染泡泡效果

(6) 再次回到粒子云参数面板，单击泡泡对象的"材质来源"按钮，然后单击顶视图场景中的球体"泡泡"，再次渲染顶视图可以看到蓝色透明泡泡粒子，如图 7-16 所示。

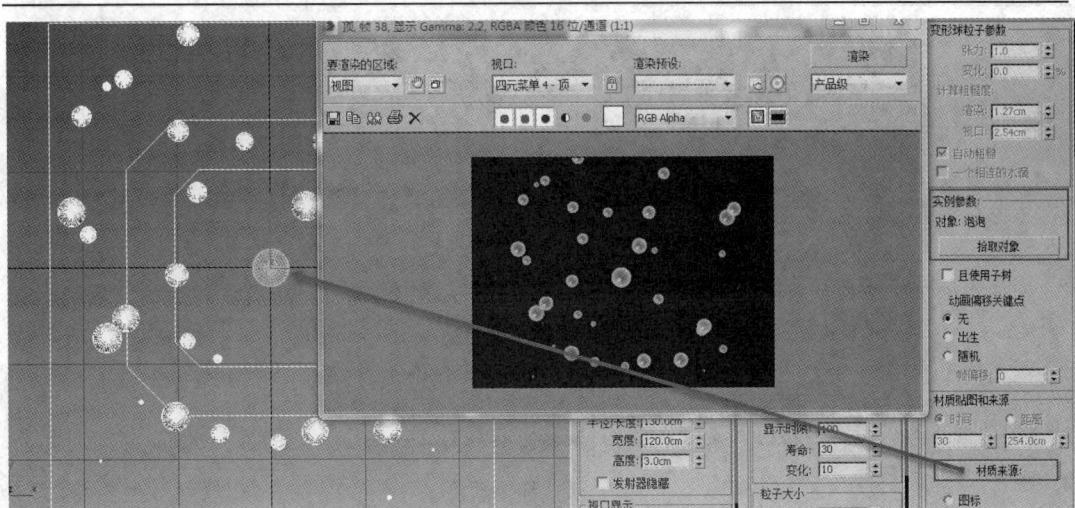

图 7-16　获取泡泡材质

(7) 预览泡泡动画，可以看到泡泡从下往上飘浮的效果，如图 7-17 所示。但是泡泡的最终效果需要产生旋转上浮的变化，所以要添加空间扭曲。

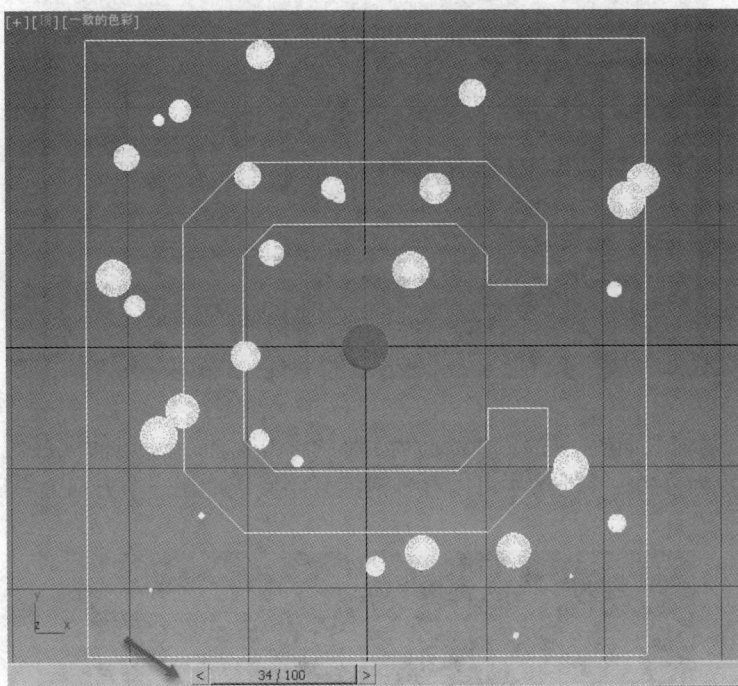

图 7-17　从下往上的冒泡效果

3. 创建马达

(1) 单击"创建"→"空间扭曲"，在列表框中选择"力"并选择"马达"对象类型，在顶视图中泡泡的粒子云中心位置创建一个马达对象，选择移动工具后，在状态栏设置马达的坐标为(0，0，0)，如图 7-18 所示。

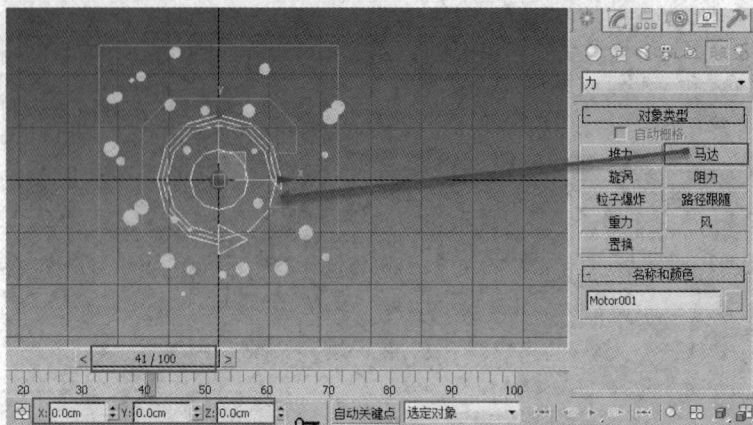

图 7-18　创建马达

(2) 为了使粒子受马达影响，需要在两者之间进行绑定，单击"绑定到空间扭曲"工具图标，将粒子绑定到马达，绑定成功后可以看到"粒子云"命令列表框中出现了"马达绑定"的命令，移动滑块观看动画效果，发现泡泡没有发生变化，如图 7-19 所示。

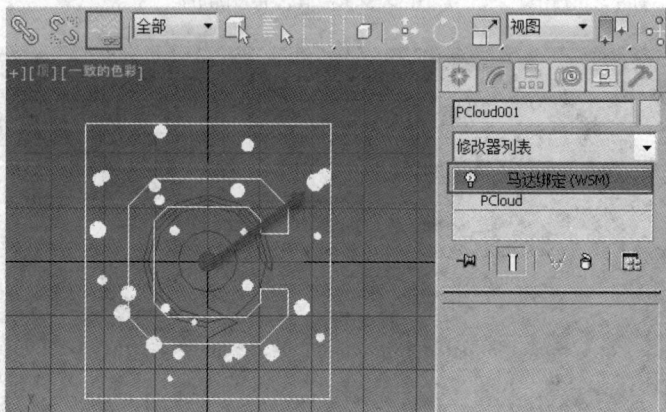

图 7-19　马达绑定粒子云

(3) 进入马达修改面板，先将 Motor 命名为"马达"，将结束时间设置为 100，强度控制基本扭矩设置为 250，移动滑块可以看到泡泡开始慢慢地在一个方向上有运动变化，如图 7-20 所示。

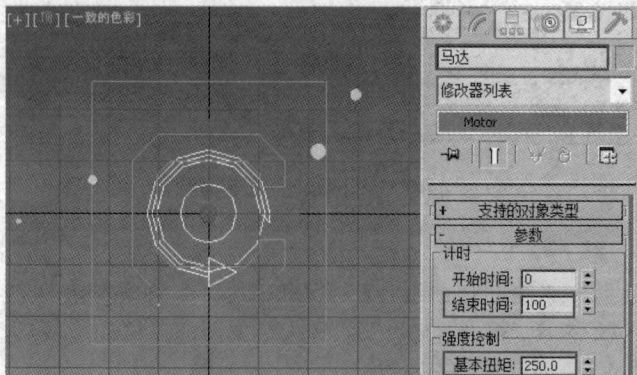

图 7-20　设置马达参数

（4）勾选马达的"启用反馈"选项，勾选周期变化中的"启用"复选框，移动滑块可以看到泡泡开始有旋转运动，如图 7-21 所示。

（5）渲染视图可以得到一张泡泡的效果图，如图 7-22 所示。

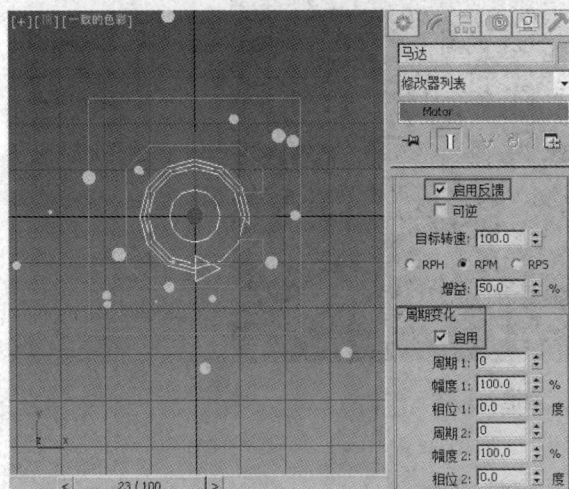

图 7-21　启用马达反馈和周期变化参数

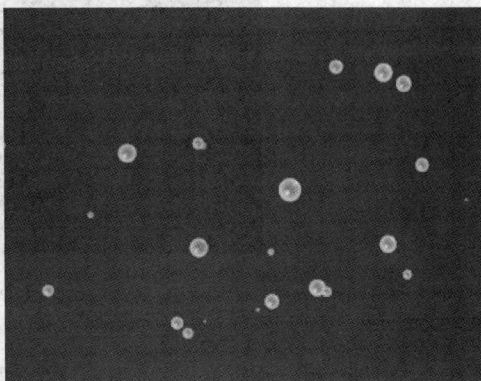

图 7-22　渲染泡泡效果图

4. 设置环境背景

（1）单击"渲染"→"环境"，在"环境和效果"窗口中，设置"环境贴图"为"泡泡背景.jpg"，将该贴图拖拽到材质编辑器的第 2 个材质球上，选择"实例"，复制环境贴图到材质球上，在"坐标"卷展栏中选择"屏幕"，如图 7-23 所示。

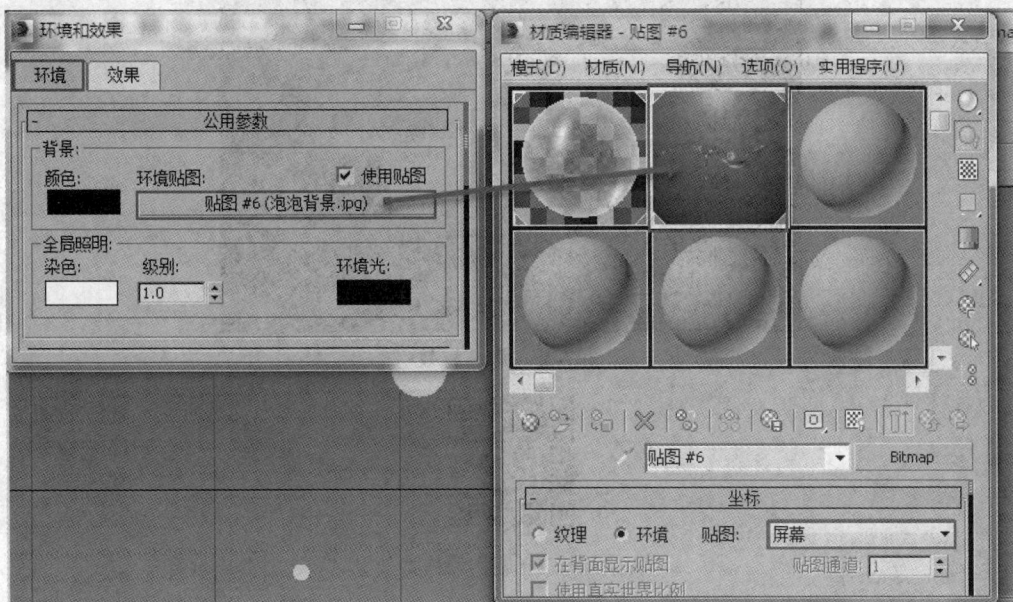

图 7-23　设置环境贴图

（2）按 F10 键打开渲染设置窗口，先渲染一张静态效果图，再选择渲染第 0 帧到第 100 帧 avi 格式的动画，如图 7-24 所示。

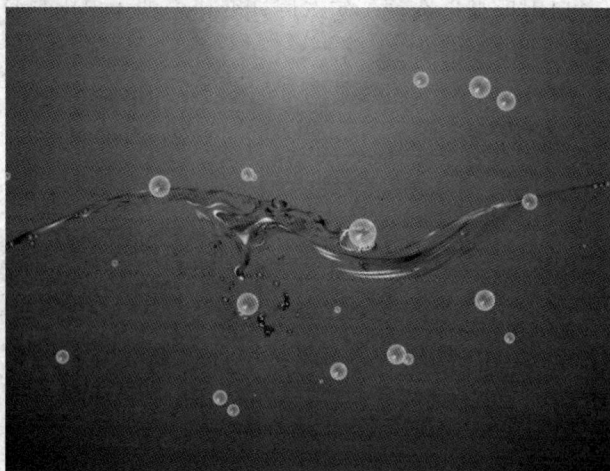

图 7-24　泡泡效果图

实 践 演 练

利用粒子云制作爆炸特效，如图 7-25 所示。

图 7-25　爆炸特效

实践演练 7　制作爆炸特效

项目 8　制作蒲公英飘落动画

8.1　项目描述

制作蒲公英飘落动画，动画效果如图 8-14 所示。

动画 8

图 8-1　蒲公英飘落动画效果

具体要求如下：

(1) 打开蒲公英.max 源文件，场景中有一盆蒲公英放在窗前。

(2) 动画总帧数为 501 帧，创建粒子系统作为蒲公英的种子。

(3) 制作蒲公英在月光下随风飘散的效果。

(4) 渲染第 100 帧效果图，并渲染蒲公英飘落的 avi 格式的动画，
要求输出大小为 1024 像素×768 像素。

微课 8

8.2　知识准备

设置关键点

"设置关键点"动画方法是专为专业角色动画制作人员而设计的，动画设计人员可以
使用这种方法在对象的指定轨迹上设置关键点。

"设置关键点"方法与"自动关键点"方法相比控制性更强，用户通过它可以试验想
法并快速放弃这些想法而无需撤销工作，并可以变换对象，通过使用"轨迹视图"中的"关
键点过滤器"和"可设置关键点轨迹"有选择性地给某些对象的某些轨迹设置关键点。

传统的动画是由以下两种方法之一创建的，一种是一直向前的动画方法，它是从开始
处画起然后连续地画附加帧，时间上一直向前移动；另一种是姿势到姿势的动画，它是首

先画出重要帧(极端和分类)，然后再填充居间帧。

一旦特定帧的角色画好了，姿势到姿势的动画要求给所有可设置关键点的轨迹设置关键帧。这样创建的角色姿势在编辑时间上其他点的角色动画时不会受到影响。如果可设置动画的轨迹在极端中设置了关键点，中间帧的工作不会破坏任何姿势。

有些对象和轨迹要求给角色设置关键点，即使是简单的角色，这种对象和轨迹的数目不能轻易地用手工处理。要在时间上固定姿势和创建快照时，通过列出所有的轨迹方法来设置关键点更容易，这些轨迹是必须设置关键点的角色的部分。可设置关键点的轨迹用于决定对哪些轨迹设置关键点，"关键点"过滤器用于选择性地工作，只在那些想要的轨迹上放置关键点。

"自动关键点"模式的工作流程是启用"自动关键点"，移动到时间上的点，然后变换对象或者更改它们的参数，所有的更改注册为关键帧。当关闭"自动关键点"模式时，不能再创建关键点。"自动关键点"模式关闭后，对对象的更改全局应用于动画。"自动关键点"模式也被称为布局模式。

"设置关键点"模式的工作流程和"自动关键点"模式相似，但在行为上有着根本的区别。启用"设置关键点"模式，然后移动到时间上的点。在变换或者更改对象参数之前，使用"轨迹视图"和"过滤器"中的"可设置关键点"图标决定对哪些轨迹可设置关键点。一旦知道要对什么设置关键点，就在视口中试验姿势(变换对象、更改参数等)。

当对所设置的动画满意时，可单击"设置关键点"按钮 ⊶ 或者按键盘上的 K 键来设置关键点。如果不执行该操作，则不会设置关键点。

如果移动到时间上的另一点，所做的更改就会丢失而且在动画中不起作用。例如，如果发现有一个已设置姿势的角色，但却是在错误的时间帧上设置的，此时可以按住 Shift 键并使用鼠标右键将时间滑块拖动到正确的时间帧上，这样便不会丢失姿势。

使用"设置关键点"有以下几种方法。

(1) 对材质使用"设置关键点"。

如果选择"关键点过滤器"中的材质，可以使用"设置关键点"为材质创建关键点，但需要使用"可设置关键点图标"来限制已设置关键点的轨迹。

(2) 对修改器和对象参数使用"设置关键点"。

在对象参数上设置关键点并且选定了"对象参数关键点过滤器"时，每一个参数都会有关键点，除非已使用"可设置关键点"图标把"轨迹视图"的"控制器"窗口中的参数轨迹禁用。

给修改器 Gizmo 设置关键帧时，同样需要确保"过滤器"对话框中的"修改器"和"对象参数"都处于启用状态。

(3) 对子对象动画使用"设置关键点"。

根据子对象动画使用"设置关键点"时，必须在创建关键点前首先指定控制器。子对象没有为创建而指定的默认控制器。控制器通过在子对象级上设置动画来指定。

(4) "设置关键点"的其他方法。

可以通过右键单击时间滑块的"帧指示器"来设置位置、旋转和缩放关键点。如果要在有微调器的参数上设置关键点，需要按住 Shift 键并右键单击以设置使用现有参数值的关键点。

移动时间滑块至时间上的另一点，在命令面板中变换对象或者更改参数以创建动画。

当"设置关键点"按钮 ━ 变成红色时，表示设置了出现在时间标尺上的关键点。关键点是带颜色编码的，以便反映哪些轨迹设置了关键点，如图 8-2 所示。

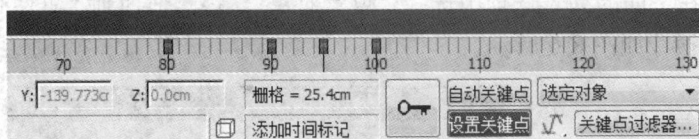

图 8-2　设置关键点方法

如果不单击"设置关键点"并且移动到另一时间点，姿势就会丢失。要将姿势移动到其他时间点，请按住鼠标右键并同时拖动时间滑块。

8.3　项目实施

(1) 打开蒲公英.max 文件，显示的是一盆蒲公英放在窗前的场景，如图 8-3 所示。

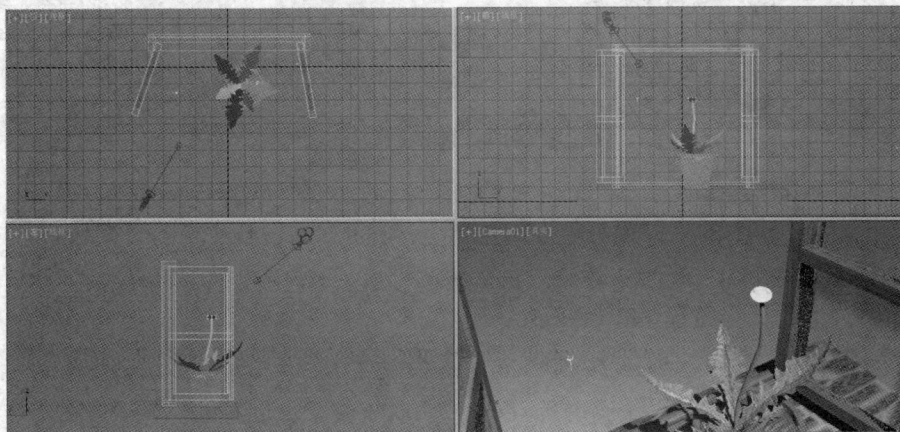

图 8-3　蒲公英场景文件

(2) 单击"创建"→"几何体"→"粒子系统"，在对象类型中选择"粒子流源"，在 Camera01 摄像机视图中蒲公英的前方拖拽鼠标，创建一个粒子流源图标，如图 8-4 所示。

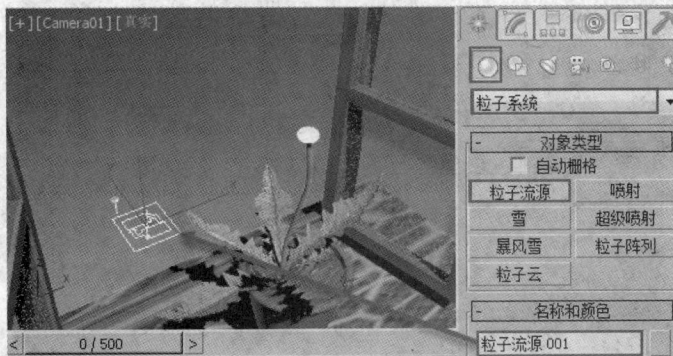

图 8-4　创建粒子流源

（3）拖动动画关键帧滑块，预览粒子动画，当前粒子应该出现在蒲公英头部，如图 8-5 所示。

（4）单击"修改"选项卡 切换到修改命令面板，单击"粒子视图"按钮，打开"粒子视图"窗口，在下面的列表选项中选择"位置对象"，将其拖拽到"事件 001"的"位置图标"上进行替换，如图 8-6 所示。

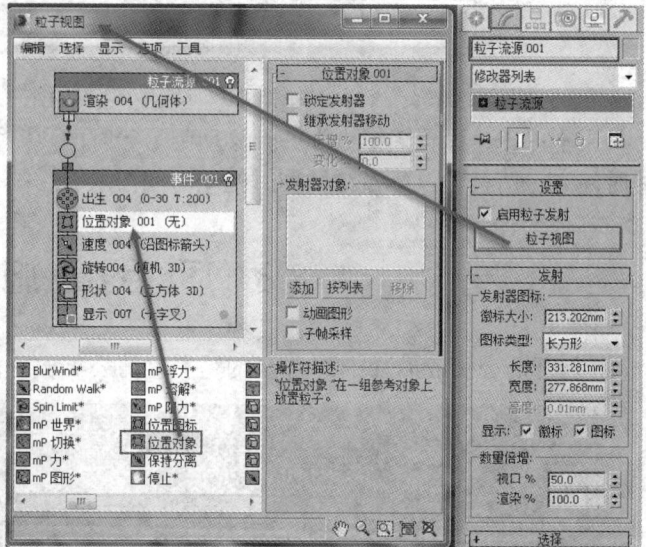

图 8-5　预览粒子动画　　　　　　图 8-6　将粒子流源的位置对象替换位置图标

（5）单击事件 001 的"位置对象 001(无)"，在右侧参数面板中单击"按列表"按钮，打开"选择发射器对象"窗口，选择"蒲公英头部"，将粒子流源的位置对象中的发射器对象设置为"蒲公英头部"，如图 8-7 所示。

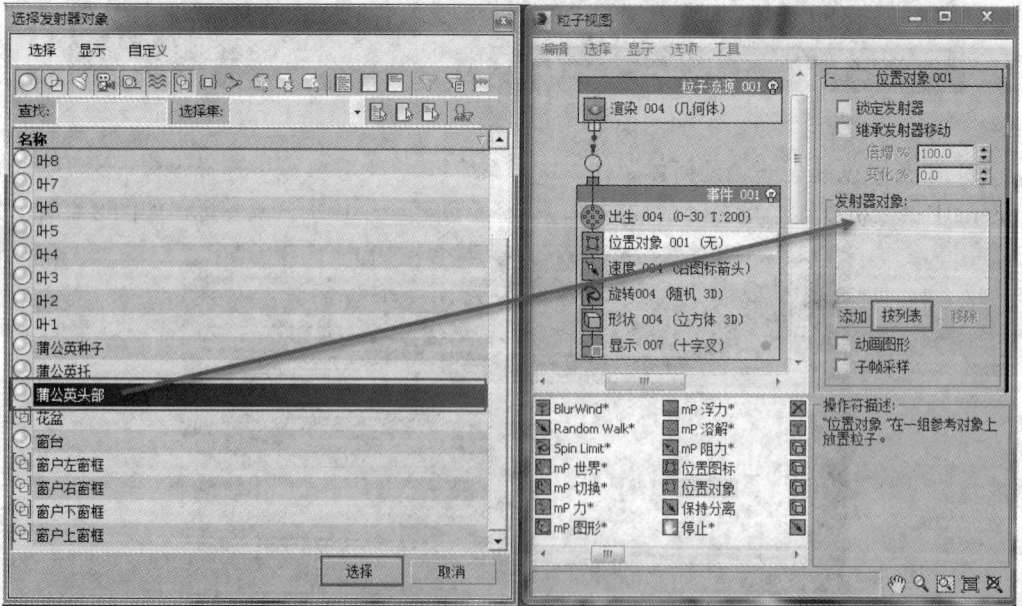

图 8-7　选择粒子流源位置发射器对象为蒲公英头部

(6) 拖动动画关键帧滑块，观察摄像机视图中粒子从蒲公英头部向下方移动，如图 8-8 所示。

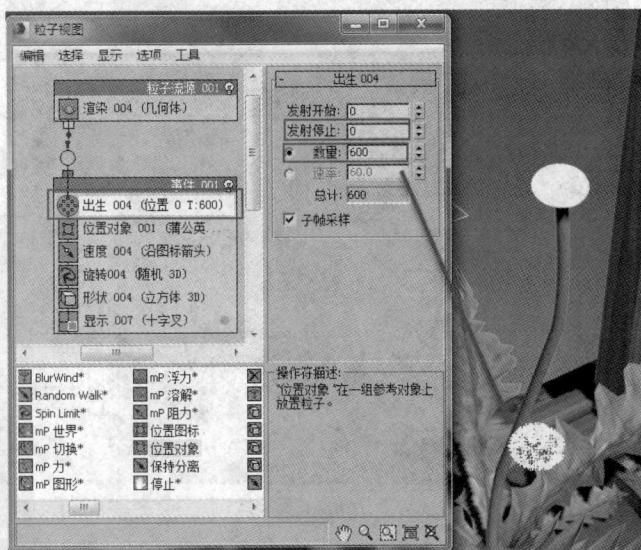

(7) 为了使粒子集中出现在蒲公英头部不下落，可将"出生 004"发射停止改为 0，粒子出生数量为 600，即设置当前蒲公英头部有 600 个粒子作为它的种子数，如图 8-9 所示。

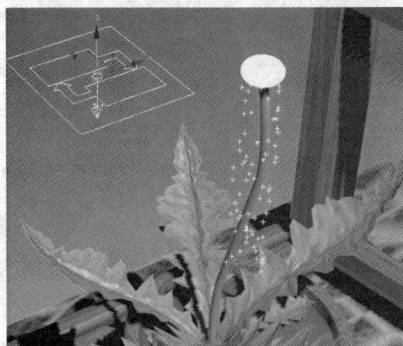

图 8-8　粒子从在蒲公英头部向下方移动　　　　　图 8-9　设置粒子流源出生数

(8) 在粒子流源的命令列表框中选择"图形实例"并将其拖拽到事件001的"形状004(立方体 3D)"上进行替换，如图 8-10 所示。

图 8-10　设置粒子流源的"图形实例"命令

(9) 在图形实例 001 参数面板中单击"粒子几何体对象："下的"无"按钮,选择场景中的"蒲公英种子",拾取蒲公英绒毛种子作为粒子几何体对象,如图 8-11 所示。

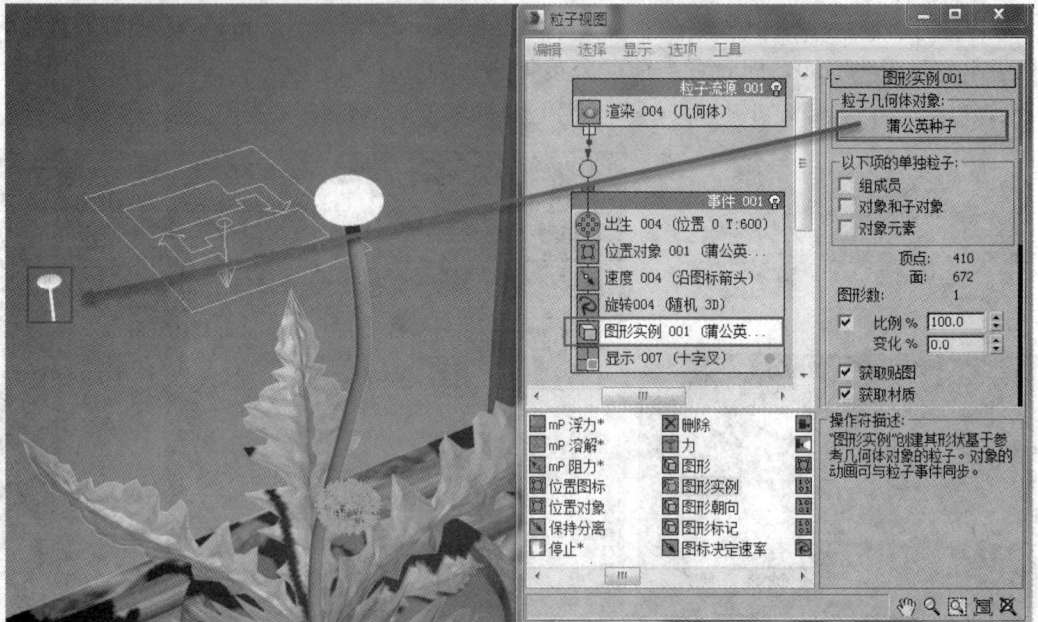

图 8-11　拾取蒲公英绒毛种子作为粒子几何体对象

(10) 单击"显示 007(几何体)",在右侧的"显示 007"参数面板中的"类型"列表框中选择"几何体",可以看到摄像机视图中蒲公英在第 0 帧时,头部出现毛茸茸的状态,如图 8-12 所示。

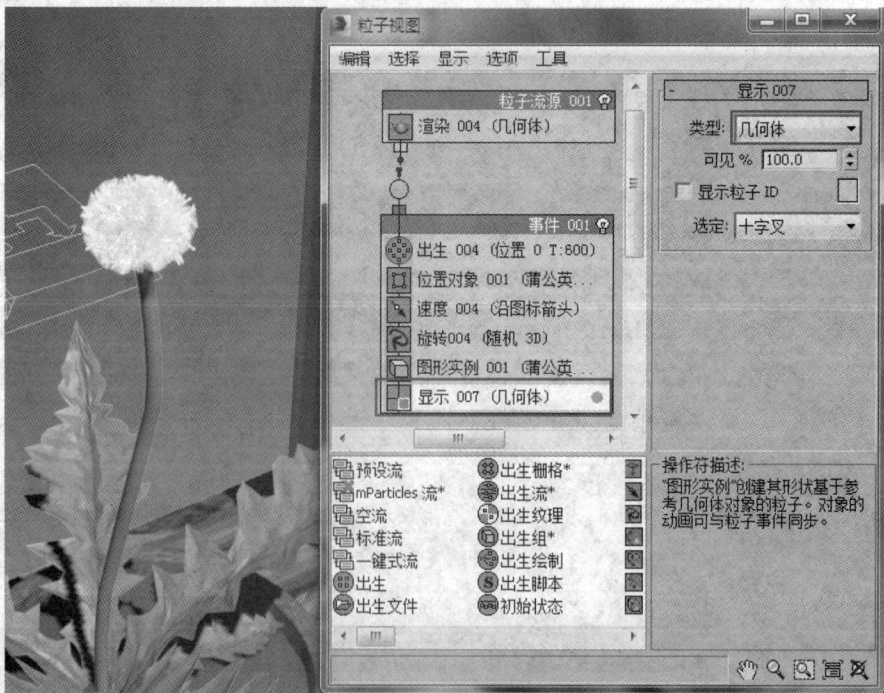

图 8-12　设置粒子几何体显示类型

(11) 为了使种子从头部开始向四周扩散而不是垂直下落，可选择粒子视图窗口的"速度按曲面"，将其拖拽并替换速度按曲面 001 命令，并在"速度按曲面 001"参数面板中，单击曲面几何体中的"按列表"按钮，选择"蒲公英头部"作为粒子扩散的起始位置，并将"速度"值设置为 100 mm，如图 8-13 所示。

图 8-13 设置速度按曲面参数

(12) 拖动动画关键帧滑块，可以观察到蒲公英种子向四周扩散，并且种子呈现东倒西歪的状态，如图 8-14 所示。

图 8-14 预览蒲公英种子扩散动画

(13) 选择"旋转 004"，在其参数面板"方向矩阵"列表框中选择"速度空间"，可以预览到种子全部竖直向上，设置 Y 值为 90，此时可以预览到种子垂直蒲公英头部曲面并且向外扩散，如图 8-15 所示。

图 8-15　设置旋转参数

(14) 选择"速度按曲面 001"，将粒子速度设置为 0.05 mm，可以预览到蒲公英种子没有明显动画效果，如图 8-16 所示。

图 8-16　降低粒子速度

(15) 选择场景中的"蒲公英种子"模型，并单击鼠标右键，在弹出的菜单中选择"隐藏选定对象"，将种子模型隐藏，如图 8-17 所示。

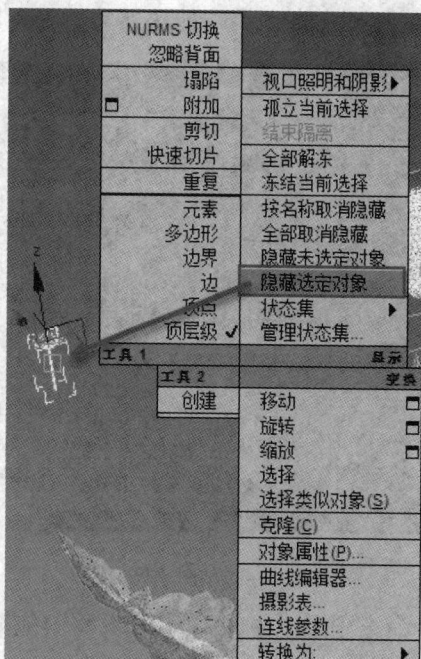

图 8-17 隐藏"蒲公英种子"模型

(16) 为了使动画效果在摄像机视图中的显示更明显，可将粒子视图"显示 007"类型还原为"十字叉"，以加快实时渲染的效果，如图 8-18 所示。

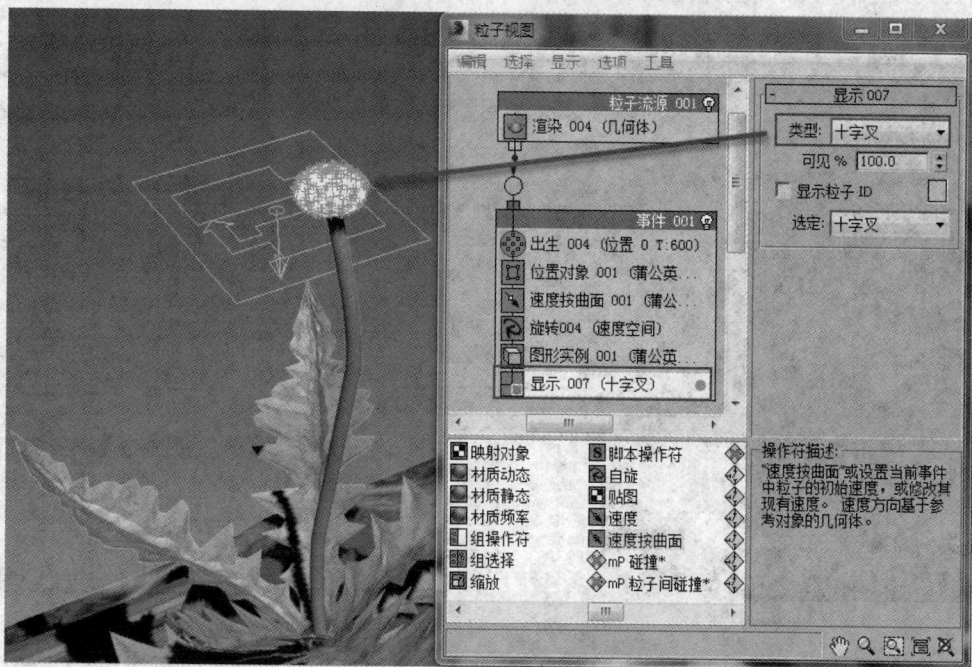

图 8-18 还原种子十字叉显示类型

(17) 切换回四视图显示模式,单击"创建"→"空间扭曲"→"力",选择"风"对象类型,在左视图蒲公英的右侧拖拽一个风的图标,再用旋转和移动工具调整风的位置,使风从顶视图看是从右下向左上对着蒲公英吹的效果,如图 8-19 所示。

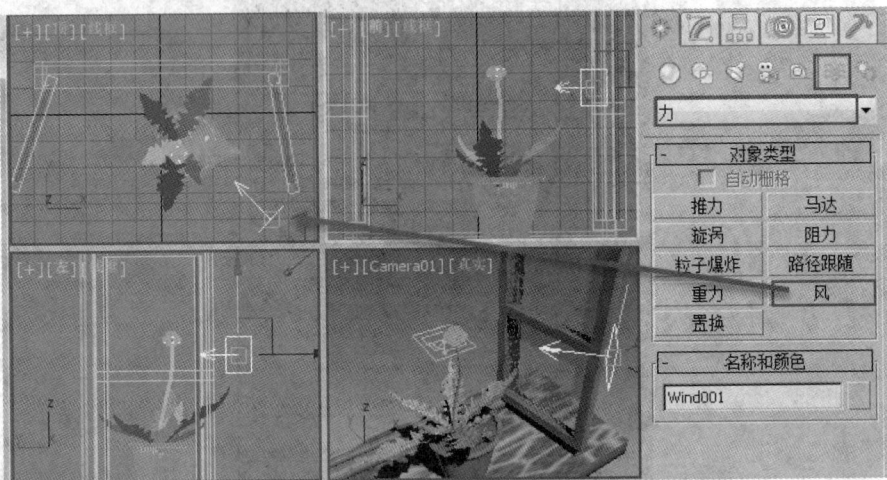

图 8-19　创建风

(18) 在粒子视图中选择命令列表框中的"力",并将其拖拽到事件 001 列表框中,单击"力 001"参数面板中的"按列表"按钮,选择"Wind001",将其"影响%"值设置为100,再进入"Wind001 的"修改选项卡,设置强度为 0.18,此时预览可看到蒲公英种子成团向左移动,再设置风的湍流为 2.5,频率为 50,将粒子视图最小化,预览动画可以看到蒲公英种子慢慢散乱地向左飘走,如图 8-20 所示。

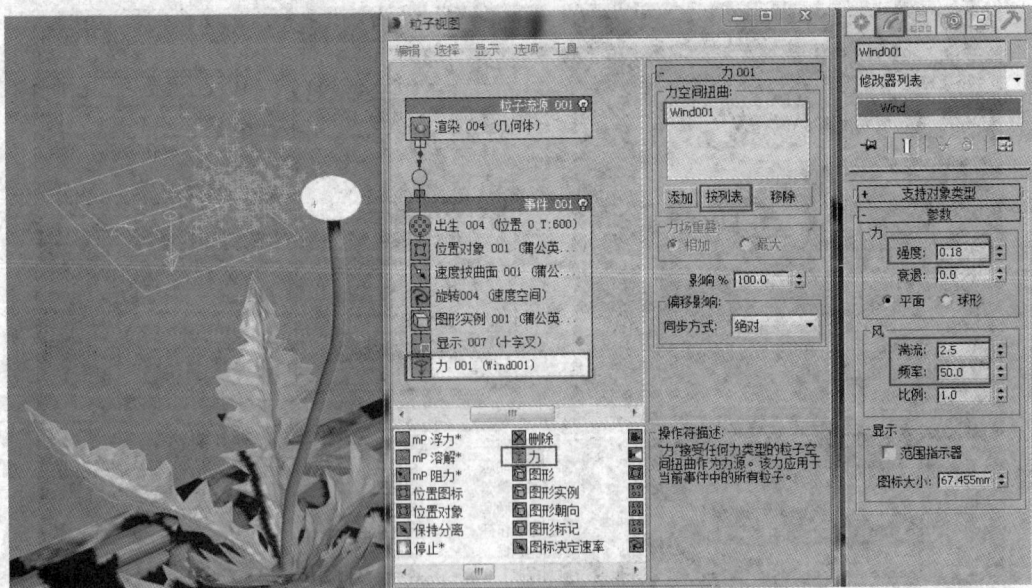

图 8-20　设置风的参数

(19) 现实中蒲公英被风吹过后会反弹回来,再将种子传播出去,可以通过创建一个导向板来模拟这种反弹力。单击"创建"→"空间扭曲"→"导向器",选择"导向板"对象类型，在前视图中的蒲公英位置拖拽创建一个导向板，使用移动工具在左视图中将导向板移到蒲公英后面，再用鼠标右键单击旋转工具，在"旋转变换输入"窗口中将"绝对：世界"X 值设置为 45，使导向板在蒲公英斜上方位置，如图 8-21 所示。

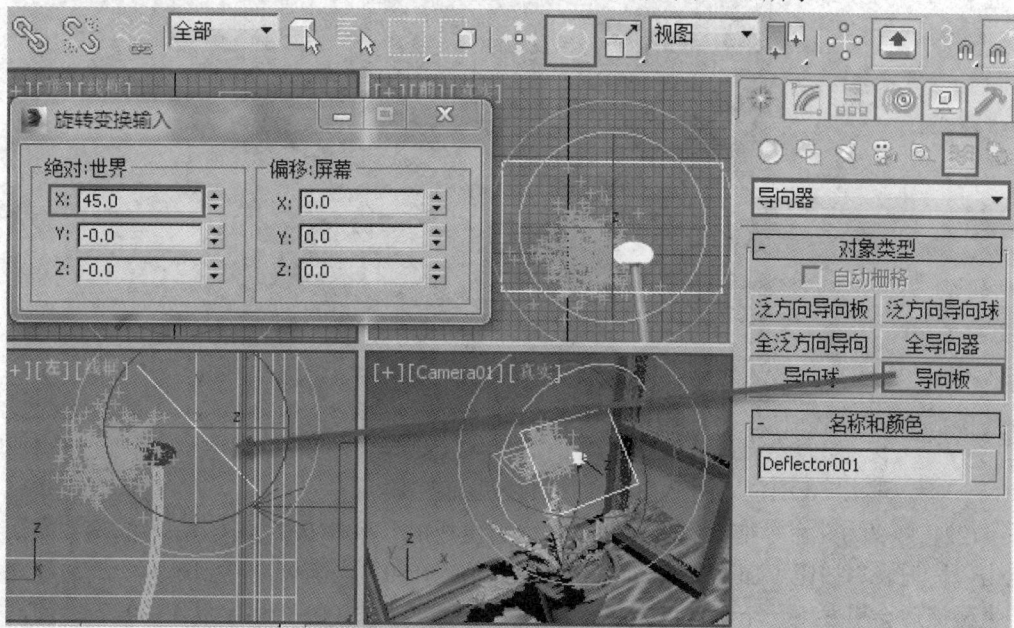

图 8-21　创建导向板并调整位置

(20) 制作导向器动画，启用"自动关键点"，在第 0 帧的左视图中将导向板移至蒲公英右上方，将滑块拖至 450 帧后，移动导向器向下穿过蒲公英，单击"自动关键点"取消激活状态，预览动画时会看到导向器向下移动穿过蒲公英，但蒲公英不会受导向板作用移动，如图 8-22 所示。

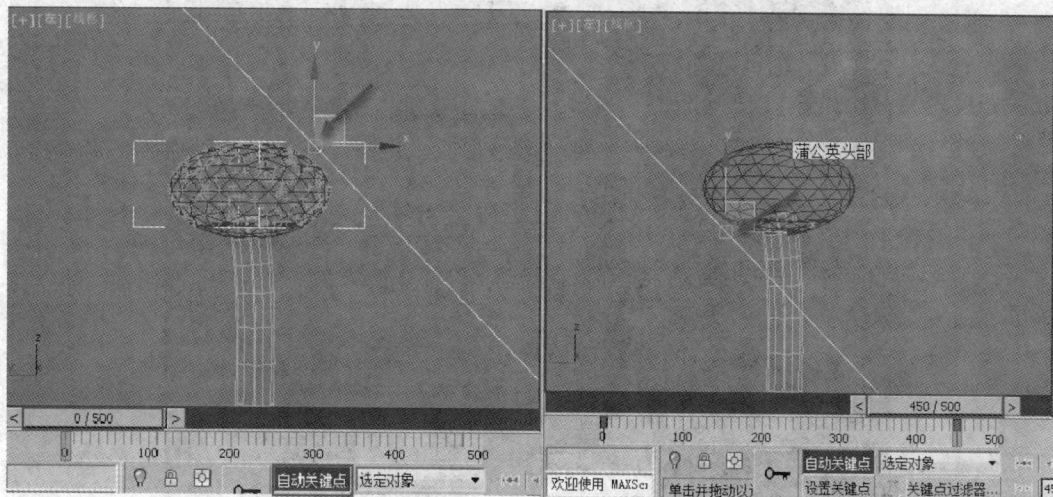

图 8-22　制作导向板动画

(21) 最大化粒子视图，给事件 001 添加"碰撞"命令，在其参数面板中点击"按列表"按钮添加导向器 Deflector001，让蒲公英种子受导向器碰撞作用反弹，如图 8-23 所示。

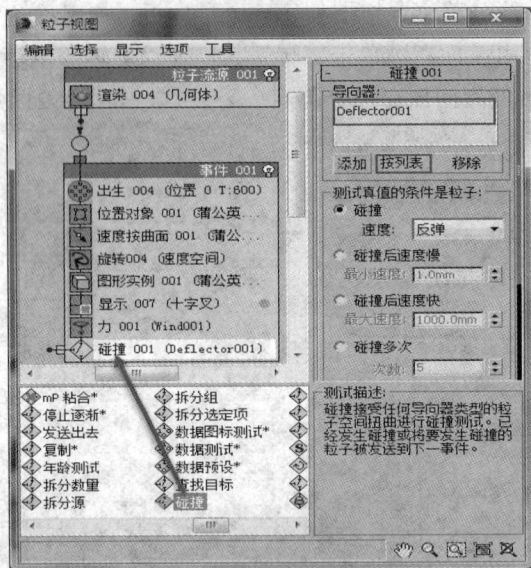

图 8-23　为粒子添加碰撞作用

(22) 将"力"命令拖放到事件 001 下面新生成的"事件 002"中，在力的参数面板中点击"按列表"按钮添加 Wind001，"影响%"值为 100。当蒲公英受到风力吹动与导向板产生碰撞后会引发下一个事件的发生，所以为了使"事件 001"和"事件 002"之间产生关联，可以用鼠标从"事件 001"下面的"碰撞 001"拖拽出一根线至"事件 002"，将"事件 001"的"显示 007"类型改为"几何体"，"事件 002"的"显示 008"类型也改为"几何体"，预览摄像机视图会看到有两种颜色的蒲公英种子，蓝色的种子是"事件 002"产生的，所以需要给"事件 002"也添加"图形实例"，如图 8-24 所示。

图 8-24　添加导向板碰撞的力

(23) 在场景中单击鼠标右键，在弹出的菜单中选择"全部取消隐藏"，将蒲公英种子模型重新显示出来，在粒子视图中为事件 002 添加图形实例 002，在其参数面板中将蒲公英种子添加到粒子几何体对象中，将蓝色种子变为与事件 001 相同的白色种子，再次隐藏蒲公英种子模型，如图 8-25 所示。

图 8-25 为事件 002 添加蒲公英种子

(24) 预览动画观察到蒲公英种子飘散状态形态各异，而现实中蒲公英种子都是竖着在空中飘扬的。为此，需要为事件 002 添加"旋转"命令，将事件 001 和事件 002 的旋转方向矩阵都设置为"随机水平"，再次预览可以看到蒲公英种子都是竖着在空中飘扬的，如图 8-26 所示。

(25) 渲染视图，发现场景较暗，需要添加灯光。单击"创建"→"灯光"，选择"标准"，单击"目标平行光"(Target Directional Light)，在顶视图右下角位置向蒲公英拖拽一盏目标平行光模拟日光照射效果，启用阴影，将倍增调至 1.5，灯光颜色设置为淡黄色，RGB(250，250，170)，聚光区/光束设置为 600 mm，衰减区/区域设置为 900 mm，在场景中调整目标平行光照射到蒲公英的位置及角度，如图 8-27 所示。

图 8-26 设置粒子的旋转方式

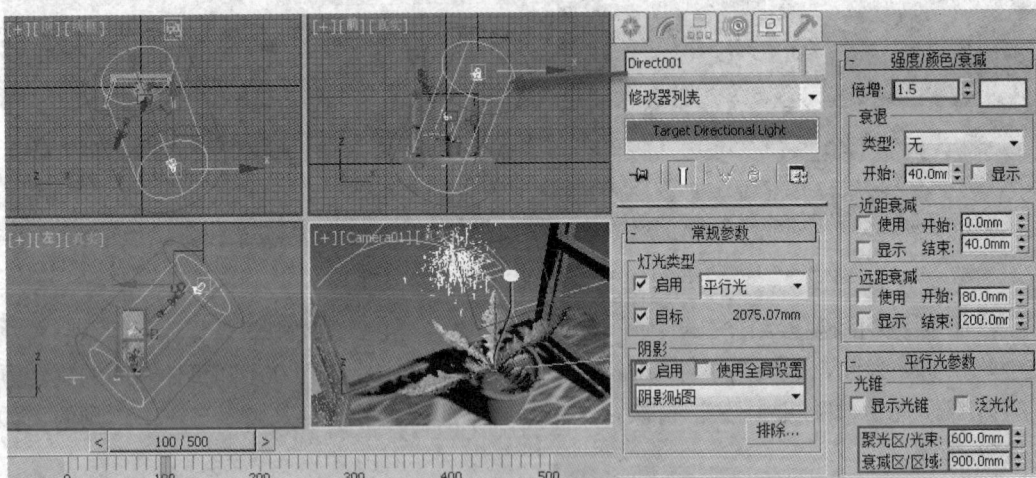

图 8-27 创建目标平行光

(26) 按 F10 键打开渲染设置窗口,在"公用"选项卡中选择"单帧",将动画关键帧滑块移至 100 帧,输出大小为 1024 像素×768 像素,指定渲染器产品级为"NVIDIA mental ray",再单击"全局照明"选项卡,勾选"最终聚集(FG)"的"启用最终聚集"选项,渲染效果图,在"渲染"窗口中单击"克隆渲染帧窗口"图标,将渲染后的效果图进行复制保留,如图 8-28 所示。

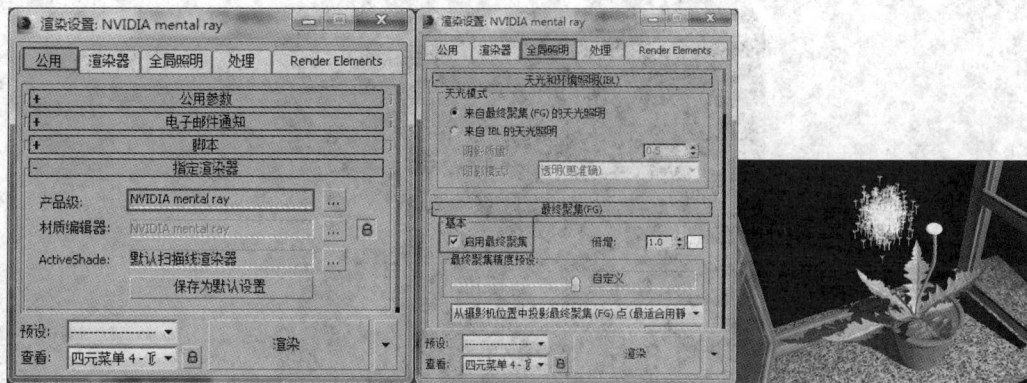

图 8-28　设置渲染参数

（27）单击"渲染"→"效果"，打开效果窗口，单击"添加"按钮，添加模糊效果，在模糊参数面板中选择"像素选择"选项卡，取消勾选"整个图像"，勾选"亮度"，设置加亮(%)为 400，混合(%)为 20，最小值(%)为 30，最大值(%)为 100，羽化半径(%)为 5，再次渲染摄像机视图，将得到的效果图与克隆效果图对比，可以发现蒲公英添加了月光下朦胧的迷人效果，如图 8-29 所示。

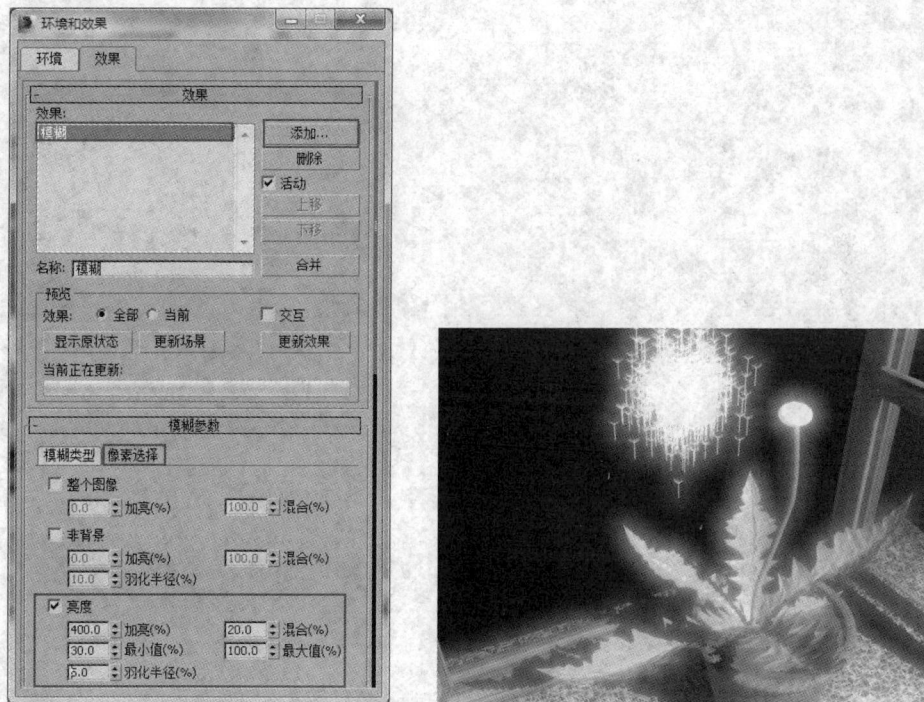

图 8-29　添加模糊效果制作蒲公英的朦胧美感

实 践 演 练

利用粒子流源制作飞镖动画，如图 8-30 所示。

图 8-30　飞镖动画

实践演练 8　制作飞镖动画

项目 9 制作药丸散落动画

9.1 项目描述

利用粒子流源制作药丸散落动画效果,如图 9-1 所示。

动画 9

AR

微课 9

图 9-1 药丸散落参考图

具体要求如下:

(1) 创建桌面、药瓶、药片模型,注意物体形状和比例。

(2) 自制相关的材质贴图赋给场景内模型。

(3) 制作药瓶动画,要求符合运动规律。

(4) 制作药片散落动画,要求药片掉落过程符合自然运动规律。

(5) 保存第 85 帧的效果图及 avi 格式的动画,输出大小为 1280 像素×720 像素。

9.2 知识准备

泛方向导向板空间扭曲

泛方向导向板是空间扭曲的一种平面泛方向导向器,其视口图标如图 9-2 所示。

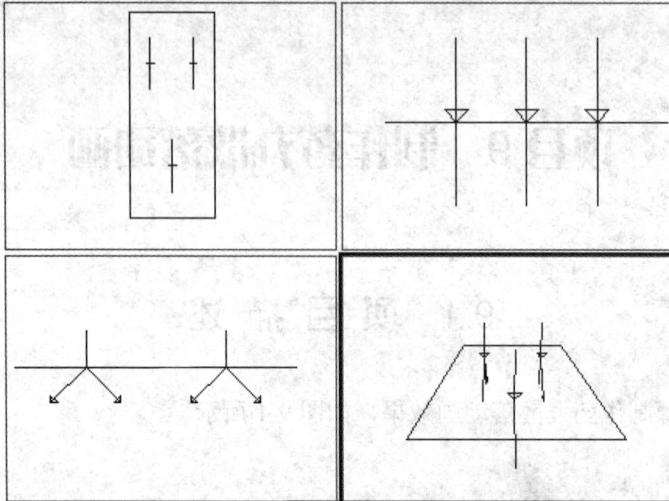

图 9-2　泛方向导向板视口图标

创建"泛方向导向板"空间扭曲的操作步骤如下:

单击"创建"→"空间扭曲",从列表中选择"导向器",然后在"对象类型"卷展栏上单击"泛方向导向板",并在视口中拖动创建平面图标。因为粒子会从图标反弹,所以图标的大小会影响粒子导向。

为粒子系统应用导向器:如果使用的是粒子系统,则应在碰撞测试或碰撞繁殖测试参数中指定导向器;如果使用的是非事件驱动粒子系统,应将粒子系统绑定到导向器图标上,放置泛方向导向板图标以中断粒子。泛方向导向板"参数"卷展栏如图 9-3 所示,可根据需要调整泛方向导向板的参数。

(1) "计时"组。"计时"组中的两个微调器用于指定导向效果的开始帧和结束帧。

开始时间:用于指定导向开始的帧。

结束时间:用于指定导向结束的帧。

(2) "反射"组。"反射"组中的选项会影响粒子从空间扭曲的反射。泛方向导向板可以反射或折射粒子,或者将二者结合在一起执行。

反射:指定被泛方向导向板反射的粒子百分比。

反弹:相当于一个倍增器,用于指定粒子的初始速度中有多少会在碰撞泛方向导向板之后得以保持。使用默认设置1.0 会使粒子在碰撞时以相同的速度反弹。产生真实效果的值通常设置小于 1.0;对于夸张的效果,则应设置为大于 1.0。

变化:指定应用到粒子范围上的"反弹"的变化量。例如,将变化设置为 50%应用到反弹设置 1.0 上,其结果是随机应用从 0.5 到 1.5 的"反弹"值。

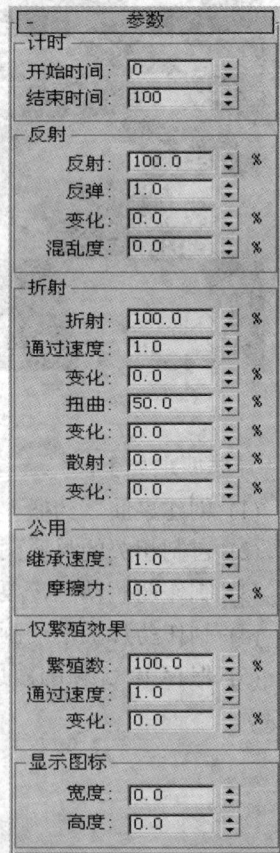

图 9-3　泛方向导向板
"参数"卷展栏

混乱度：可使反弹角度随机变化。当其设置为 0.0(无混乱)时，所有粒子会从泛方向导向板表面完全反弹；其他设置会使导向后的粒子散开。

(3) "折射组"。"折射"组中的设置和"反射"组中的设置相似，但本组中的设置还会影响粒子在经过泛方向导向板时的折射，使粒子的方向发生改变。

折射：指定未反射的粒子中将被泛方向导向板折射的百分比。

"折射"值仅影响那些未反射的粒子，因为反射粒子会在折射粒子之前被处理。这样，如果将反射设置为 50%，折射设置为 50%，则不会将粒子对半分开。那么，一半粒子会被反射，而剩余粒子的一半(总数的 25%)会被折射。其余的粒子要么未经折射穿过，要么被传给"繁殖效果"。要使反射和折射对半分开，请设置反射为 50%，"折射"为 100%。

通过速度：指定粒子的初始速度中有多少在经过泛方向导向板后得以保持。默认设置 1 会保持初始速度，不会发生变化；设置 0.5 会使速度减半。

变化：指定应用到粒子范围上的"经过速度"的变化量。

扭曲：控制折射角度。设置为 0 表示无折射；设置为 100%会将粒子角度设置为和泛方向导向板的表面平行；设置为 –100%会将角度设置为垂直于该表面。当粒子从背面撞击泛方向导向板时，"扭曲"效果会反转。

当粒子以精确的 90 度角撞击泛方向导向板的表面时，"扭曲"和"折射"无法做出正确反应。在这种情况下，任何正数值的"扭曲"设置都会导致粒子散射，而负值则没有任何效果。

变化：指定"扭曲"效果的变化范围。

散射：通过设置"散射"角度可以随机地修改各个粒子的"扭曲"角度，来对折射应用散射效果，这会有效地使粒子散布成一个中空的圆锥体。

变化：指定"散射"值的变化范围。

(4) "公用"组。

继承速度：(速度继承)决定运动的泛方向导向板的速度有多少会应用到反射或折射的粒子上。例如，如果设置"继承速度"为 1.0，则被运动的泛方向导向板击中的静止粒子会在碰撞点上继承泛方向导向板的速度。

摩擦力：粒子沿导向器表面移动时减慢的量。设置为 0%表示粒子根本不会减慢；设置为 50%表示粒子会减慢至原速度的一半；设置为 100%表示粒子在撞击表面时会停止。默认设置为 0%，范围为 0%至 100%。要使粒子沿导向器曲面滑动，请将"反弹"设置为 0。另外，除非受到风或重力等力的影响，用于滑动的粒子应以除 90 度以外的角度撞击该曲面。

(5) "仅繁殖效果"组。"仅繁殖效果"组中的设置仅影响那些被设置为"碰撞后繁殖"的没有从泛方向导向器反射或折射的粒子。"繁殖数"微调器的工作方式类似于"反射"和"折射"微调器，但前者是第 3 个被处理的对象。因此，如果设置反射或折射为 100%，则这些设置不会影响任何粒子。

繁殖数：指定可以使用繁殖效果的粒子百分比。

通过速度：指定粒子的初始速度中有多少在经过泛方向导向板后得以保持。

变化：指定应用到粒子范围上的"通过速度"设置的变化量。

(6) "显示图标"组。

宽度：指定泛方向导向板图标的宽度。

高度：指定泛方向导向板图标的高度。

该设置仅用于显示目的，而不会影响导向器效果。

9.3　项 目 实 施

(1) 在透视图场景中创建一个平面，设置长和宽均为 150 cm，长度分段和宽度分段数均为 1，并将其命名为"桌面"，如图 9-4 所示。

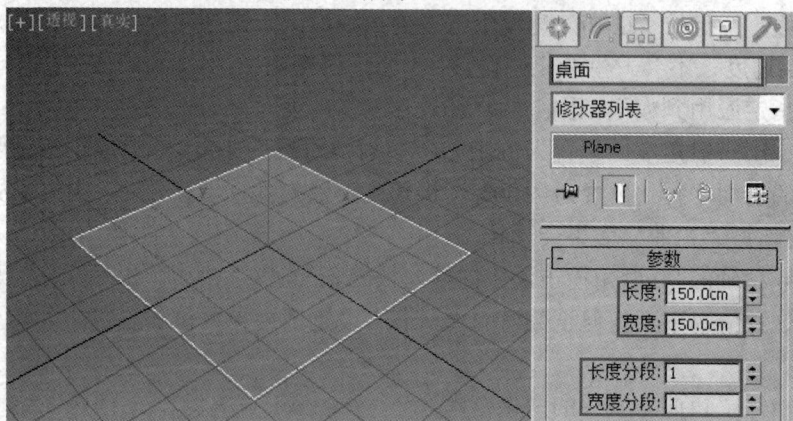

图 9-4　创建平面

(2) 创建切角圆柱体，设置半径为 5 cm，高度为 15 cm，圆角为 0.5 cm，高度分段为 3，圆角分段为 2，边数为 10，端面分段为 3，并将其命名为"药瓶"，如图 9-5 所示。

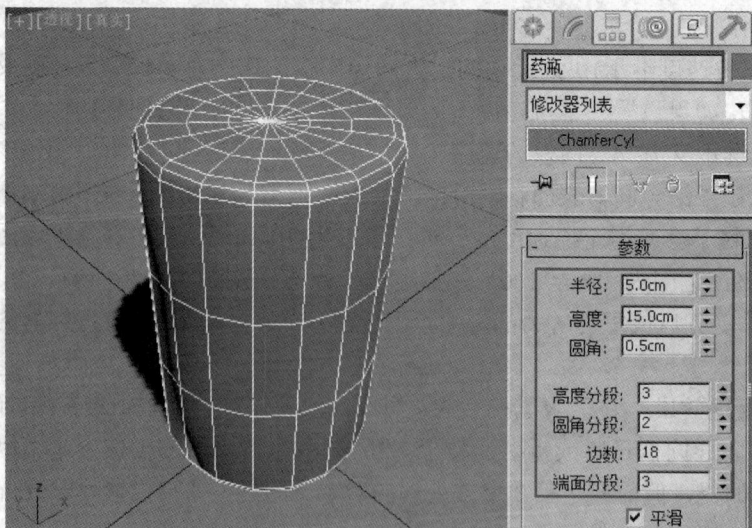

图 9-5　创建切角圆柱体

(3) 在药瓶上单击鼠标右键，在弹出的菜单中选择"转换为"→"转换为可编辑多边形"，如图 9-6 所示。

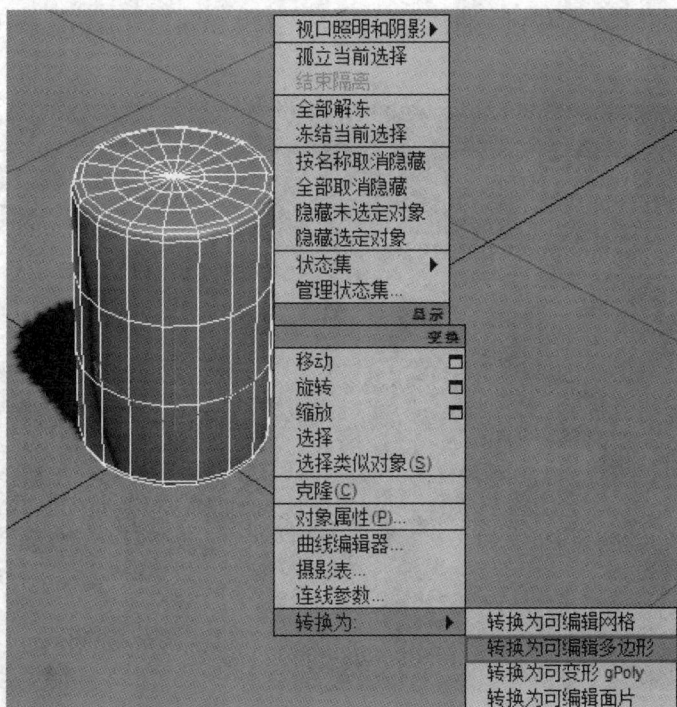

图 9-6　转换为可编辑多边形

　　(4) 在"可编辑多边形"面板中选择"多边形"■，勾选"忽略背面"，切换"圆形选择工具□"，按 T 键将当前的视图切换为顶视图，框选圆柱顶面区域，如图 9-7 所示。

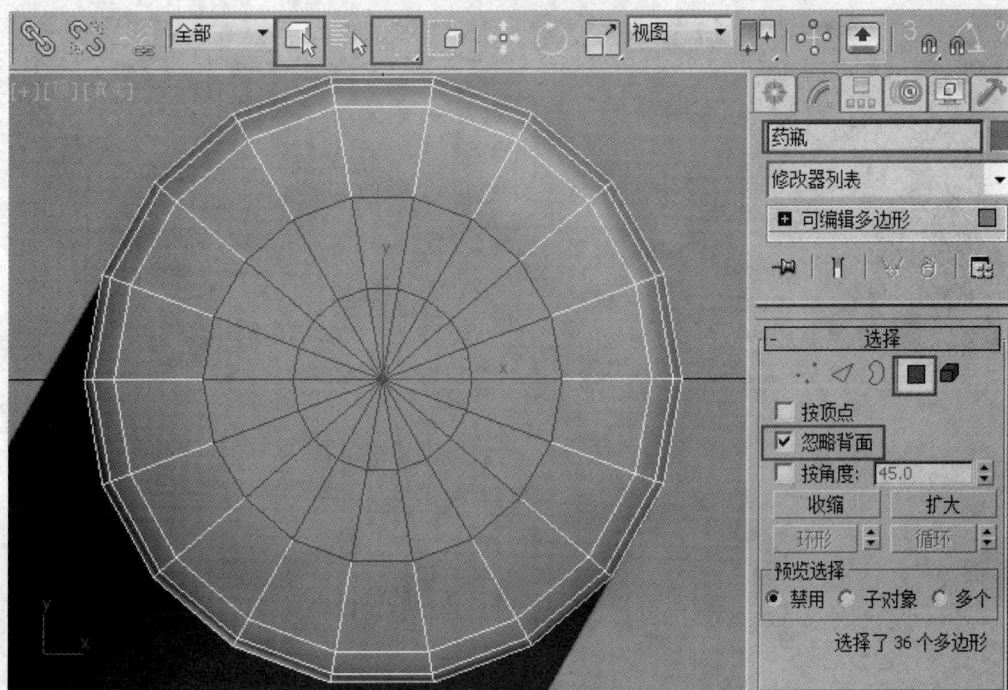

图 9-7　框选圆柱顶面区域

(5) 单击"挤出"旁的按钮,将选定的面向上挤出 2 cm,形成药瓶瓶颈部分,如图 9-8 所示。

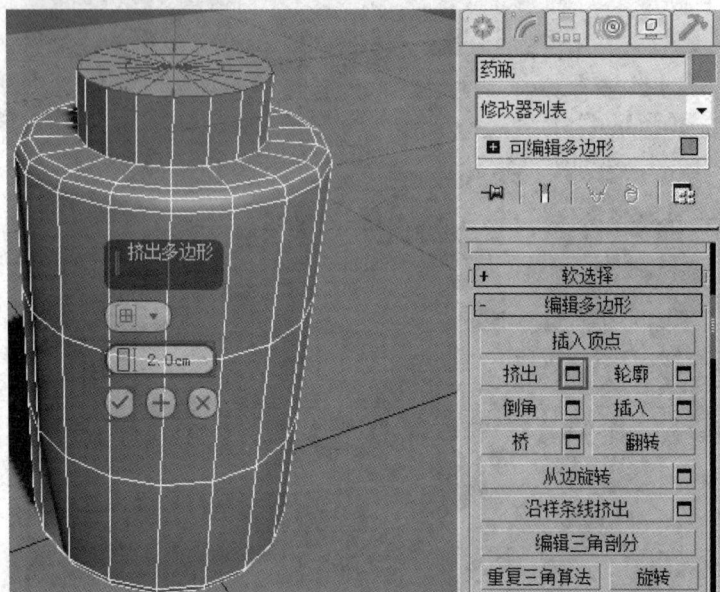

图 9-8　挤出药瓶瓶颈

(6) 制作瓶口厚度,将选定的面继续向上挤出 0.2 cm,用缩放工具向内收缩一定厚度,再挤出 0 cm,再向内收缩,再挤出 0 cm,用移动工具将选定面向下移动至瓶颈与瓶身交界处,如图 9-9 所示。

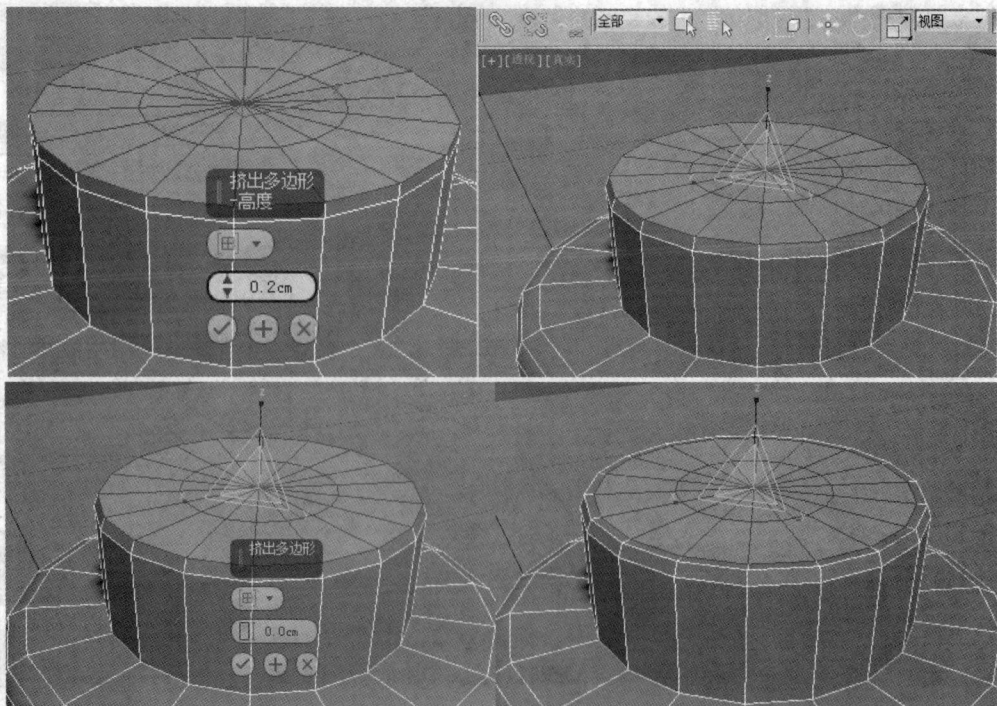

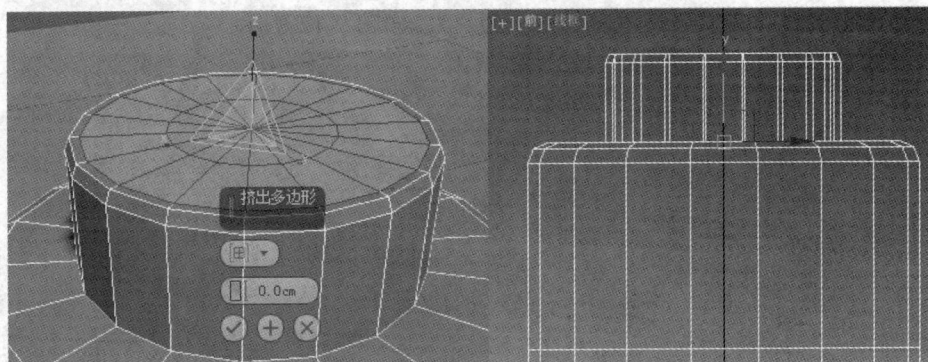

图 9-9 制作瓶口部分

(7) 制作瓶口螺纹，激活"边"选择模式，取消勾选"忽略背面"选项，框选瓶口中的所有竖线，单击鼠标右键，在弹出的菜单中选择"连接"，设置连接 3 条边，向内紧缩 –70，以在瓶口生成 3 条边，如图 9-10 所示。

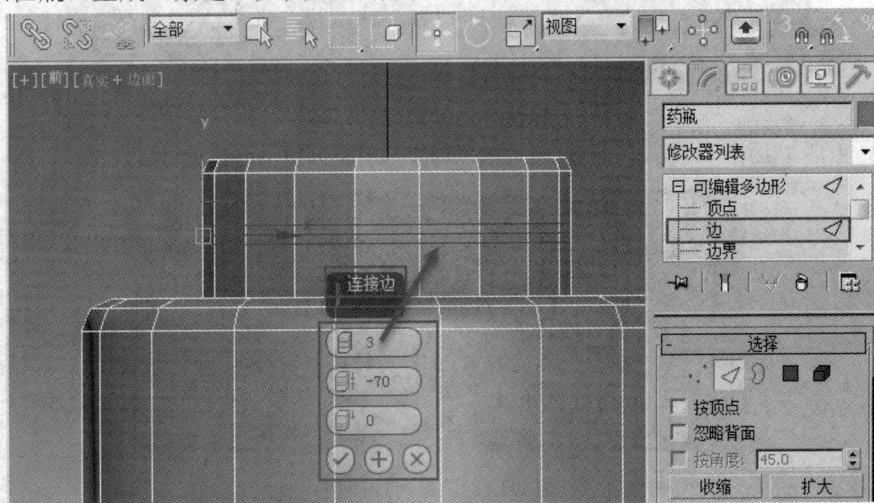

图 9-10 在瓶口生成 3 条边

(8) 激活"顶点"选择模式，框选中间所有的顶点，使用等比缩放工具向外放大一点，形成瓶口螺纹，如图 9-11 所示。

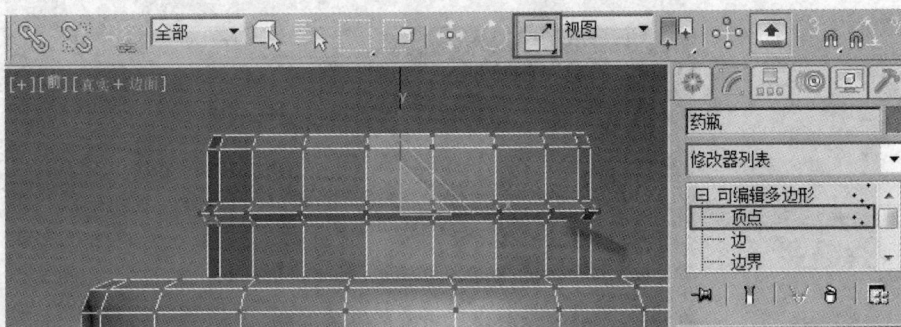

图 9-11 制作瓶口螺纹

(9) 创建扩展基本体，选择"切角长方体"对象类型，设置长度为 1 cm，宽度为 2 cm，高度为 0.5 cm，圆角为 0.1 cm，长度分段为 3，宽度分段和高度分段为 1，圆角分段为 2，单击"创建"按钮，并将该物体命名为"药片"，如图 9-12 所示。

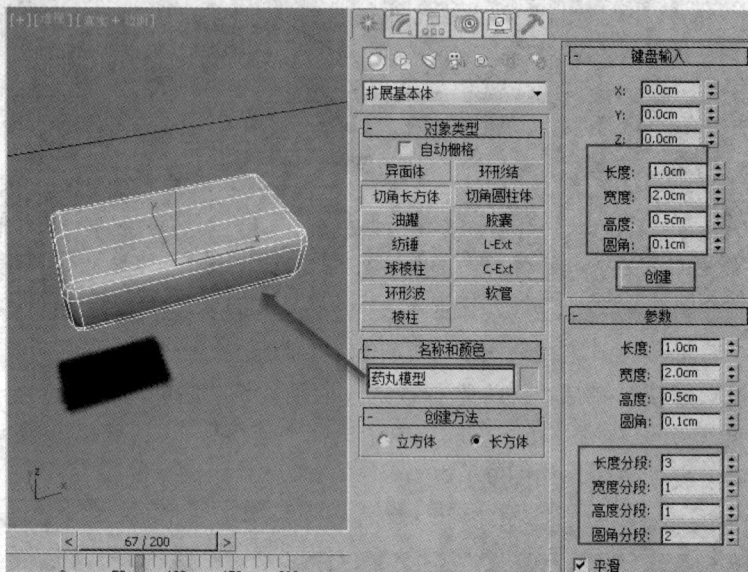

图 9-12　创建药片模型

(10) 激活"顶点"模式，调整药片的形状，如图 9-13 所示。

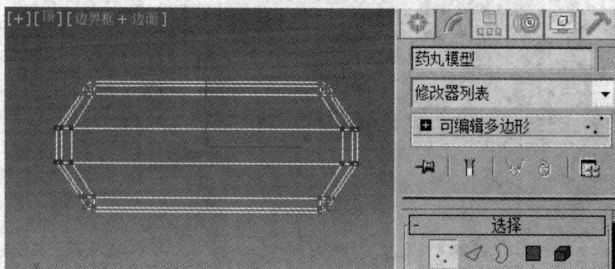

图 9-13　调整药片模型

(11) 制作文字贴图素材，单击"创建"→"图形"→"文本"，在文本输入框中输入"维生素 C"，设置字体为黑体，大小为 10 cm，在前视图中单击鼠标左键，创建文本，如图 9-14 所示。

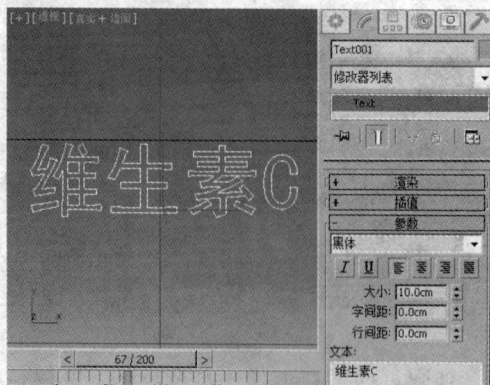

图 9-14　创建文本

(12) 给文本添加"倒角"命令,设置倒角值的起始轮廓为 –0.1 cm,级别 1 高度为 2 cm,轮廓为 0.1 cm,级别 2 高度为 –0.1 cm,轮廓为 –0.1 cm,级别 3 高度为 –0.1 cm,轮廓为 –0.1 cm,制作倒角文字效果,如图 9-15 所示。

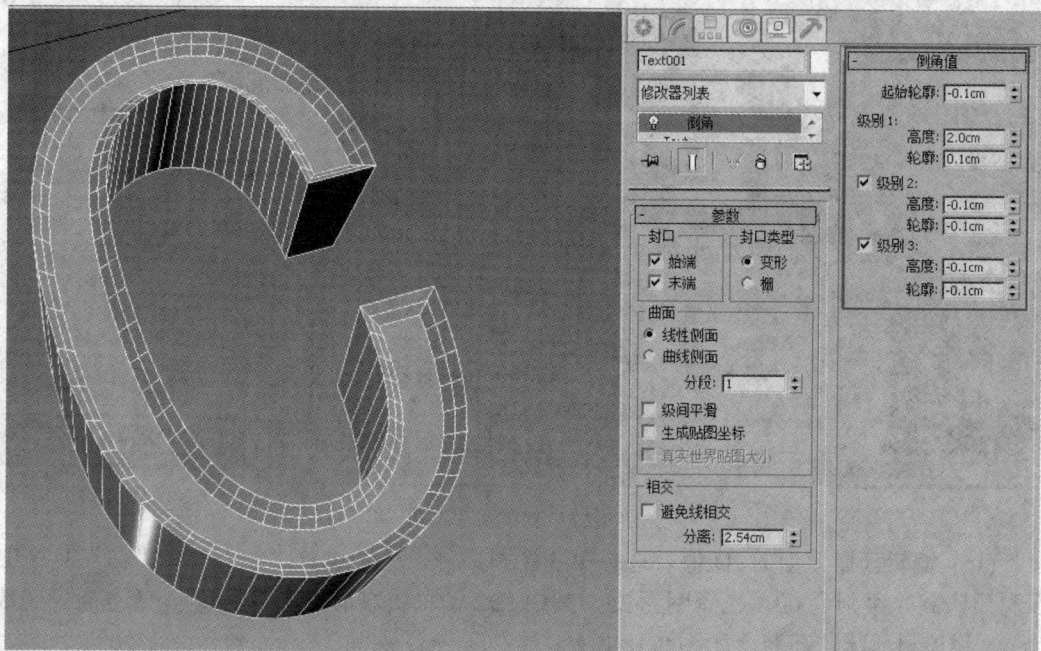

图 9-15 制作倒角文字

(13) 打开材质编辑器,选择第 1 个材质球,并将其命名为"金属",制作文字金属材质效果,设置金属明暗器基本参数,漫反射颜色为橙色,RGB(243,80,0),高光级别为 120,光泽度为 75,自发光贴图为"衰减"(Falloff),反射贴图也为"衰减"(Falloff),凹凸贴图类型为"斑点"(Speckle),大小为 0.1,将该材质赋给"维生素 C",渲染前视图,保存"维 C 贴图.jpg"文件,如图 9-16 所示。

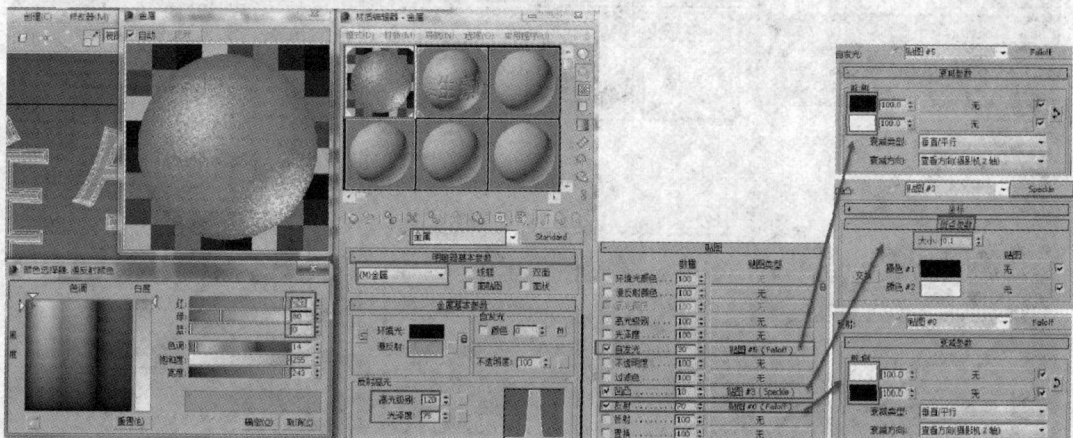

图 9-16 制作文字金属材质

(14) 选择第 2 个材质球,并将其命名为"药片",将该材质赋给场景中的药片模型,将漫反射颜色设置为黄色,RGB(253,106,47),凹凸贴图选择"维 C.jpg",数量为 –100,

瓷砖 U 为 2.5，V 为 1.3，将文字放置在药片正中间，如图 9-17 所示。

图 9-17　制作药片材质

(15) 编辑药瓶模型的 ID 值。选择第 3 个材质球，分别设置"红""字""白"3 个 ID 子材质，高光级别为 60，光泽度为 35，其中 ID2 子材质取消勾选"瓷砖"，U 方向瓷砖数为 3，将该材质赋给药瓶，如图 9-18 所示。

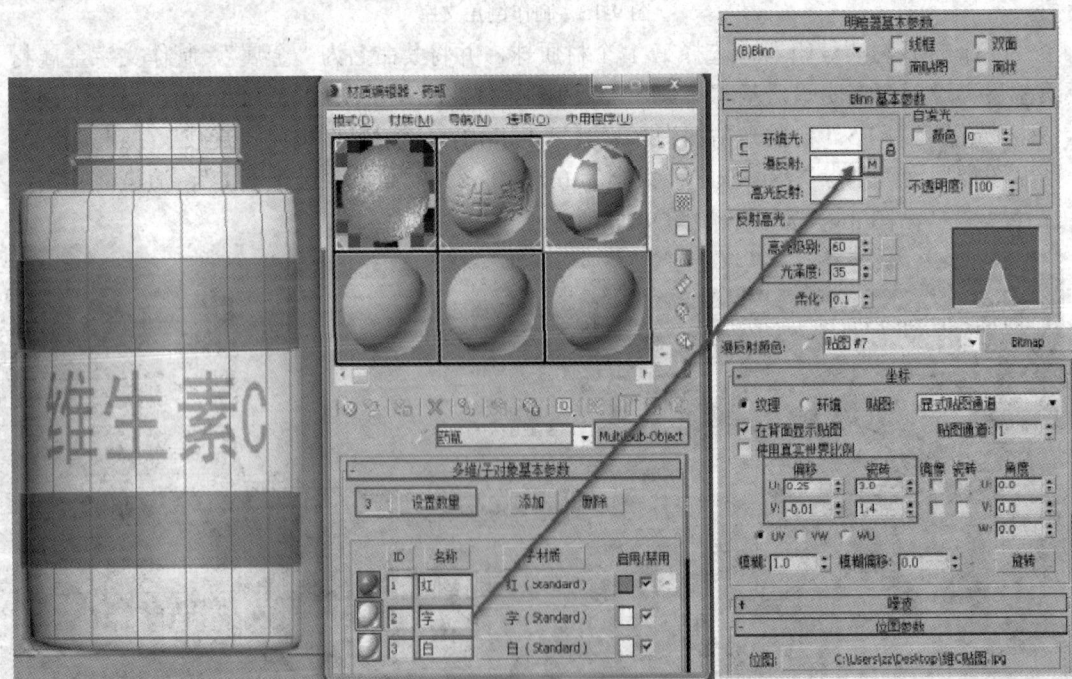

图 9-18　给药瓶赋材质

(16) 制作桌布材质，选择第 4 个材质球，并将其命名为"桌布"，设置高光级别和光泽度都为 0，漫反射贴图类型选择棋盘格，U、V 方向瓷砖数为 5，颜色 #1 为蓝色，

RGB(0，60，140)，颜色#2 为"维 C.jpg"，U、V 方向瓷砖数为 15，W 角度为 –60，使白色区域出现文字图案，将材质赋给场景中的桌布，如图 9-19 所示。

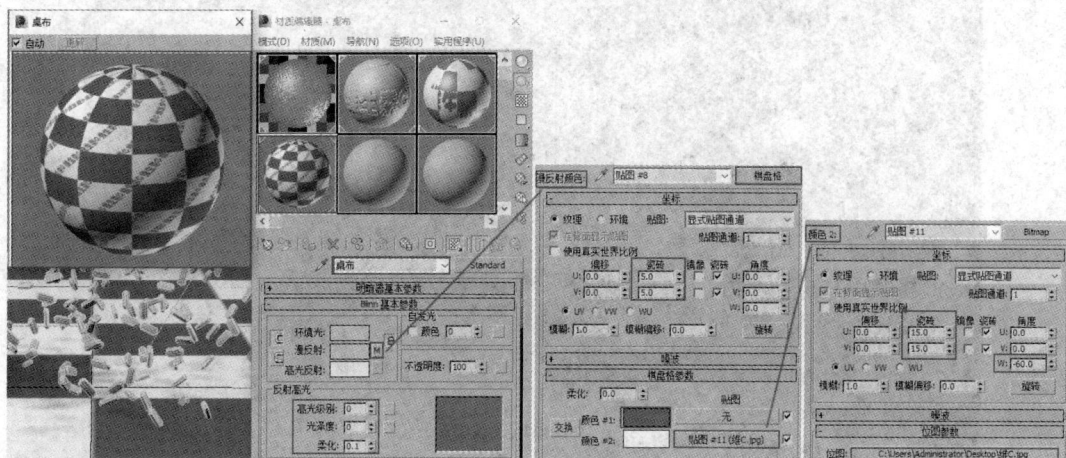

图 9-19　给桌布赋材质

(17) 为药瓶添加"UVW 贴图"修改器命令，选择"柱形"贴图方式，调整文字至药瓶的中间位置，如图 9-20 所示。

(18) 打开"时间配置"窗口，设置帧速率为"电影"，总帧数为 201，如图 9-21 所示。

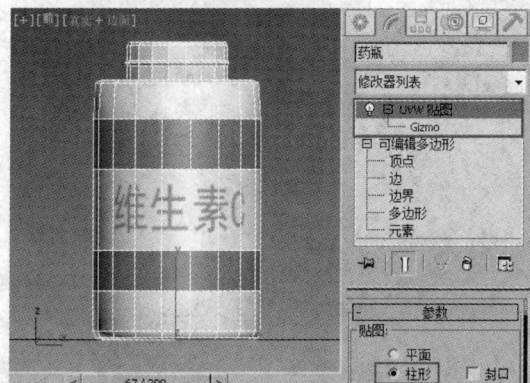

图 9-20　调整 UVW 贴图坐标

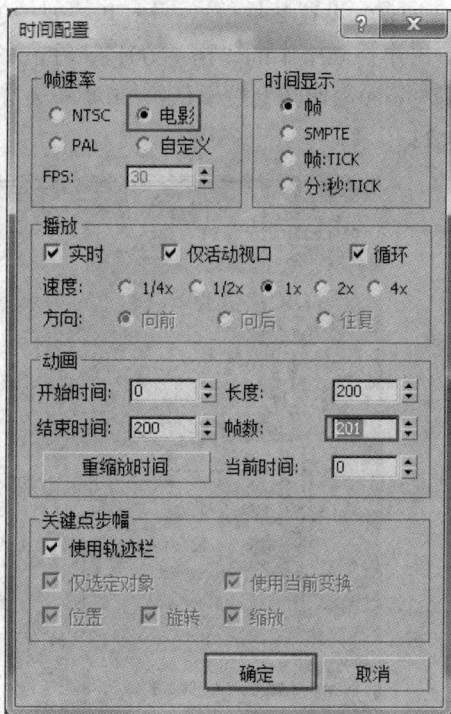

图 9-21　设置时间配置参数

(19) 制作药丸粒子，单击"创建"→"几何体"→"粒子系统"，选择"粒子流源"，在顶视图桌面中间位置上方创建一个粒子流源，徽标大小为 3 cm，图标类型为"圆形"，直径为 5 cm，如图 9-22 所示。

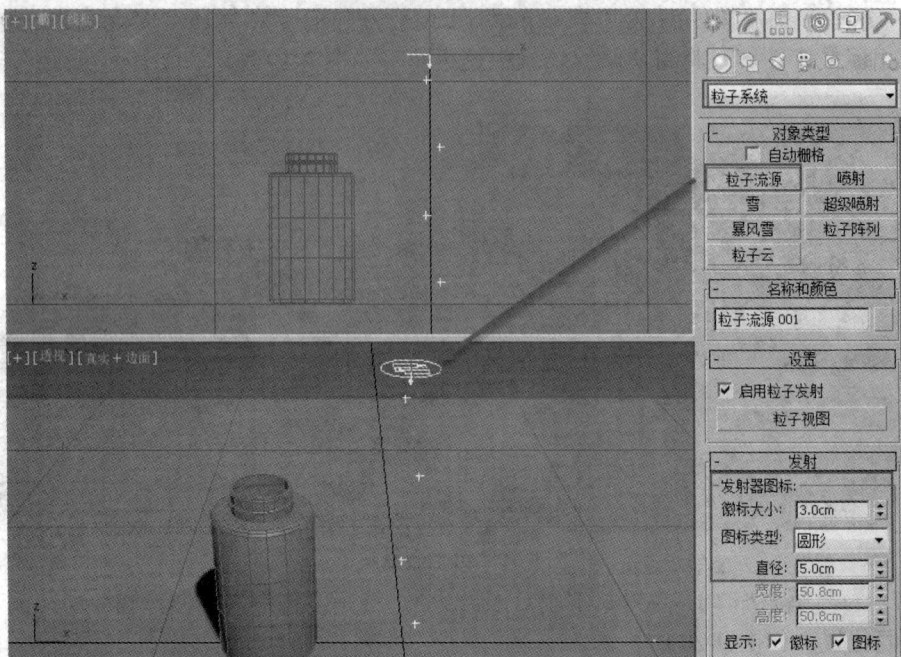

图 9-22　创建粒子流源

(20) 设置数量倍增"视口%"为 100，单击"粒子视图"按钮打开"粒子视图"窗口，单击事件 001 中的"出生 001"，在其参数面板中设置发射开始为 50，发射停止为 80，数量为 600，使药丸粒子从第 50 帧开始散落，第 80 帧停止发射，药丸总数量为 600，如图 9-23 所示。

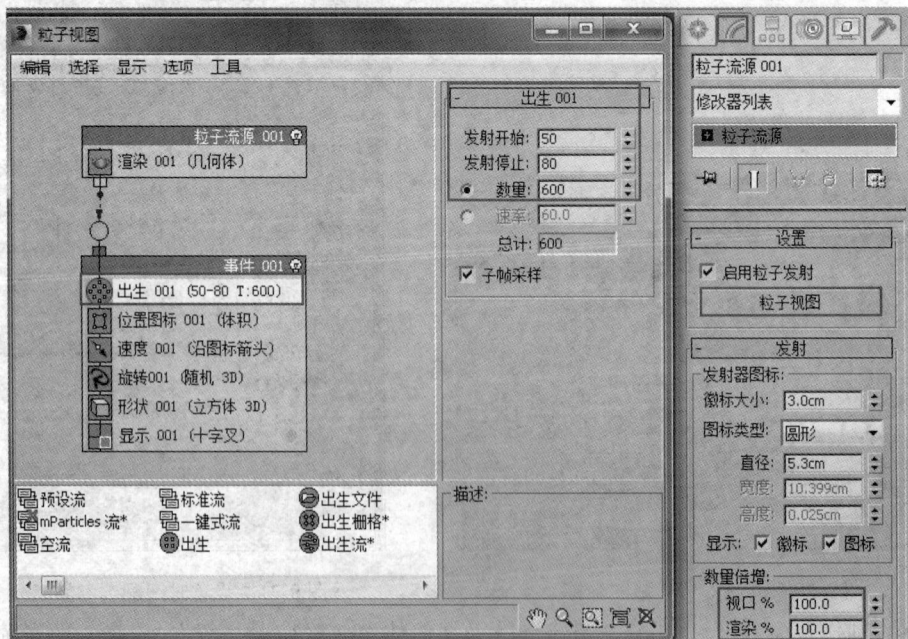

图 9-23　设置药丸粒子出生参数

(21) 预览动画发现粒子散落速度过快，单击事件 001 的"速度 001(沿图标箭头)"，在其参数面板设置速度为 50 cm，变化为 20 cm，散度为 15，使粒子呈现无规律且分散下落的状态，如图 9-24 所示。

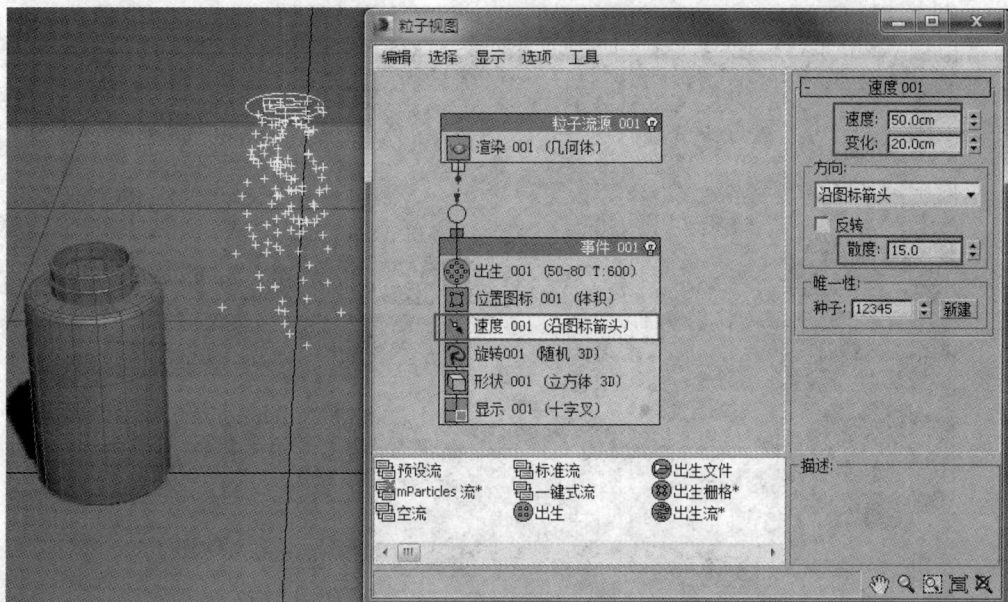

图 9-24　设置药丸粒子散落速度

(22) 制作药丸粒子的第一次碰撞反弹。先创建导向板，单击"创建"→"空间扭曲"→"导向器"，选择"导向板"对象类型，在顶视图桌面上拖拽导向板，其大小与桌面一致，使用对齐工具将导向板对齐桌面，如图 9-25 所示。

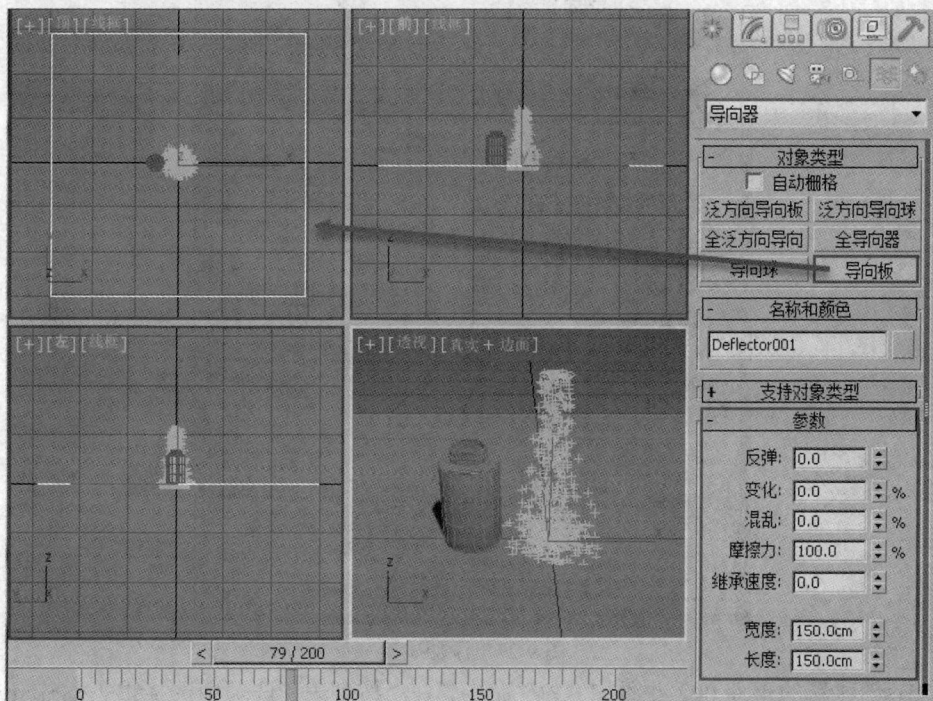

图 9-25　创建导向板

(23) 粒子散落弹起后要受到重力的影响，单击"创建"→"空间扭曲"→"力"，选择"重力"对象类型，在顶视图桌面上创建一个重力图标，如图 9-26 所示。

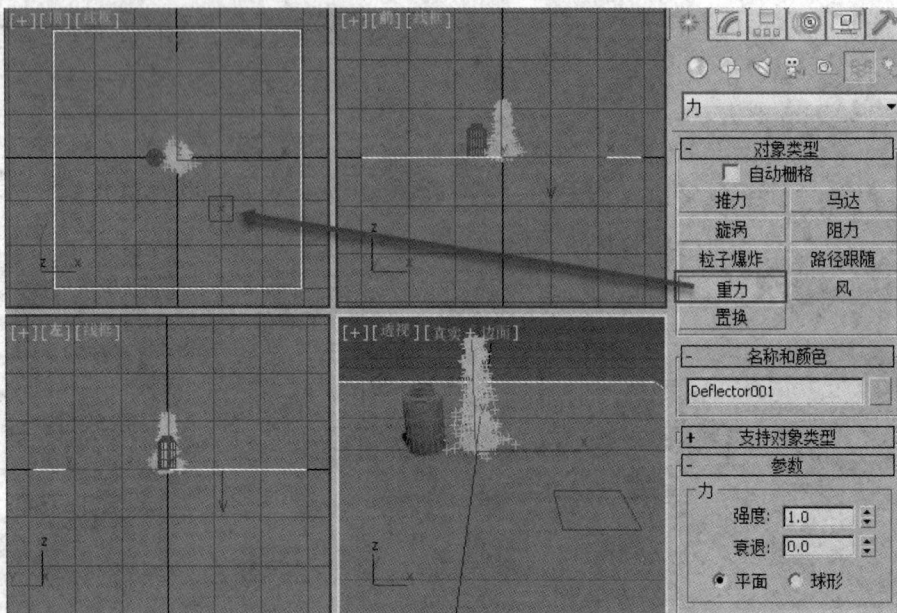

图 9-26　创建重力

(24) 打开"粒子视图"窗口，在事件 001 中添加"碰撞"命令，并"按列表"选择导向板 Deflector001，将导向板作为药丸粒子产生碰撞的物体，如图 9-27 所示。

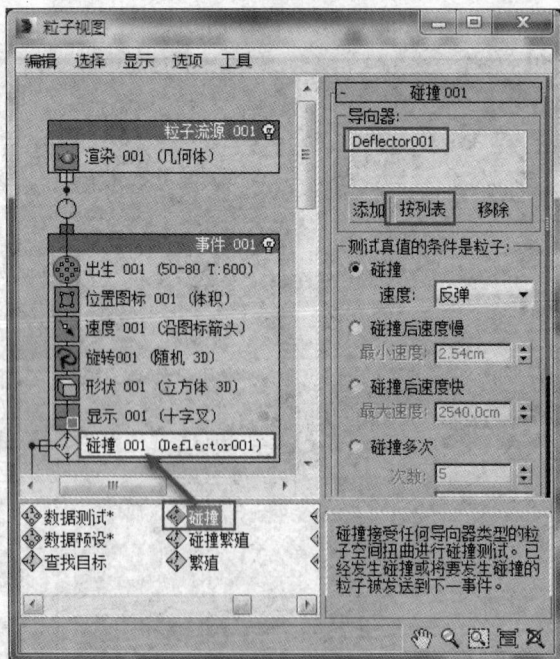

图 9-27　添加碰撞

(25) 创建新的事件 002 并添加"力"命令，在"按列表"选项中选择重力 Gravity001，设置"影响%"为 100，如图 9-28 所示。

(26) 设置第 2 次碰撞，添加"碰撞"命令到事件 002 中，并"按列表"选择导向板，如图 9-29 所示。

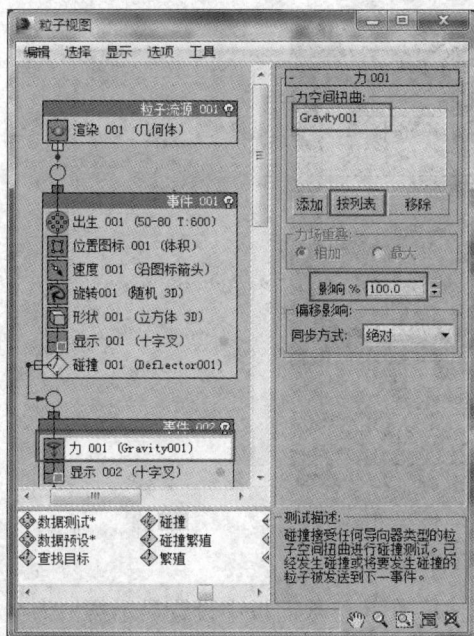

图 9-28　创建力的新事件　　　　　　　　　　图 9-29　添加第 2 次碰撞

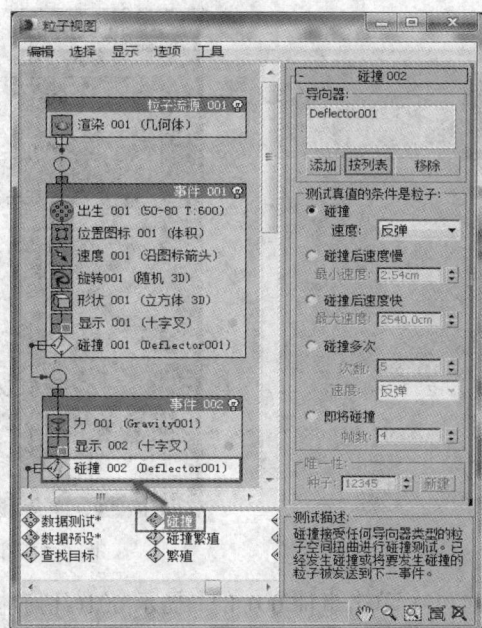

(27) 将粒子替换成药片，用"图形实例"替换事件 001 的"图形"，在其参数面板中将"药丸模型"添加到粒子几何体对象中，设置"比例%"为 60，如图 9-30 所示。

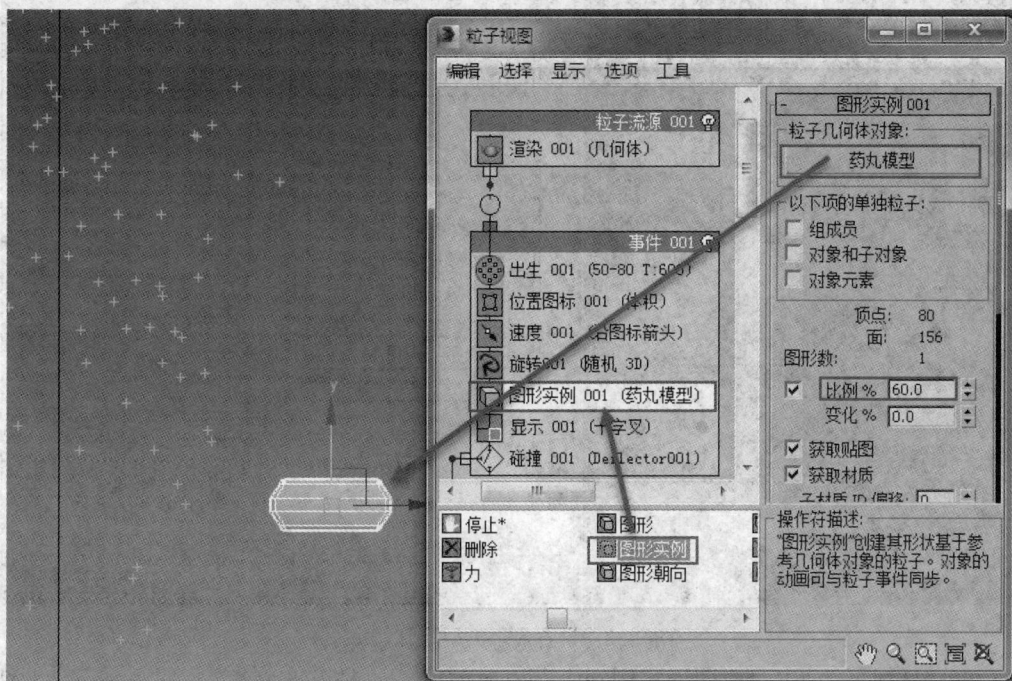

图 9-30　将药片模型替换粒子

(28) 再选择场景中的药片模型,单击鼠标右键,在弹出的菜单中选择"隐藏选定对象",隐藏药片模型,如图 9-31 所示。

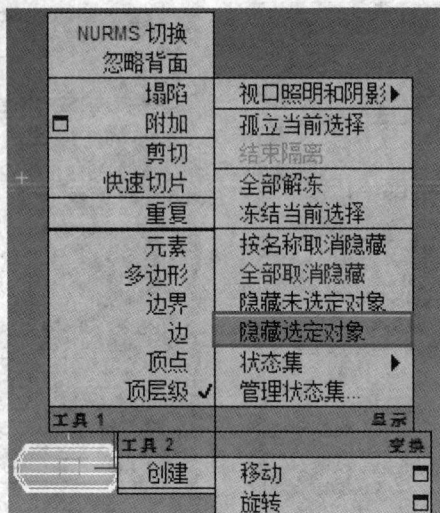

图 9-31　隐藏药片模型

(29) 单击事件 001 的"显示 001(几何体)"选项,在其参数面板中设置显示类型为"几何体",预览第 50 帧以后的动画,可以看到十字叉变成药片,同样将其他事件的"显示"选项也改为"几何体",如图 9-32 所示。

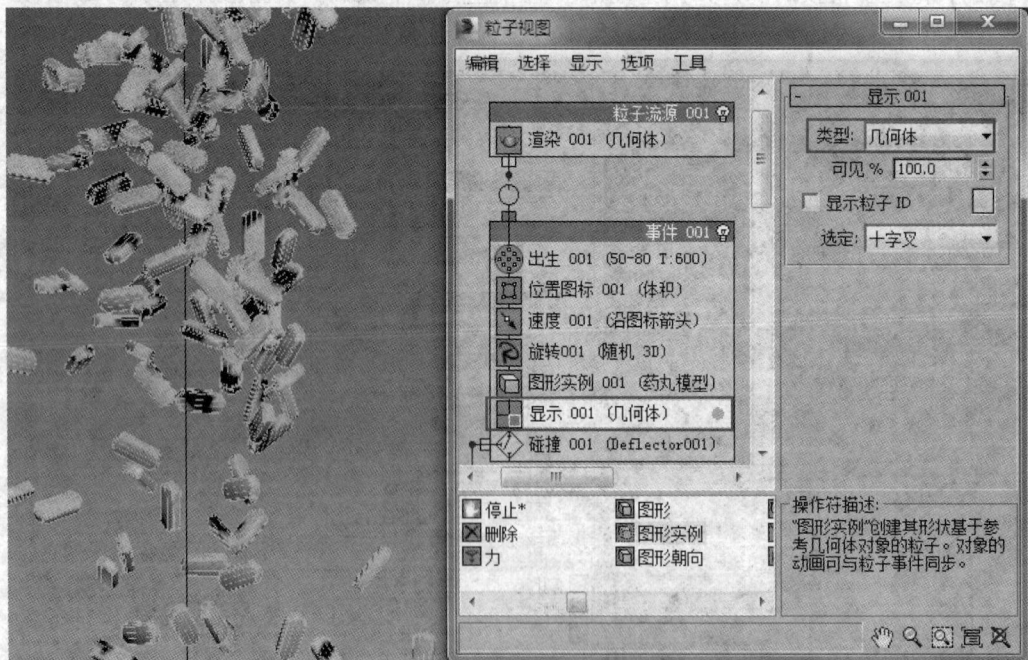

图 9-32　设置显示类型为几何体

(30) 复制事件 001 的"图形实例 001(药丸模型)",以"粘贴实例"方式复制到事件 002、事件 003 和事件 004,4 个"图形实例"都以斜体字的方式显示,这样设置后碰撞反弹后的十字叉粒子也会变成药丸，最后药丸停留在桌面上，如图 9-33 所示。

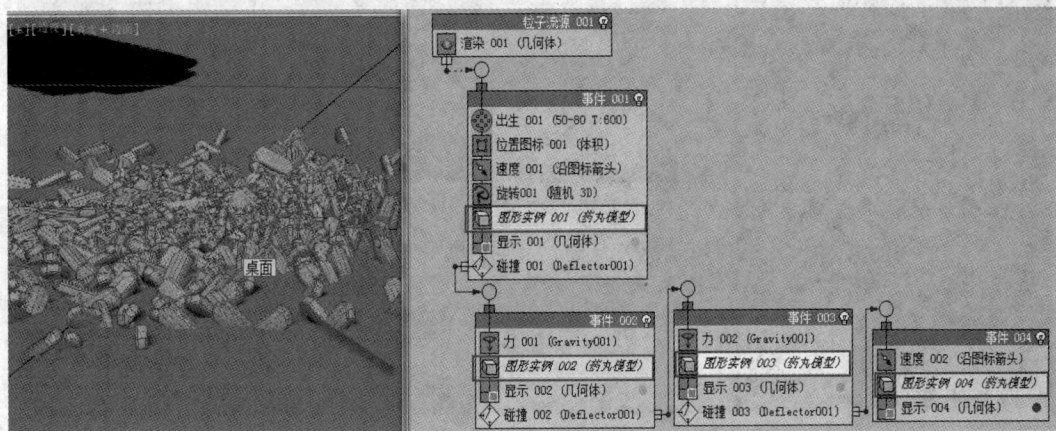

图 9-33　复制图形实例到其他事件中

(31) 药丸散落过程中各药丸间不应该出现交叠，而应该保持距离，先给事件 001 添加"保持分离"命令，设置"力"为 100 cm，加速度限制为 1000，核心半径为 1 cm，衰减区域为 1 cm，这个参数根据药片的大小尺寸来设定，再复制事件 001 的"保持分离"，粘贴实例到事件 002 和事件 003 中，如图 9-34 所示。

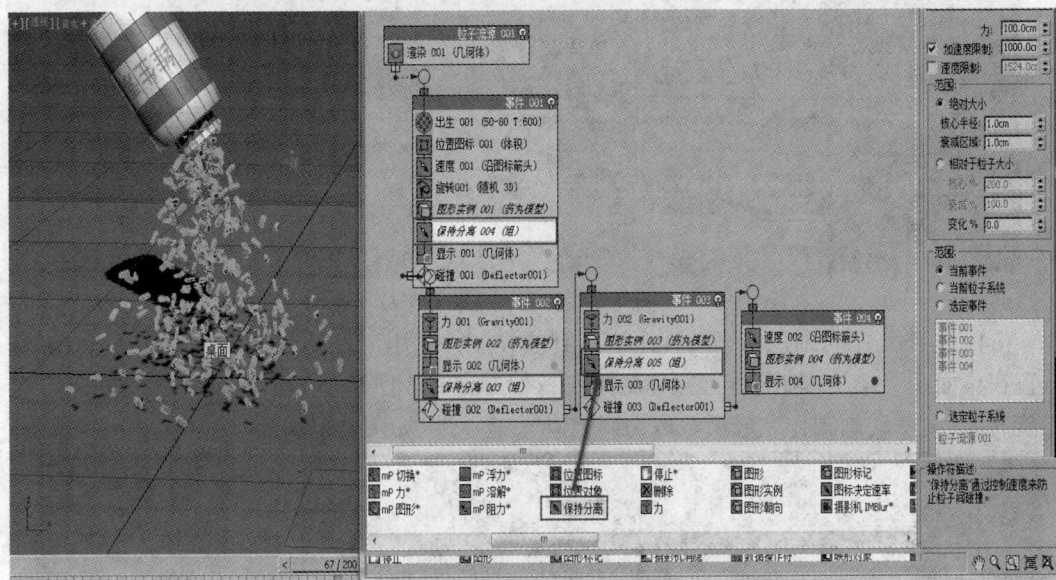

图 9-34　添加保持分离

(32) 事件 001 中的"旋转 001"默认的方向矩阵是"随机 3D"，即药丸开始散落时，各药丸状态是不同的，如图 9-35 所示。

(33) 药丸落到桌面反弹后静止时的状态应该是平铺在桌面上的，复制"旋转 001"到事件 004，将"随机 3D"改成"随机水平"，如图 9-36 所示。

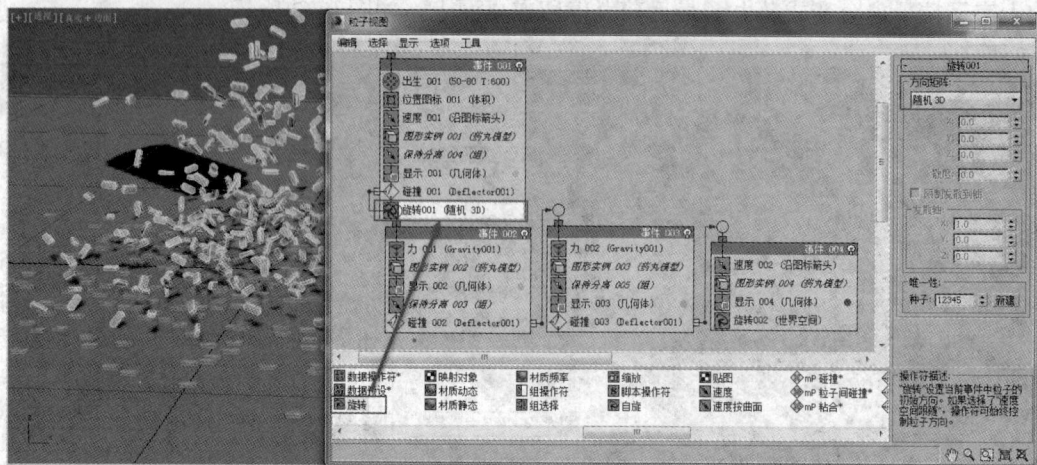

图 9-35　药丸散落开始旋转方式是随机的

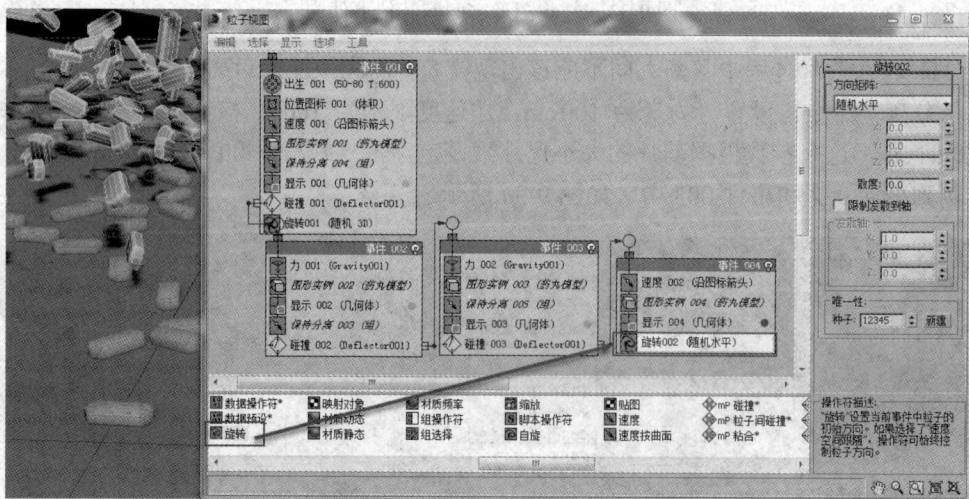

图 9-36　药丸最后停留在桌面是平放状态

(34) 制作药瓶动画,将当前视图切换到前视图,启用"自动关键点",药瓶在第 0 帧放置在桌面上,第 20 帧向右上方移动并向右下方旋转 30 度,第 50 帧向上移动并向右下方旋转 80 度,动画制作完成后,取消"自动关键点",如图 9-37 所示。

图 9-37　制作药瓶倒药的动画

(35) 创建摄像机，单击"创建"→"摄像机"→"目标摄像机"，在顶视图正中间创建一个目标摄像机，将目标点放置在药瓶处，镜头选择 35 mm 备用镜头，将透视图转换为摄像机视图，如图 9-38 所示。

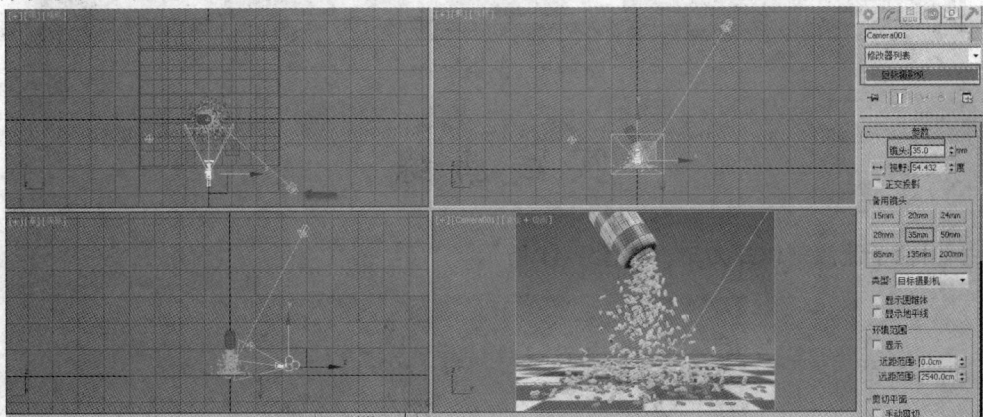

图 9-38　创建目标摄像机

(36) 创建目标平行光。单击"创建"→"灯光"→"目标平行光"，勾选阴影下的"启用"，倍增为 0.8，聚光区/光束为 90 cm，衰减区/区域为 150 cm，在顶视图右下方拖拽目标平行光至药瓶点，调整光的角度及位置，如图 9-39 所示。

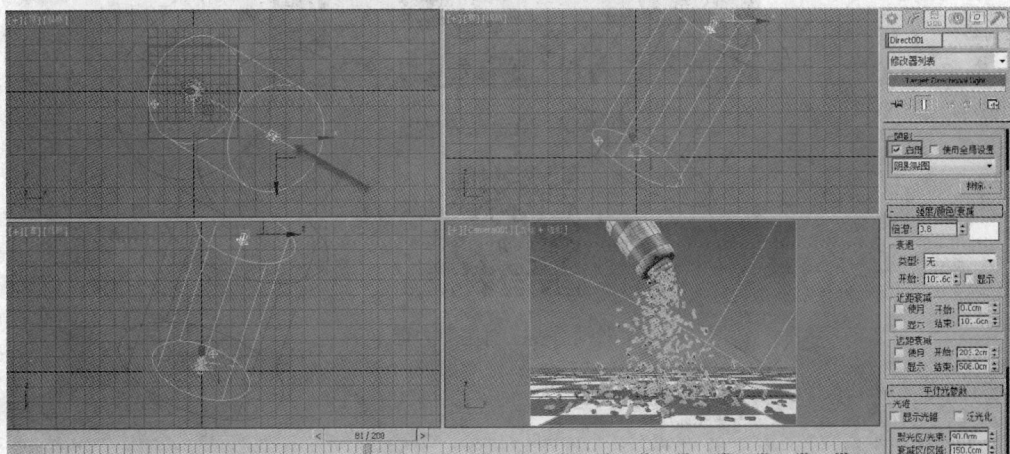

图 9-39　创建目标平行光

(37) 渲染第 85 帧动画,输出大小为 1280 像素×720 像素,再点击"渲染"按钮渲染 avi 格式动画,如图 9-40 所示。

图 9-40　渲染效果图

实 践 演 练

利用粒子流源制作弹力球,如图 9-41 所示。

图 9-41　弹力球效果图

实践演练 9　制作弹力球

项目 10　制作旗帜飘扬动画

10.1　项目描述

利用布料命令制作五环旗随风飘扬的动画，如图 10-1 所示。

动画 10

微课 10

图 10-1　旗帜飘扬效果图

具体要求如下：

(1) 创建操场的场景，操场上矗立着一根挂有五环旗帜的旗杆。

(2) 前 30 帧是升旗的动画过程。

(3) 旗帜升起后在空中随风飘扬，整个动画符合布料运动规律。

(4) 渲染第 5、30、100、200 帧的效果图和整个 avi 动画，文件归档。

10.2　知识准备

布料

若要为物体模拟布料动画效果，应首先选择场景中的物体，单击"修改"  选项卡切换到"修改"命令面板，然后在修改器列表中选择"布料"(Cloth)。布料参数面板如图 10-2 所示。

1) "对象"卷展栏

对象属性：用于打开"对象属性"对话框，在其中可定义要包含在模拟场景中的对象，确定这些对象是布料还是冲突对象，以及与其关联的参数，如图 10-3 所示。

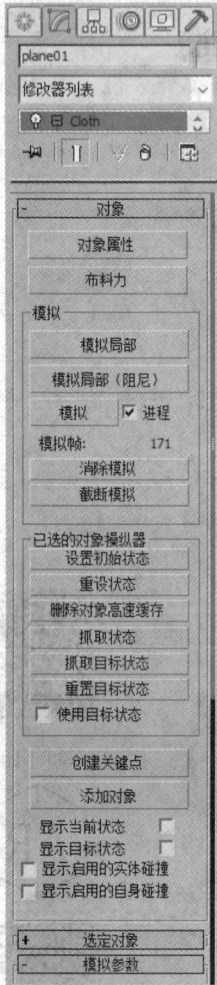

图 10-2　布料参数面板　　　　　图 10-3　布料模拟对象属性窗口

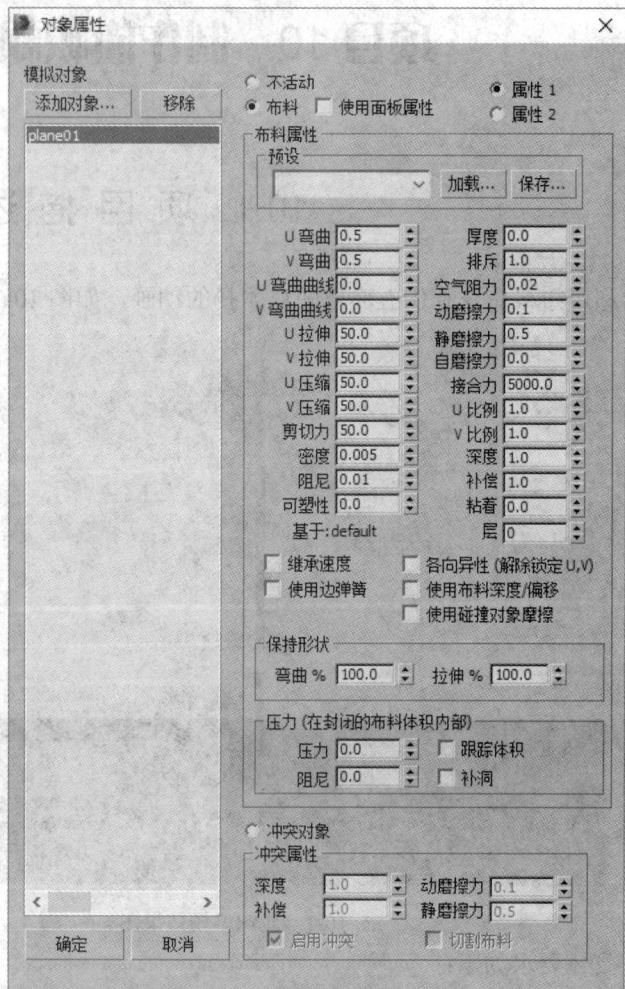

"模拟对象"列表：显示布料模拟中当前所包括的对象。若要更改对象角色和属性，应在该列表中突出显示其名称。用户可以使用标准方法(Ctrl+单击、Shift+单击以及拖动操作)突出选中多个对象名称。

添加对象：单击该按钮可打开"从场景选择"对话框，从中选择要添加到布料模拟中的场景对象。添加对象之后，该对象的名称将出现在"模拟对象"列表中，同时有一个布料修改器的实例应用于该对象。

移除：单击"移除"按钮可以从模拟中移除"模拟对象"列表中突出显示的对象，但不能移除当前在场景中选定的对象。

不活动：选择该选项，可使突出显示的对象在模拟中处于不活动状态，但该对象仍然在模拟之中，只是对任意请求都没有反应。此选项对于测试不同对象的反应并隔离动态效果非常有用。第一次将对象添加到布料模拟时，默认情况下，该对象处于非活动状态。

布料：选择该选项，可使高亮对象充当布料对象。将对象指定为布料后，可在"布料属性"组中设置其参数。

使用面板属性：勾选此选项后，可以使用在"面板"子对象层级指定的布料属性。在此可定义不同的布料属性，默认设置为禁用。启用此选项时，"布料属性"组中的控件将不可用。

属性 1/属性 2：这两个选项可用来为布料对象指定两组不同的布料属性。

冲突对象：启用"冲突对象"可设置冲突属性中的参数，如图 10-4 所示。

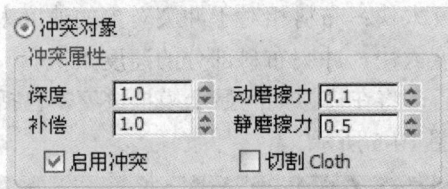

图 10-4　冲突对象参数面板

深度：冲突对象的冲突深度。如果部分布料在冲突对象中达到此深度，模拟将不再尝试将布料推出网格。此值使用 3ds Max 单位进行测量。

偏移：布料对象和冲突对象之间保持的距离。非常低的值将导致冲突网格从布料下突出来；非常高的值将令织物看起来像是漂浮在冲突对象的顶部。此值使用 3ds Max 单位进行测量。

动摩擦力：布料和该特殊实体对象之间的动摩擦。较大的值将增加更多的摩擦力，导致织物在物体表面上滑动较少；较小的值将令织物在物体上易于滑动，类似于丝织物将会产生的反应。该值只用于和启用"使用实体摩擦"的布料对象交互，否则该摩擦力值将取自布料自身的属性。

静摩擦力：布料和实体对象之间的静摩擦。当布料处于静止位置时，此值将控制其在某处的静止或滑动能力。该值只用于和启用"使用实体摩擦"的布料对象交互，否则该摩擦力值将取自布料自身的属性。

启用冲突：启用或禁用此对象的冲突，同时仍然允许对其进行模拟。这意味着该对象仍然可用于设置曲面约束。

切割布料：启用此选项后，如果在模拟过程中与布料相交，"冲突对象"可以切割布料。必须设置布料对象以制造撕裂沿接缝或一组顶点进行。默认设置为禁用状态。

(1) "模拟"组。

单击"模拟"组中三个模拟按钮中的任意一个即可运行布料模拟，按 Esc 键可中止模拟，如果"进程"处于勾选状态，也可单击"消除模拟"按钮中止模拟。

模拟局部：单击该按钮后不会创建动画，只开始模拟进程。使用此按钮可将"衣服"覆盖在角色上，或将"衣服"的面板缝合在一起。

模拟局部(阻尼)：与"模拟局部"相同，单击该按钮后可为布料添加大量的阻尼，例如将"衣服"缝合到一起时，如果面板以高速接合在一起，则将会出现问题，使用阻尼模拟可以减轻这一问题的影响。

模拟：单击该按钮后可在激活的时间段上创建模拟。与"模拟局部"不同，这种模拟会在每帧处以模拟缓存的形式创建模拟数据。

进行模拟时，模拟器通过时间步长(称为 dT)前进，dT 的初始值为"模拟参数"卷展栏上的"步数"设置。当模拟器遇到某些情形时，会降低 dT 以克服障碍，稍后，模拟器会将 dT 再次增加到用户设置的最大"步数"值。dT 的当前值会在模拟过程的"布料模拟"对话框中显示。

当模拟器减小 dT 时，会在布料模拟对话框中显示"减小的 dT"和以下消息之一：

无法解算等式：解算器不能解算运动等式。

布料被拉伸过长：在尝试解算一个步长时，布料的某些边缘拉伸得太长，说明解算失败。

布料对实体的冲突速度太快：布料相对于冲突对象的速度太快。

布料对布料的冲突速度太快：冲突布料部分的速度太快。

单击"模拟"按钮之后，将在模拟期间显示模拟进度，包括时间信息以及有关错误或时间步阶调整的消息，如图 10-5 所示。

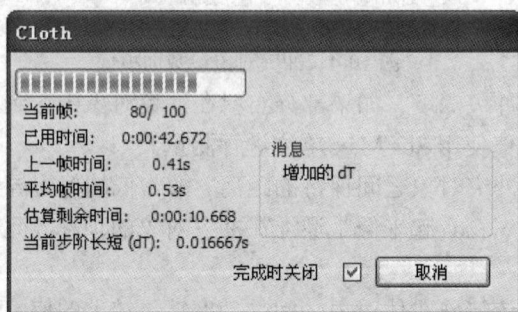

图 10-5　布料模拟过程

模拟帧：用于显示当前模拟的帧数。

消除模拟：用于删除当前的模拟，点击此按钮后将删除所有布料对象的高速缓存，并将"模拟帧"数重新设置为 1。

截断模拟：用于删除模拟在当前帧之后创建的动画。

例如，如果动画已经模拟到 50 帧，但是只希望保存从 0 到 30 帧的动画关键点，可将时间滑块设置到 30 帧，然后单击此按钮，即从 31 帧开始删除模拟。

(2) "已选的对象操纵器"组。

设置初始状态：将所选布料对象高速缓存的第一帧更新到当前位置。

重设状态：将所选布料对象的状态重设为应用修改器堆栈中的布料之前的状态。单击此按钮后将清除模拟，即将"模拟帧"设置为 1。

删除对象高速缓存：删除所选的非布料对象的高速缓存。如果对象模拟为布料，并且通过"对象属性"对话框转换为冲突对象(或不活动的)，则其布料运动保留在其高速缓存中。这对于在图层中模拟衣服非常实用。例如，假定模拟角色的裤子，然后将裤子转换为模拟上衣的冲突对象。通过在图层中模拟，可以避免布料与布料之间冲突检测的问题。如果要从所选对象中移除高速缓存的运动，可单击此按钮。

抓取状态：从修改器堆栈顶部获取当前状态并更新当前帧的缓存。使用示例如下：

模拟到第 100 帧。播放模拟时，用户会看到第 24 帧处有冲突对象穿透布料。在布料之后添加"编辑网格"修改器，然后拖动布料顶点，以便令该对象不穿透衣服。转至堆栈底部的布料，然后单击"抓取状态"按钮。现在顶点已经移动了两次，其中一次顶点位移由布料应用，第二次由"编辑网格"应用。设置完成后移除"编辑网格"编辑器。现在顶点应该已经处于预期的位置了。

抓取目标状态：用于获取被抓取的形状作为目标形状。从修改器堆栈顶部获取当前变形，并使用该网格来定义三角形之间的目标弯曲角度，需要同时启用"使用目标状态"。

注意：只使用"目标状态"网格的弯曲角度，而不使用边长。

若要向布料添加一些自然的褶皱，可先将布料拖到地板上，单击"抓取目标状态"按钮，然后运行模拟。在单击"抓取目标状态"之后，运行模拟之前，可以单击"重置目标状态"按钮重设目标状态。

重置目标状态：将默认弯曲角度重设为堆栈中布料下面的网格。注意：对于 Garment Maker 对象，目标弯曲角度取决于在 Garment Maker 修改器中设置的输出方法。若要查看实际使用的角度，则需勾选"使用目标状态"。

使用目标状态：启用此选项后，可保留在抓取目标状态存储的网格形状。该选项使用了布料的"对象属性"对话框上的"保持形状"组中的"弯曲%"和"拉伸%"设置。如果选定了多个具有不同"使用目标状态"设置的布料对象，此复选框将显示为不可用。

创建关键点：为所选布料对象创建关键点。该对象塌陷为可编辑的网格，将对象顶点进行编辑可制作顶点动画。

添加对象：用于向模拟器添加对象，无需打开"对象属性"对话框，单击"添加对象"按钮，然后单击某个对象即可进行添加，若要同时添加多个对象，可按 H 键，并使用"拾取对象"对话框。

显示当前状态：显示布料在上一模拟时间步阶结束时的当前状态。如果取消模拟，上一时间步阶将停留在两帧之间；如果允许模拟成功完成，则上一时间步阶等同于最后一帧。

显示目标状态：显示布料的当前目标状态。

显示启用的实体碰撞：启用时，高亮显示所有启用实体收集的顶点组。在查看有哪些顶点将会涉及实体对象碰撞时，该选项非常方便。

显示启用的自身碰撞：启用时，高亮显示所有启用自收集的顶点组。在查看有哪些顶点将会涉及布料对布料的碰撞时，启用该选项非常方便。

2）"选定对象"卷展栏

Cloth 命令的"选定对象"卷展栏如图 10-6 所示。

（1）"缓存"组。

使用"缓存"组中的设置可进行网络仿真。在启用"在渲染器上模拟"的情况下进行渲染时，Cloth 可以在联网的计算机上运行模拟，而本地计算机则可以自由进行其他工作。

缓存输入框：显示缓存文件的当前路径和文件名。对于尚未为其指定文件名的任何布料对象，Cloth 将基于该对象名创建

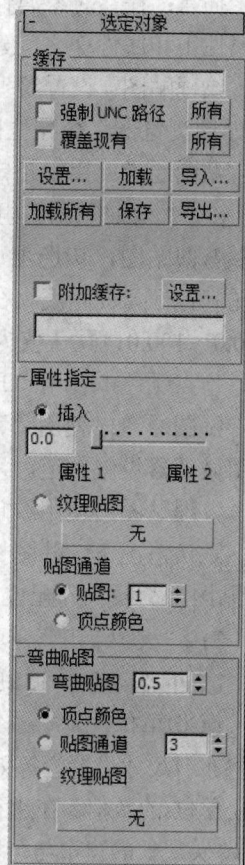

图 10-6　"选定对象"卷展栏

一个文件名。

强制 UNC 路径：如果文本字段路径是映射驱动器，启用此选项则将路径转换为 UNC 格式，这使得网络上的任何计算机都可以轻松访问该路径，要将当前模拟中所有布料对象的缓存路径转换为 UNC 格式，可单击"所有"按钮。

覆盖现有：启用后，Cloth 可以覆盖现有的缓存文件。若要为当前模拟中的所有布料对象启用覆盖功能，可单击"所有"按钮。

加载：将指定的文件加载到所选对象的缓存中。

导入：打开文件对话框以加载除指定缓存文件以外的其他缓存文件。

加载所有：为模拟中的每个布料对象加载指定的缓存文件。

保存：使用指定的文件名和路径保存当前缓存(如果有)。如果未指定文件，则 Cloth 将基于对象名称创建一个文件。

导出：打开文件对话框以将缓存保存到指定文件以外的文件中。

附加缓存：若要创建 PointCache2 格式的第二个缓存，则勾选此选项，再单击"设置"按钮以指定路径和文件名。

(2)　"属性指定"组。

插入：在"对象属性"对话框中的两个不同的属性设置之间进行插值，可以使用滑块在属性 1 和属性 2 之间建立动画，以调整布料所使用面料的设置类型。

纹理贴图：设置纹理贴图，默认情况下，贴图按钮标记为"无"。单击此按钮可从"材质/贴图浏览器"分配位图或贴图。选择位图或贴图后，单击此按钮将显示地图的名称。

贴图通道：用于指定"贴图"的工作通道，也可选择"顶点颜色"来代替。

(3)　"弯曲贴图"组。

弯曲贴图：该选项可使用纹理贴图，贴图通道或顶点颜色来调制目标弯曲角度。在大多数情况下，该值应小于 1.0。范围为 0.0～100.0，默认值为 0.5。

顶点颜色：使用"顶点颜色"通道进行调制。

贴图通道：使用"顶点颜色"以外的贴图通道进行调制。可用微调器设置频道。

纹理贴图：使用纹理贴图进行调制。

默认情况下，贴图按钮标记为"无"。单击此按钮可从"材质/贴图浏览器"分配位图或贴图。

3)　"模拟参数"卷展栏

Cloth 命令的"模拟参数"卷展栏如图 10-7 所示。

厘米/单位：确定每个 3ds Max 系统单位有几厘米。系统会自动将布料尺寸设置为等效于每英寸 2.54 厘米(3ds Max 中的默认系统单位)的数值。在进行布料模拟时，尺寸和比例非常重要，因为 10 英尺长的窗帘与一块 1 平方英尺的手帕有很大不同，即使它们是用相同的织物制成的。

地球：单击此按钮可以将"重力"值设置为地球的重力值。

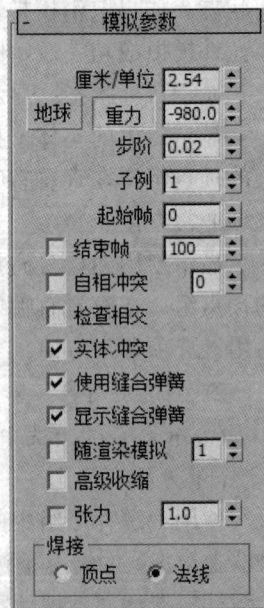

图 10-7　"模拟参数"卷展栏

重力：启用此选项后，"重力"值会影响模拟中的布料对象。负值表示将重力向下施加，正值(即无符号)表示重力将使布料对象向上移动。默认值设置为与地球重力加速度相同，即 $-980.0 \text{ cm} / \text{s}^2$。

步阶：模拟器花费的时间步长的最大值。该值以秒为单位，必须小于一帧的长度(对于 30 fps 动画，小于 0.033333 s)，最大值通常是 0.02，减小该值会使模拟器花费更长的时间进行计算，但通常会得到更好的结果。模拟器将根据需要自动减少其时间步长。

例如，3ds Max 对实体对象的位置进行采样的每帧次数，默认值为 1。在默认值下，Cloth 每帧对模拟中的实体对象进行一次采样。

起始帧：模拟开始的帧。如果在执行模拟后更改此值，则高速缓存将移至该帧，默认值为 0。

结束帧：启用时，确定模拟将停止的帧，默认值为 100

自相冲突：启用时，检测布料之间的碰撞。取消此操作将加快模拟器的速度，但将使布料对象相互渗透。数值设置指定了 Cloth 趋向于避免自碰撞布料对象的程度，但要花费模拟时间，范围为 0~10，默认值为 0。在大多数情况下，不需要大于 1 的值。

检查相交：停止使用的功能。此复选框无效。

实体冲突：启用后，模拟器会考虑布料与固体之间的碰撞。

使用缝合弹簧：启用时，使用缝合弹簧将织物拉在一起。

显示缝合弹簧：在视口中切换缝合弹簧的视觉表示。

随渲染模拟：启用时，在渲染时触发模拟。渲染完成后，Cloth 为每个布料对象写入一个缓存。可以在"所选对象"卷展栏(布料)上指定此缓存文件(仅在选择单个对象时可用)。如果不指定名称，则 3ds Max 将创建一个名称。数值表示模拟的优先级，模拟按升序运行，对于具有相同优先级的修饰符，顺序是不确定的。

高级收缩：启用此选项后，布料将测试夹在同一碰撞对象的两个部分之间的布料。此选项有助于布料与诸如手指之类的碰撞对象的碰撞，高分辨率碰撞对象的性能显著下降。

张力：通过顶点着色可视化织物中的压缩/张力。拉伸的布料用红色表示，蓝色表示压缩，绿色表示中性。通过数字设置，可以将完整遍历所示的张力/压缩范围从红色更改为蓝色。该值越高，阴影渐变效果越好。

"焊接"组：控制在布料被撕裂之前，通过设置的参数使布料平滑。选择"顶点"后，布料会在发生撕裂之前先焊接折点，这将创建一个平滑的网格。但是，拓扑在发生撕裂时会发生变化，因此，选择此选项时，不能在 Cloth 动画中使用 Point Cache 修改器。

默认选择为"法线"，表示使用面法线生成平滑，Cloth 对象的拓扑不会更改，因此选择此选项后，可以对 Cloth 动画使用 Point Cache 修改器。

10.3 项 目 实 施

1. 创建场景

(1) 在 3ds Max 中，设置单位为厘米，如图 10-8 所示。

(2) 创建地面。单击"创建"→"几何体"→"标准基本体"，选择"平面"(Plane)

对象类型，在"参数"卷展栏中，长度和宽度输入均为 5000 cm，再单击"创建"按钮，在透视图中创建一个平面，并在修改面板中将其命名为"草地"，为了减少面数，将草地长度分段和宽度分段均改为 1，如图 10-9 所示。

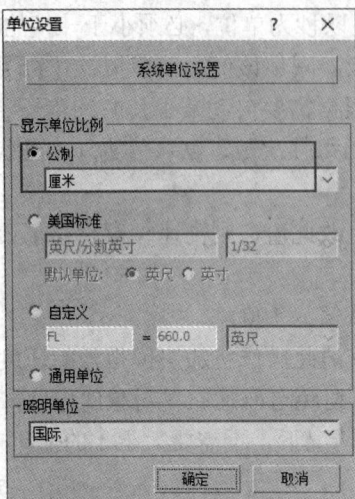

图 10-8　设置单位为厘米

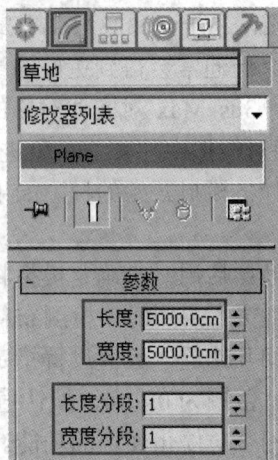

图 10-9　创建草地

(3) 创建旗杆底座。单击"创建"→"几何体"→"标准基本体"，选择"长方体"(Box) 对象类型，在"参数"卷展栏中，输入长度为 120 cm，宽度为 300 cm，高度为 80 cm，再单击"创建"按钮，在透视图原点处创建一个长方体，并在修改面板中将其命名为"底座"，如图 10-10 所示。

(4) 创建旗杆。单击"创建"→"几何体"→"标准基本体"，选择"圆柱体"(Cylinder) 对象类型，在"参数"卷展栏中，输入半径为 10 cm，高度为 1000 cm，再单击"创建"按钮，在透视图原点处创建一个圆柱体，并在修改面板中将其命名为"旗杆"，将高度分段改为 1，如图 10-11 所示。

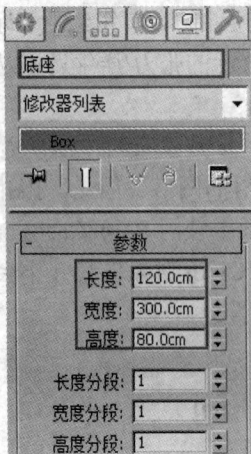

图 10-10　创建底座

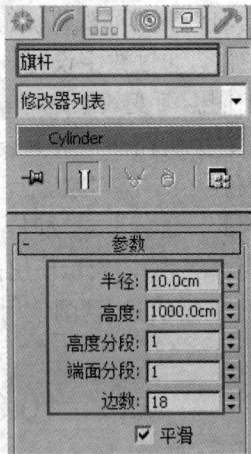

图 10-11　创建旗杆

(5) 创建旗杆顶。单击"创建"→"几何体"→"标准基本体"，选择"球体"(Sphere) 对象类型，在"参数"卷展栏中，输入半径为 15 cm，再单击"创建"按钮，在透视图原点处创建一个球体，并在修改面板中将其命名为"旗杆顶"，如图 10-12 所示。

图 10-12　创建旗杆顶

(6) 创建旗帜。单击"创建"→"几何体"→"标准基本体",选择"平面"(Plane)对象类型,在"参数"卷展栏中,输入长度为 200 cm,宽度为 300 cm,单击"创建"按钮,在前视图中创建一个平面,并在修改面板中将其命名为"旗帜",为了产生旗帜飘扬的动画效果,将旗帜长度分段和宽度分段均改为 50,并将旗帜向上移至旗杆顶部位置,如图10-13 所示。

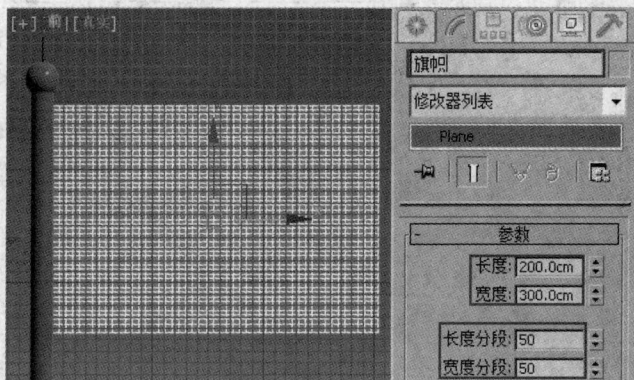

图 10-13　创建旗帜

(7) 绘制五环标志图形。先选定场景中的所有物体,再单击鼠标右键,在弹出的菜单中选择"隐藏选定对象",将所有物体都隐藏,如图 10-14 所示。

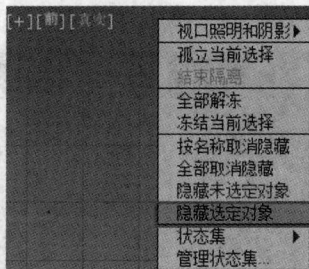

图 10-14　隐藏场景中所有物体

(8) 单击"创建"→"图形"→"样条线",选择"圆"对象类型,在"键盘输入"卷展栏中输入半径为 50 cm,单击"创建"按钮,在前视图原点处创建一个圆,如图 10-15所示。

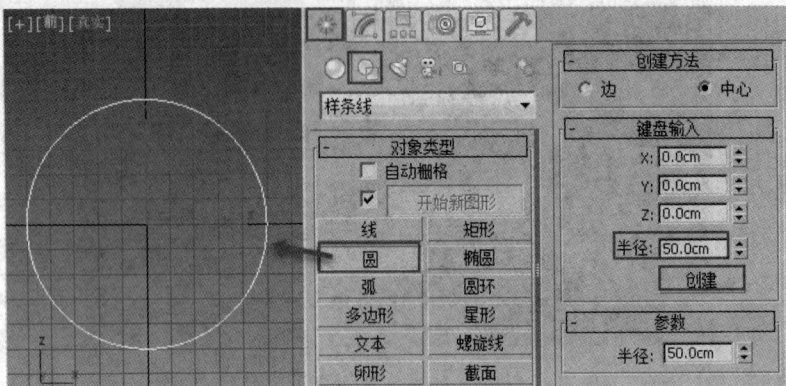

图 10-15　创建圆

(9) 将二维图形改为三维可视化。打开"渲染"卷展栏,勾选"在渲染中启用"和"在视口中启用",设置径向厚度为 8 cm,边为 12,勾选插值中的"自适应",再单击名称后面的色块,将圆的颜色设置为蓝色,如图 10-16 所示。

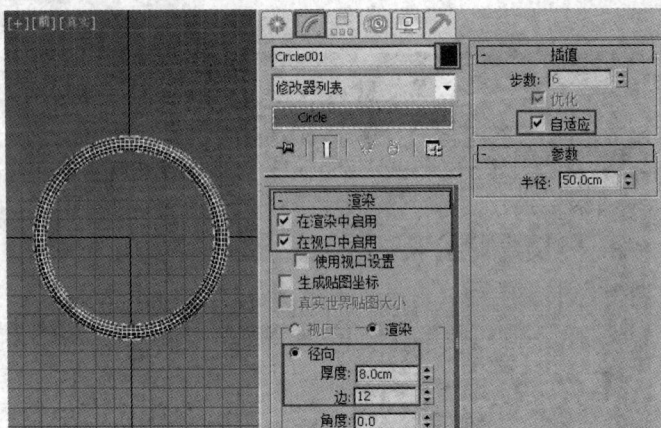

图 10-16　设置圆为可渲染的图形

(10) 在前视图中复制 4 个圆。选择蓝色的圆,按住 Shift 键和鼠标左键将圆向右移动,使复制的圆与原始圆距离一个栅格后,松开鼠标左键,弹出"克隆选项"对话框,选择"复制",设置副本数为 4,设置完成后单击"确定"按钮,如图 10-17 所示。

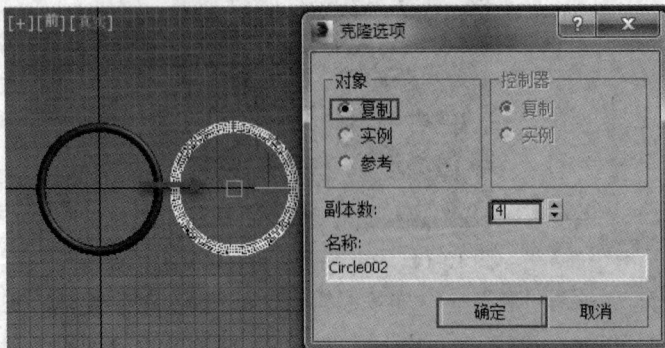

图 10-17　复制 4 个圆

(11) 调整后面两个圆的位置,用移动工具将其放置在下面,将圆的颜色依次调整为黑、红、黄、绿,如图 10-18 所示。

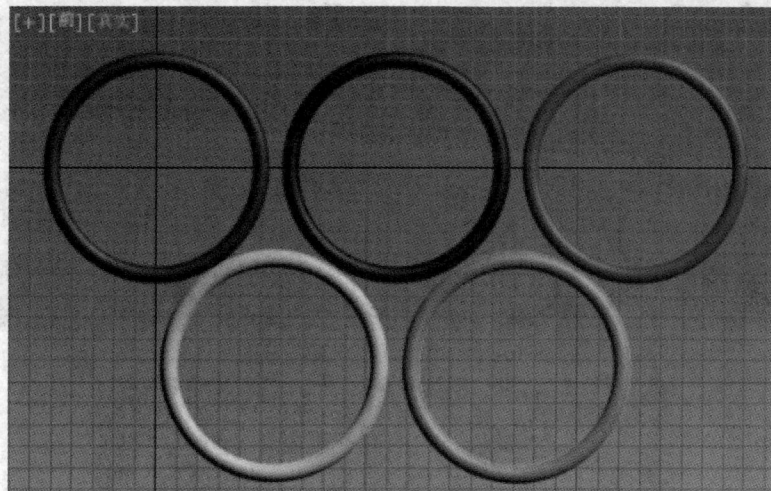

图 10-18 调整 5 个圆的位置及颜色

(12) 渲染五环标志。将五环标志摆在前视图正中间位置,按数字键 8 打开"环境和效果"对话框,在"环境"选项卡中设置背景颜色为白色,再按 F10 键打开"渲染设置"对话框,设置"单帧",输出大小为 640 像素×480 像素,单击"渲染"按钮,再单击"保存"工具图标，将该图片保存为"五环图",如图 10-19 所示。

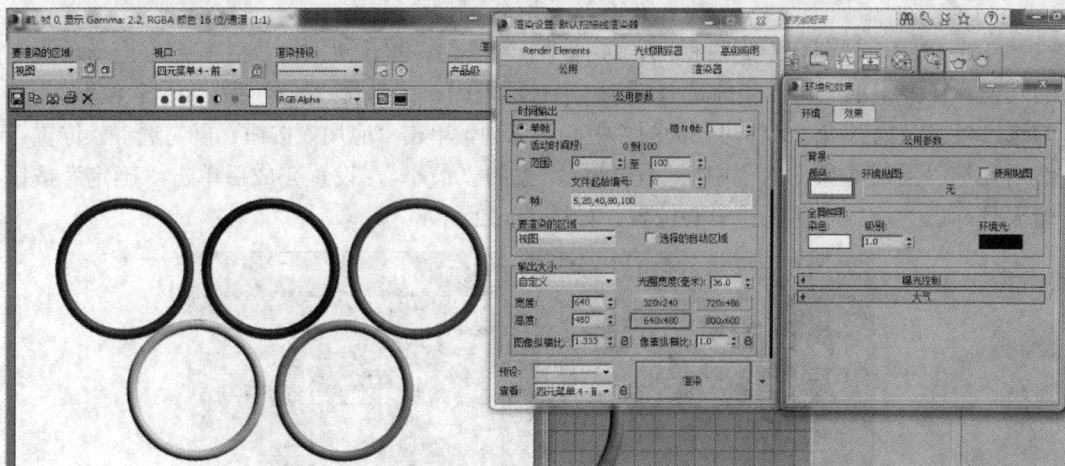

图 10-19 渲染并保存五环图

(13) 框选 5 个圆环,将其转换为可编辑多边形,单击菜单栏中的"组",将 5 个圆环的组名命名为"五环",单击"确定"按钮,如图 10-20 所示。

(14) 在透视图中单击鼠标右键,在弹出的菜单中选择"全部取消隐藏",将场景中所有的物体显示出来,如图 10-21 所示。

图 10-20　组合五环图案并三维化

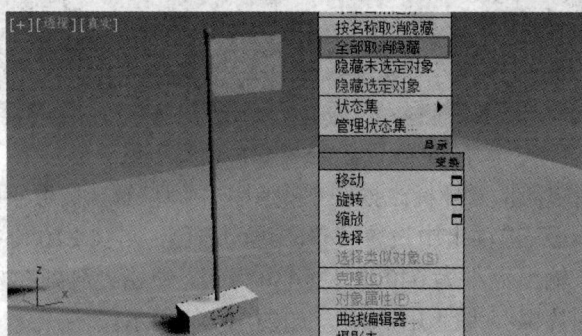

图 10-21　全部取消隐藏

(15) 将当前视图切换到透视图，选择"五环"组，单击"对齐"工具，再选择场景中的底座，在弹出的"对齐当前选择(底座)"对话框中，先勾选"X 位置"和"Z 位置"，并勾选"当前对象"和"目标对象"的"中心"选项，单击"应用"按钮，再勾选"Y 位置"，然后勾选"当前对象"的"中心"及目标对象的"最小"，设置完成后单击"确定"按钮将五环标志置于底座前面的中心位置，如图 10-22 所示。

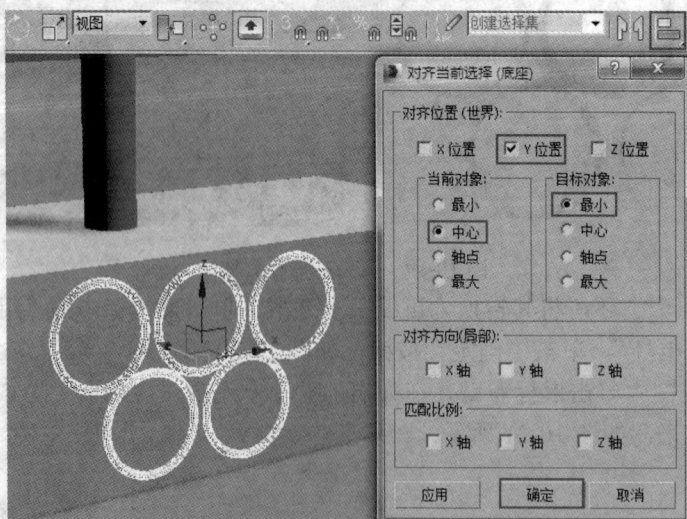

图 10-22　将五环标志放置在底座前面的中心位置

2. 制作材质与贴图

(1) 打开材质编辑器，选择第 1 个材质球，并将其命名为"旗帜"，明暗器设置为 "Phong"，即使"旗帜"类似于丝绸的材质，并勾选"双面"(因为旗帜是平面，不设置 "双面"的话其背面将呈现灰色无法显示贴图)，自发光数量数量设置为 30，高光级别为 80，光泽度为 30。如图 10-23 所示。

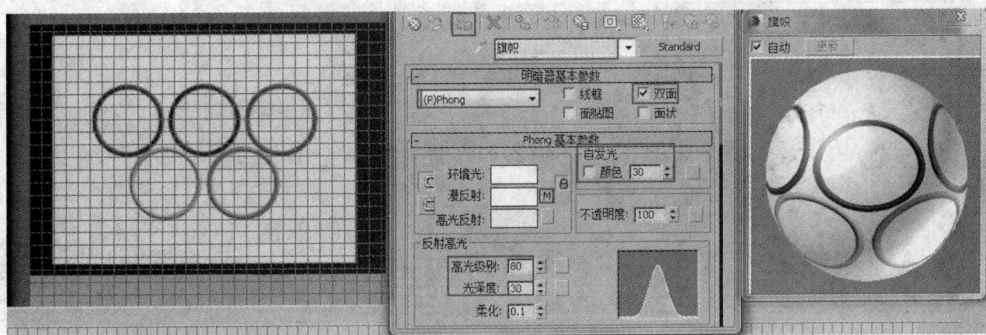

图 10-23　制作旗帜材质

(2) 将第 2 个材质球命名为"底座麻石"，设置凹凸贴图类型为"噪波"(Noise)，噪波 类型为"湍流"，大小为 40，将该材质赋给场景中的底座，如图 10-24 所示。

图 10-24　制作底座麻石材质

(3) 将第 3 个材质球命名为"金属"，设置明暗器为"金属"，漫反射颜色为土黄色， 高光级别为 120，光泽度为 75，打开"贴图"卷展栏，设置反射贴图类型为"衰减"(Falloff)， 将"衰减"(Falloff)贴图拖拽复制到"自发光"贴图，将该材质赋给场景中的旗杆和旗杆顶， 如图 10-25 所示。

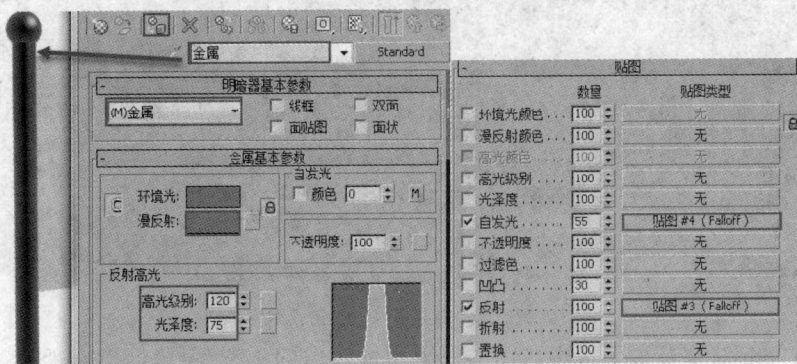

图 10-25　制作旗杆材质

(4) 将第 4 个材质球命名为"草坪",打开"贴图"卷展栏,设置漫反射颜色贴图类型为"噪波"(Noise),噪波类型为"湍流",大小为 20,颜色#1 为深绿色,颜色#2 为黄绿色,返回父级材质后,将漫反射的"噪波"(Noise)贴图类型拖拽到凹凸贴图类型,在弹出的"实例(副本)贴图"对话框中选择"实例"后,单击"确定"按钮,使两个贴图之间的变化产生关联,将该材质赋给场景中的地面,如图 10-26 所示。

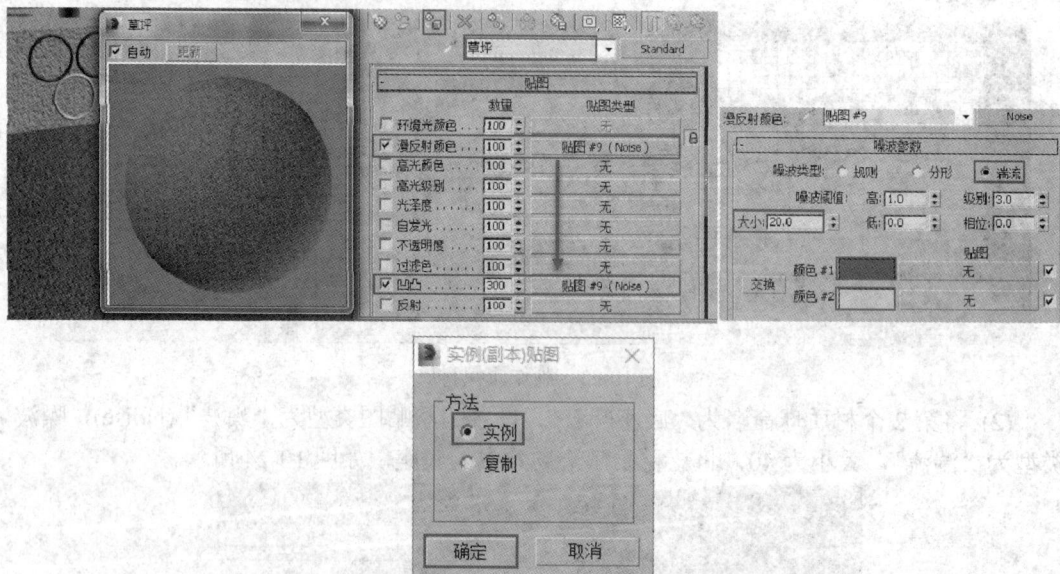

图 10-26　制作草坪材质

3. 制作旗帜飘扬动画

(1) 选择旗帜模型。单击"修改"选项卡,在修改器列表中输入 Cloth,单击该修改器前的"+",选择"组",框选旗帜模型左侧两列顶点,单击"设定组"按钮将组名称命名为"固定点",单击"确定"按钮后,选择"绘制",再退出组的激活状态,如图 10-27 所示。

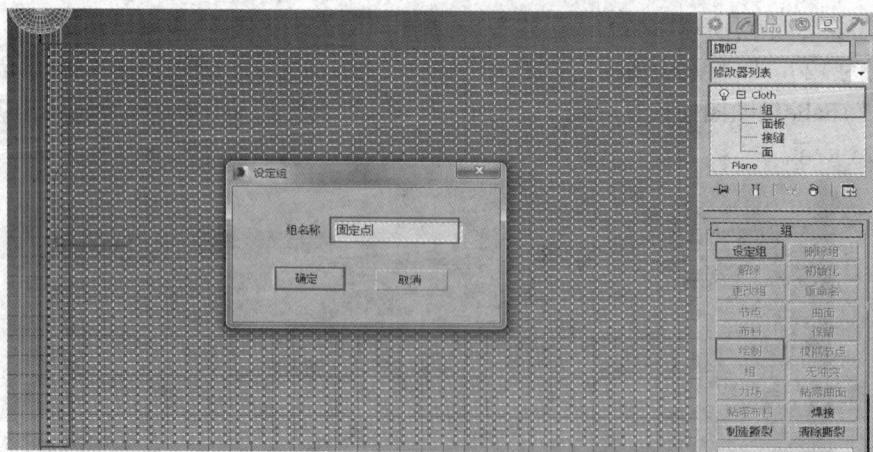

图 10-27　设定 Cloth 的固定点组名称

(2) 在 Cloth 对象参数面板中单击"对象属性",打开"对象属性"对话框,选择模拟对象"旗帜",将"不活动"改为"布料",将"U 弯曲"改为 0.5,"V 弯曲"也同步改为

0.5，该参数越小，旗帜飘动程度就越小，设置完成后单击"确定"按钮，如图 10-28 所示。

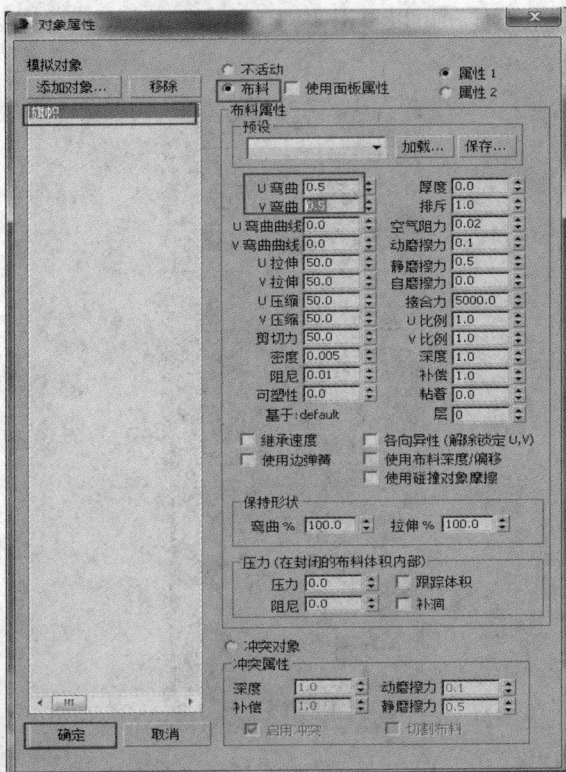

图 10-28　设置对象属性

(3) 展开"模拟参数"面板，设置起始帧为 30，结束帧为 100，勾选"自相冲突"和"检查相交"复选项，如图 10-29 所示。

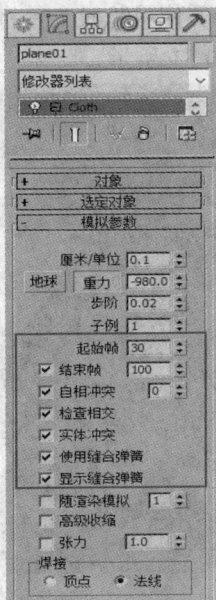

图 10-29　设置模拟参数

(4) 在"对象"面板中单击"模拟"按钮，可以看到旗帜从打开的状态变成受重力下落的过程，如果模拟效果不佳，可以单击"消除模拟"按钮，重新进行模拟，如图 10-30 所示。

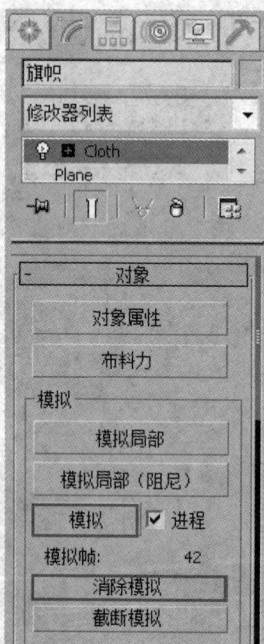

图 10-30　模拟旗帜飘动过程

(5) 在真实情况下，旗帜会受到风的作用向上飘扬，因此要添加风力。单击"创建"→"空间扭曲"→"力"，选择"风"对象类型，在左视图中拖拽风的图标，单击对齐工具，将风对齐旗杆的中心，并将其向上移至旗帜中间位置，由于在前视图中可以观察到风是向逆向旗帜飘动的方向吹的，因此要使用镜像工具将风的方向水平翻转过来，并在前视图中将风移至旗杆左侧位置，如图 10-31 所示。

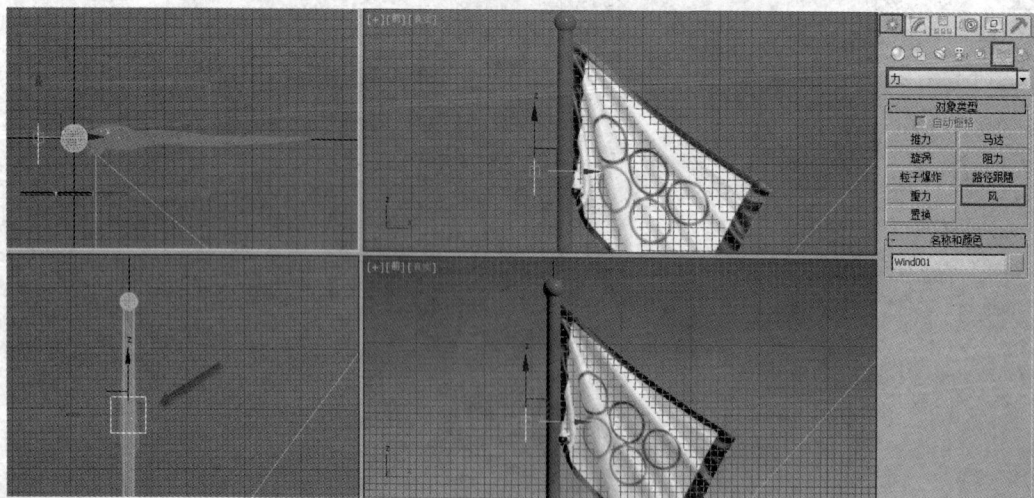

图 10-31　创建并调整风的位置

(6) 打开风(Wind)的修改选项卡，将风的强度改为 50，如图 10-32 所示。

图 10-32 设置风的强度

(7) 选择旗帜，单击"布料力"按钮，打开"力"对话框，选择"场景中的力"列表中的 Wind001，单击">"按钮，将 Wind001 移至"模拟中的力"列表中，完成后单击"确定"按钮，如图 10-33 所示。

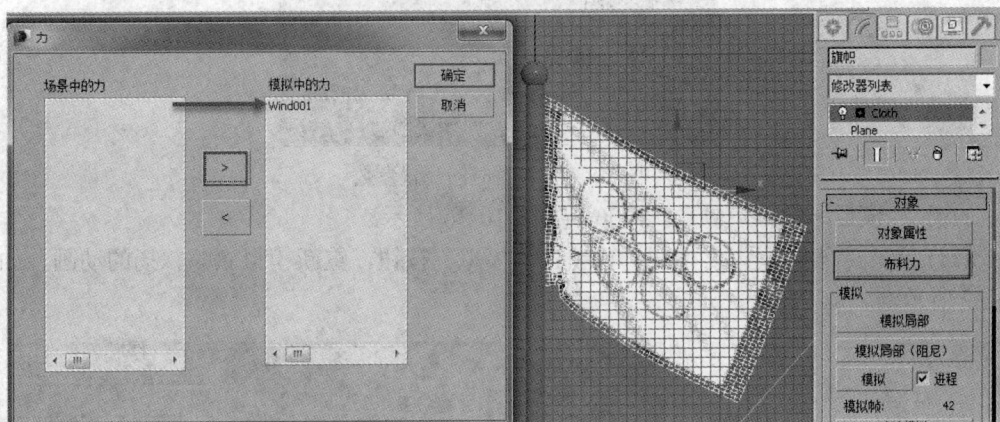

图 10-33 将风添加到布料力上

(8) 模拟完成后，移动动画关键帧的滚动条，选择旗帜下垂状态，单击"设置初始状态"按钮，预览动画，可以看到前 30 帧旗帜都呈下垂状态，如图 10-34 所示。

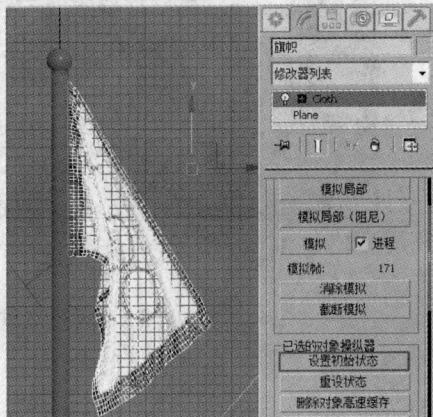

图 10-34 设置旗帜初始状态

(9) 再次预览动画，发现默认的 100 帧设置不能完全看到旗帜飘动，需要将动画帧数延长，单击"时间配置"按钮，打开"时间配置"对话框，设置帧速率为"电影"，将动画帧数设置为 201，设置完成后单击"确定"按钮，如图 10-35 所示。

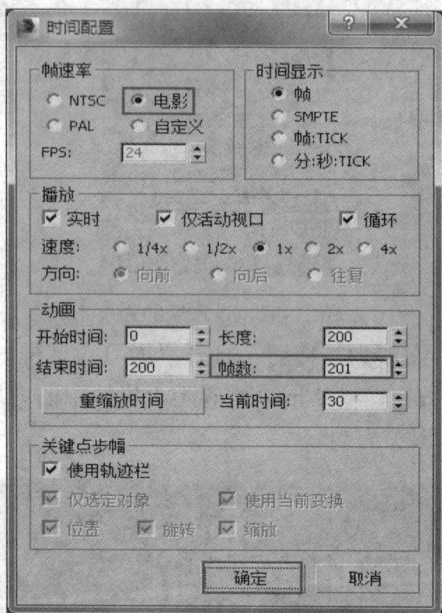

图 10-35　设置时间配置参数

(10) 将模拟参数结束帧改为 200，如图 10-36 所示。

(11) 单击"消除模拟"按钮，再单击"模拟"按钮，重新模拟旗帜飘扬的动画，如图 10-37 所示。

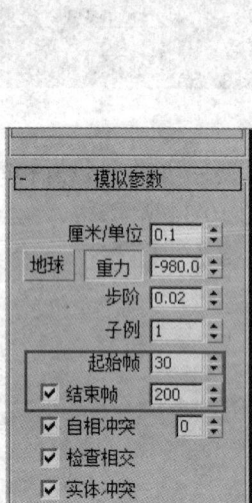

图 10-36　设置结束帧为 200　　　　　　　图 10-37　重新模拟旗帜动画

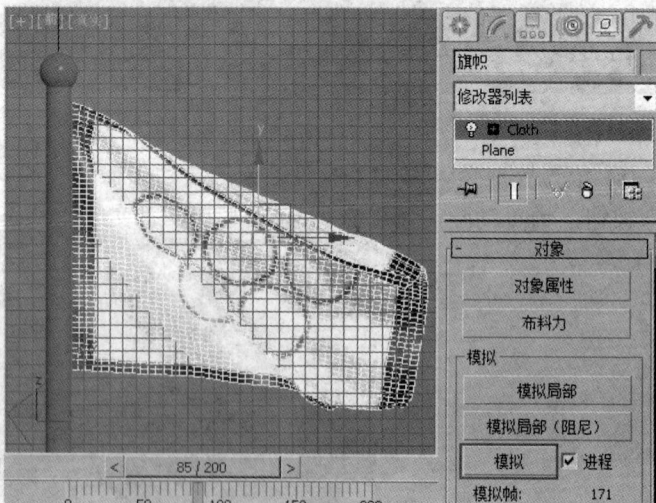

4. 制作升旗动画

旗帜从第 0 帧到第 30 帧从底座向顶部升起。单击并激活"自动关键点"，将滚动条移至第 0 帧，将旗帜沿旗帜移至靠近底座位置，再将滚动条移至第 30 帧，将旗帜移至旗杆顶部位置，创建关键点后，单击并取消"自动关键点"，如图 10-38 所示。

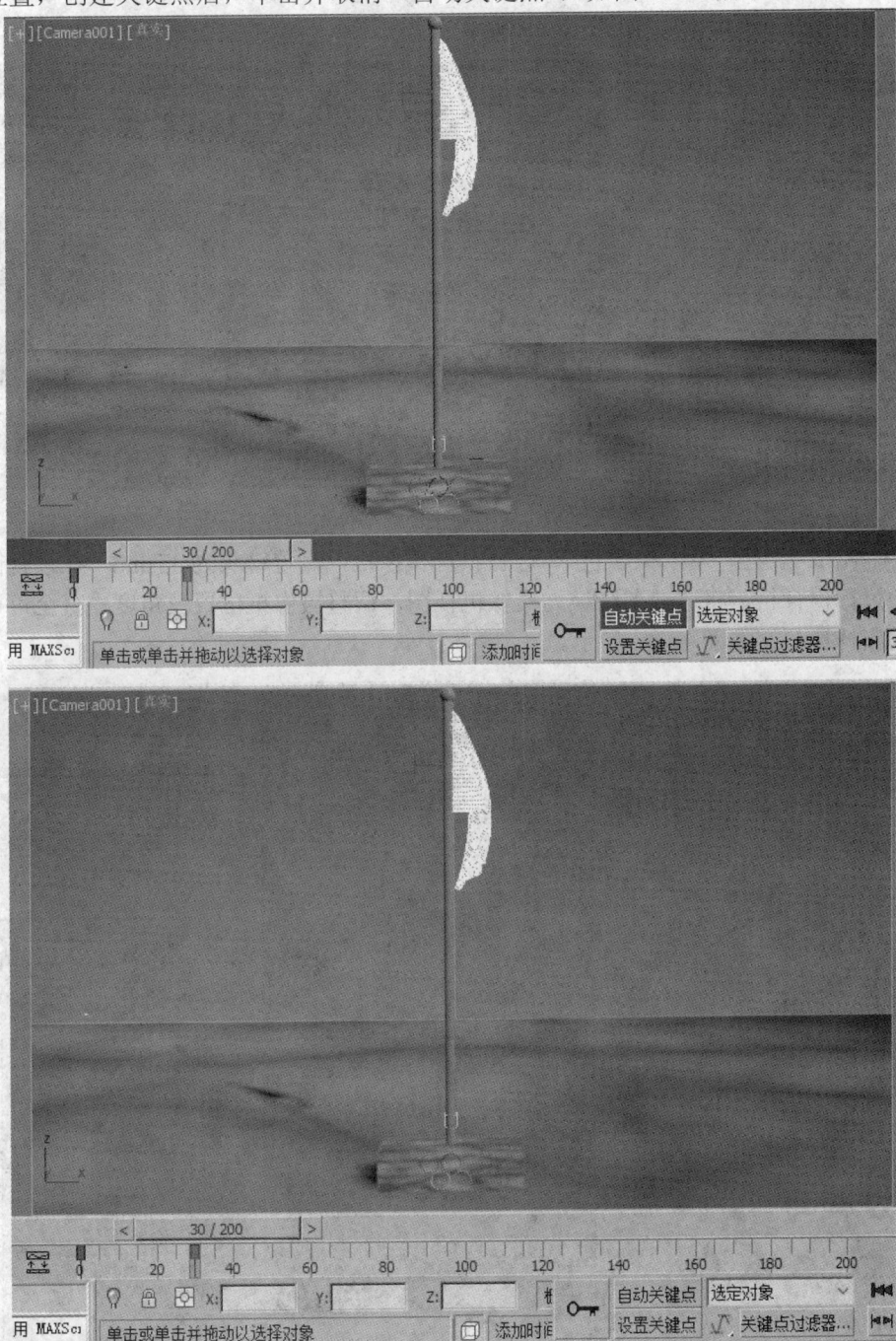

图 10-38　制作升旗动画过程

5. 创建灯光与摄像机

(1) 单击"创建"→"灯光"→"标准"，选择"目标平行光"(Target Directional Light)

以模拟太阳光效果,在其修改选项卡面板中勾选"启用",倍增为1,聚光区/光束为2000 cm,衰减区/光束为3500 cm,在顶视图右下角拖拽创建一盏平行光,调整平行光的角度及位置,使草坪上出现旗杆的阴影,如图10-39所示。

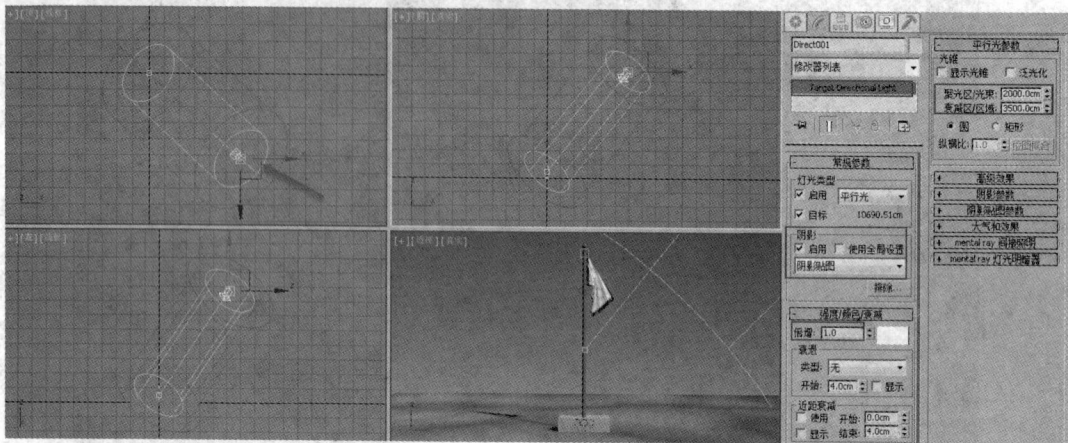

图10-39　创建目标平行光

(2) 单击"创建"→"摄像机",选择目标摄像机,设置镜头为35 mm,在顶视图中创建一台目标摄像机,将透视图转换为摄像机视图,调整摄像机位置及角度,直至可以看到完整的旗杆场景,如图10-40所示。

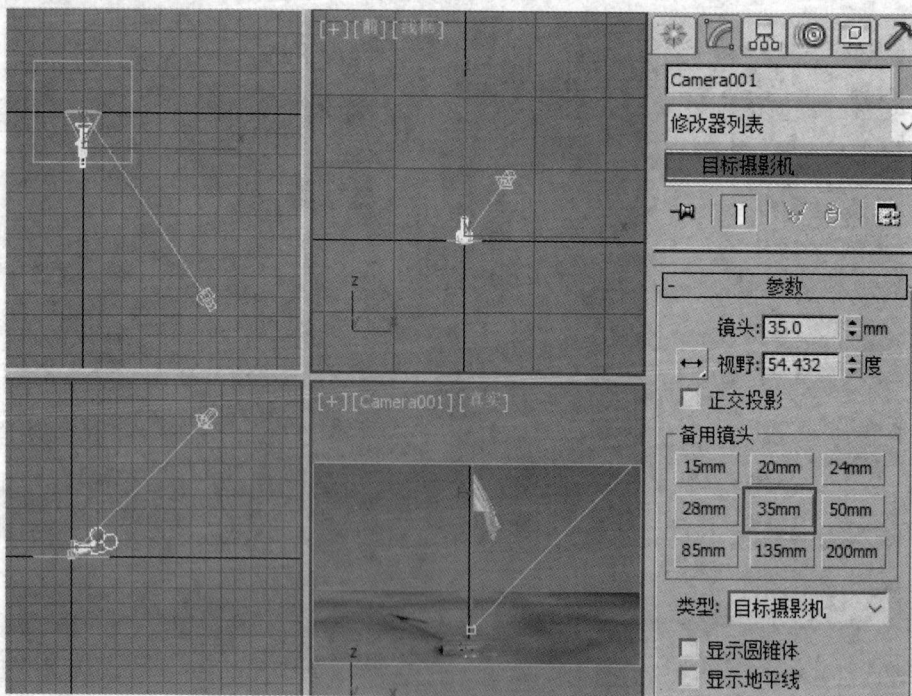

图10-40　创建目标摄像机

6. 设置环境背景

按数字键8打开"环境和效果"对话框,设置环境贴图为"渐变"(Gradient),将该贴图拖拽到材质编辑器的第 6 个材质球上，颜色#1 为白色，颜色#2 为天蓝色，颜色#3 为浅蓝色。颜色 2 位置为 0.7，渐变类型为线性，噪波为分形，数量为 1，大小为 2。制作蓝天白云的环境背景如图 10-41 所示。

图 10-41　制作蓝天白云的环境背景

7. 渲染设置

(1) 按 F10 键打开"渲染设置"对话框，在"帧"输入框中输入"5，30，100，200"，输出大小设置为 1280 像素×760 像素，文件保存为"旗帜飘扬效果图.jpg"，单击"渲染"按钮，渲染输出第 5、30、100、200 帧的效果图，如图 10-42 所示。

图 10-42　渲染设置

(2) 再渲染输出"旗帜飘扬.avi"动画，保存"旗帜飘扬.max"文件，将文件归档为"旗帜飘扬.zip"，如图 10-43 所示。

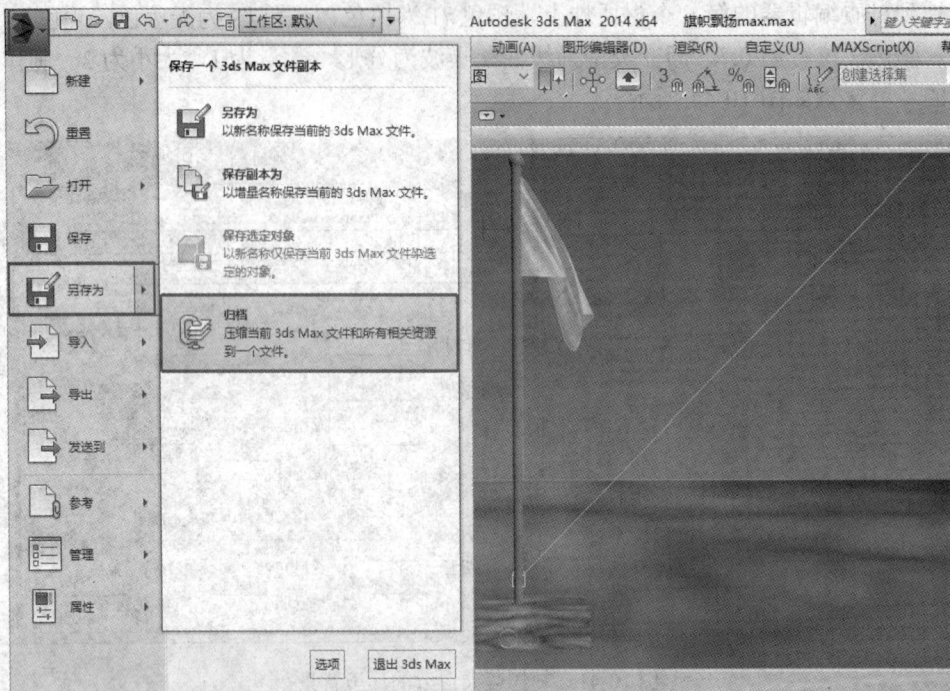

图 10-43　文件归档

实 践 演 练

利用布料修改器制作复杂皱褶布料，如图 10-44 所示。

图 10-44　复杂皱褶布料效果

实践演练 10　制作复杂皱褶布料

项目 11　制作香烟动画

11.1　项目描述

利用粒子系统制作香烟动画，如图 11.1 所示。

图 11.1　香烟动画效果图

动画 11

微课 11

具体要求如下：

(1) 创建一个平面作为桌面，并赋木纹材质。

(2) 制作一个烟灰缸的模型，并赋玻璃材质。

(3) 创建一个圆柱体作为香烟，并赋相应的材质。

(4) 创建灯光与摄影机。

(5) 创建粒子系统制作香烟的烟雾在空中随风飘散的效果，动画总帧数为 301 帧。

(6) 渲染第 40、100、200、300 帧的效果图，及 avi 格式的动画，输出大小为 1024 像素×768 像素。

11.2　知识准备

"风"空间扭曲

"风"空间扭曲可以模拟风吹动粒子系统所产生的粒子效果。风力具有方向性，顺着风力箭头方向运动的粒子呈加速状，逆着风力箭头方向运动的粒子呈减速状。粒子在球形风力作用下，运动朝向或背离图标，例如风力改变喷泉喷射方向，如图 11-2 所示。

图 11-2　风力改变喷泉喷射方向

　　风力在效果上类似于"重力"空间扭曲，但前者添加了一些湍流参数和其他自然界中的风的功能特性。雪和喷射物上的风力效果如图 11-3 所示。

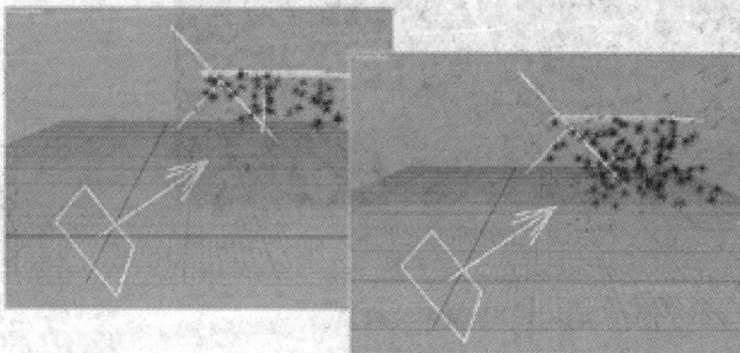

图 11-3　雪和喷射物上的风力效果

　　平面风力的初始方向是在执行操作的视口中，沿着 Z 轴负方向的，可以旋转风力对象改变其方向，风力"参数"卷展栏如图 11-4 所示。

　　(1)　"力"组。"力"组中的设置和"重力"参数类似。

　　强度：增加"强度"值会增加风力效果。小于 0.0 的强度会产生吸力，会排斥以相同方向运动的粒子，而吸引以相反方向运动的粒子；强度为 0.0 时，风力扭曲无效。

　　衰退：设置"衰退"为 0.0 时，风力扭曲在整个世界空间内有相同的强度。增加"衰退"值会导致风力强度从风力扭曲对象的所在位置开始随距离的增加而减弱，默认值为 0.0。平面风力效果垂直于贯穿场景的风力扭曲对象所在的平面；球形风力效果为球形，在风力扭曲对象上居中。

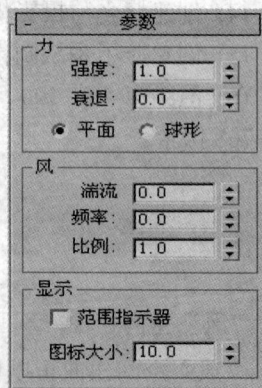

图 11-4　风力"参数"卷展栏

(2)　"风"组。"风"组中的设置是"风"空间扭曲特有的设置。

湍流：使粒子在被风吹动时随机改变路线。该数值越大，湍流效果越明显。

频率：当其设置大于 0.0 时，会使湍流效果随时间呈周期变化。这种微妙的效果可能无法看见，除非绑定的粒子系统生成大量粒子。

比例：缩放湍流效果。当"比例"值较小时，湍流效果会更平滑、更规则；当"比例"值较大时，紊乱效果会变得更不规则、更混乱。

(3)　"显示"组。

范围指示器：当"衰退"值大于零时，视口中显示的图标表示风力为最大值一半时的范围。使用"平面"选项时，指示器是两个平面；使用"球形"选项时，指示器是一个带两个环箍的球体。

图标大小：以活动单位数表示的风力扭曲对象的图标大小。拖动鼠标创建风力对象时会设置初始"图标大小"值，该值不会改变风力效果。

11.3　项目实施

(1)　在 3ds Max 中，单击菜单栏中的"自定义"，在弹出的下拉菜单中选择"单位设置"，设置单位为厘米，如图 11-5 所示。

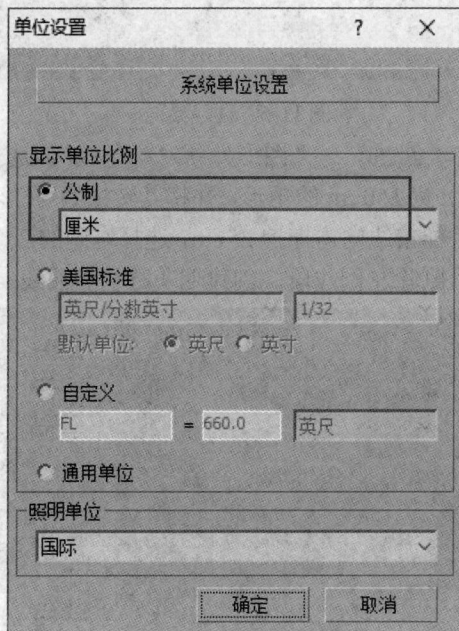

图 11-5　设置单位为厘米

(2)　创建桌面。单击"创建"→"几何体"→"标准基本体"，选择"长方体"对象类型，在"参数"卷展栏中，输入长度和宽度均为 1100 cm，高度为 –5 cm，再单击"创建"按钮，在透视图中创建一个长方体，并在修改面板中将其命名为"桌面"，将长方体长度分段和宽度分段均改为 6，如图 11-6 所示。

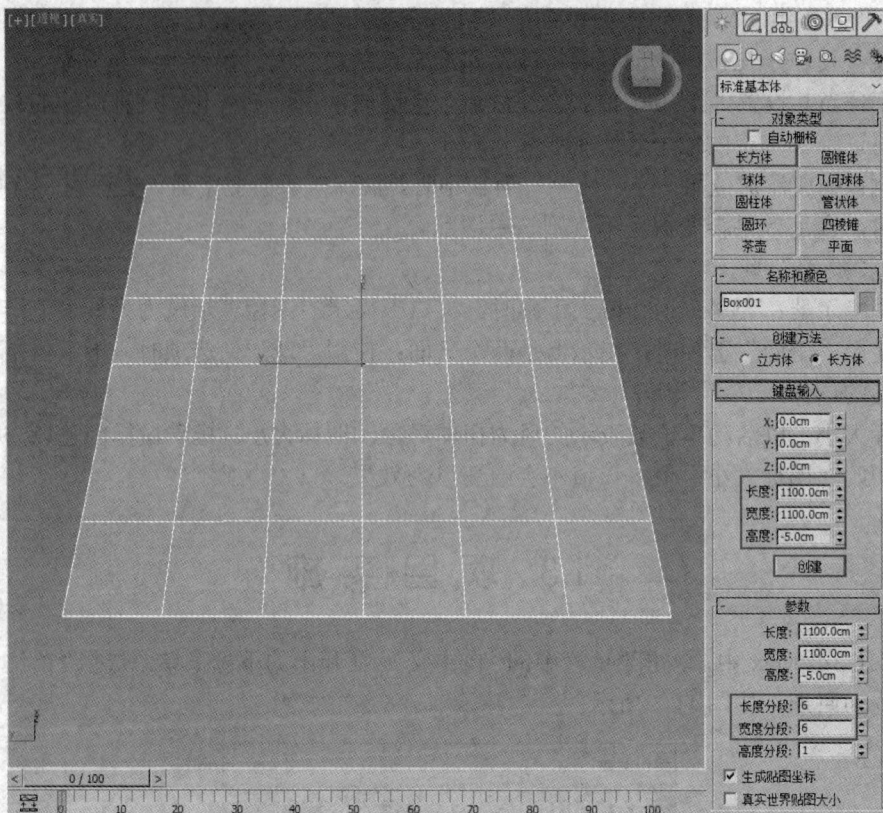

图 11-6　创建桌面

(3) 创建烟灰缸。单击"创建"→"图形"→"样条线",选择"矩形"对象类型,在左视图中创建一个长 80 cm,宽 150 cm 的矩形,并将其转换为可编辑样条线,激活"样条线"模式,单击"轮廓"按钮,将样条线向内拖拽 25 cm,选择右侧的 3 个顶点,设置圆角为 5 cm,将 3 个顶点进行圆角处理,删除左侧线段,创建烟灰缸初始曲线,如图 11-7 所示。

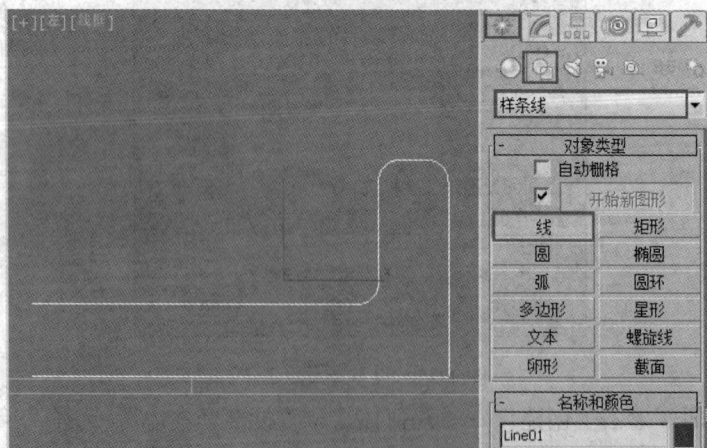

图 11-7　创建烟灰缸曲线

(4) 在修改器列表中选择"车削"命令,设置车削方向为 Y,对齐方式为"最小",制作烟灰缸三维模型,将该模型命名为"烟灰缸",如图 11-8 所示。

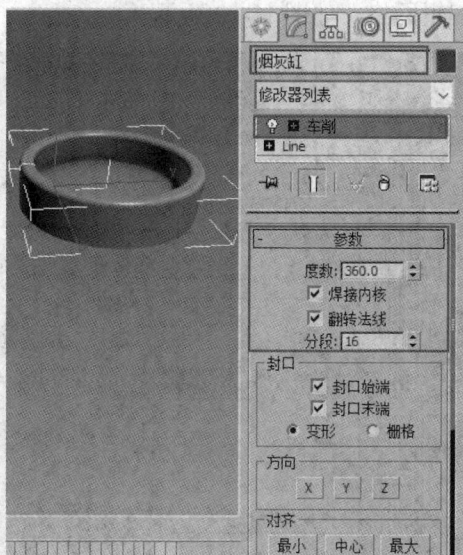

图 11-8　车削烟灰缸模型

(5) 创建香烟。单击"创建"→"几何体"→"标准基本体",选择"圆柱体"(Cylinder)对象类型,在"参数"卷展栏中,输入半径为 10 cm,高度为 180 cm,再单击"创建"按钮,在透视图中创建一个圆柱体,并在修改面板中将其命名为"香烟",调整香烟的位置使其位于烟灰缸正中间上部,如图 11-9 所示。

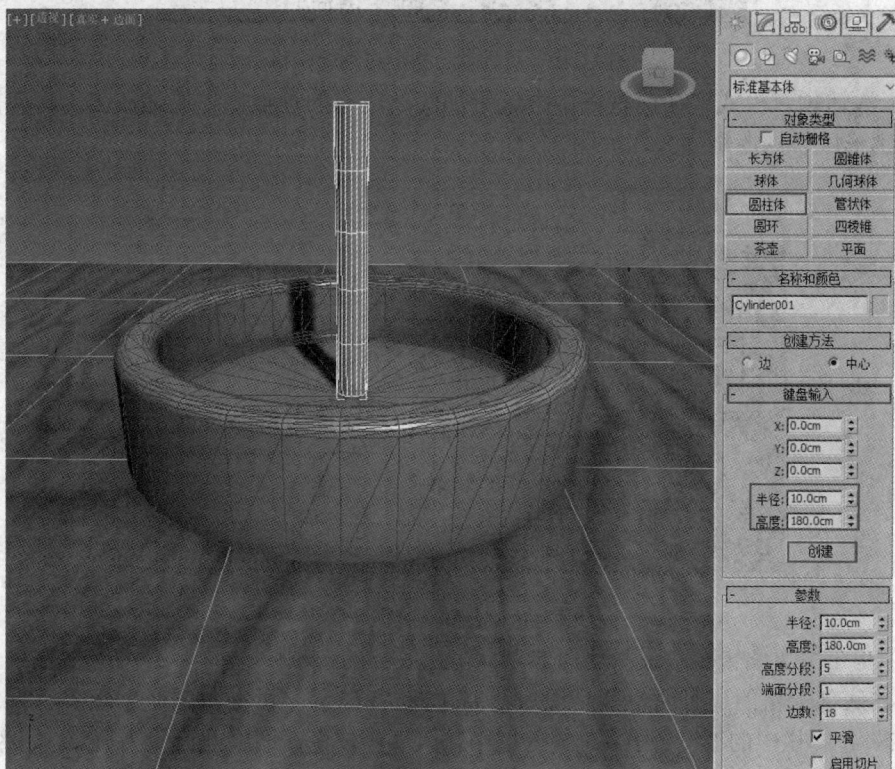

图 11-9　创建香烟

（6）将香烟转换为可编辑网格，如图 11-10 所示。

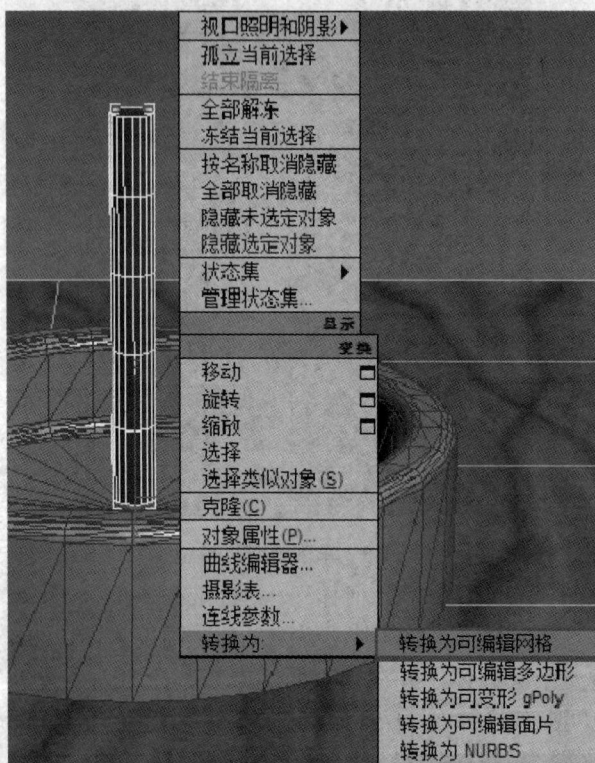

图 11-10　将香烟转换为可编辑网格

（7）激活顶点模式，在前视图中框选香烟底部所有的顶点，使用缩放工具将底部缩小一定范围形成香烟燃烧部分，如图 11-11 所示。

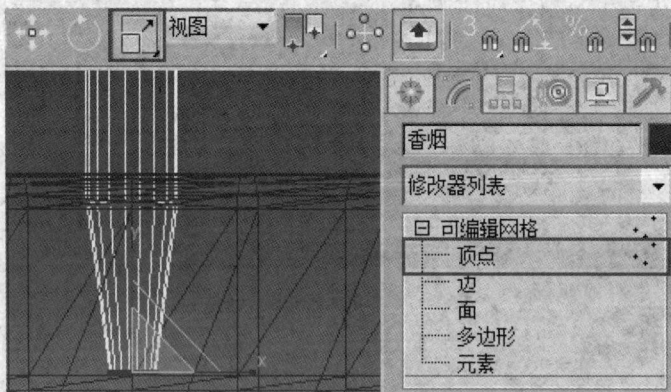

图 11-11　修改香烟底部形状

（8）单击"可编辑多边形"前面的"+"，在展开的选项中选择"多边形"，在场景中框选香烟的底部一格的所有面使其呈现为红色高亮显示状态，再在右侧命令面板的"多边形：材质 ID"卷展栏中的"设置 ID："输入框中输入"1"，将香烟底部设置为 ID1，如图 11-12 所示。按此方式分别设置香烟中间三段的材质 ID 为 2，顶部一段的材质 ID 为 3。

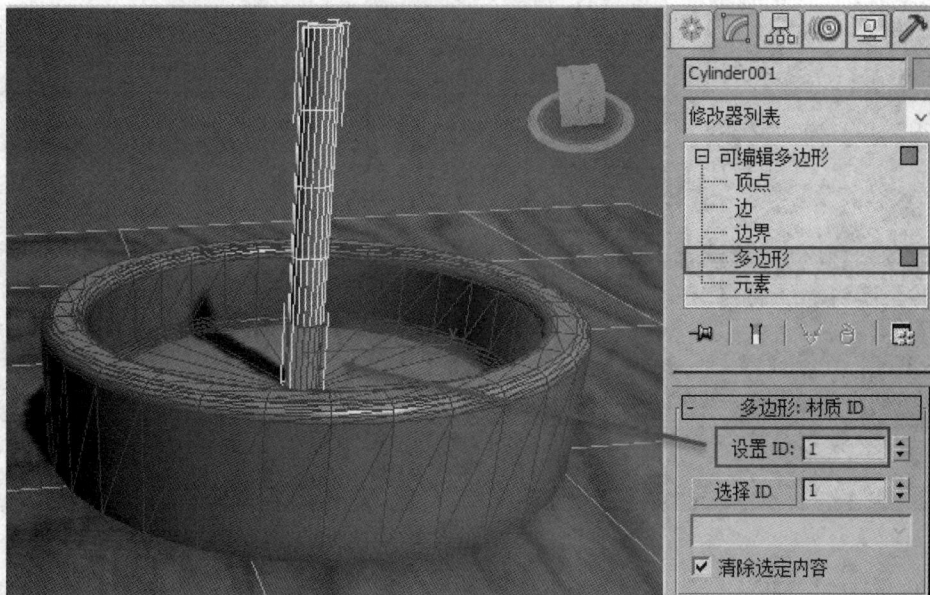

图 11-12　设置香烟的材质 ID

(9) 选择香烟底部所有的面，执行网格平滑修改命令，设置细分方法为 NURMS，如图 11-13 所示。

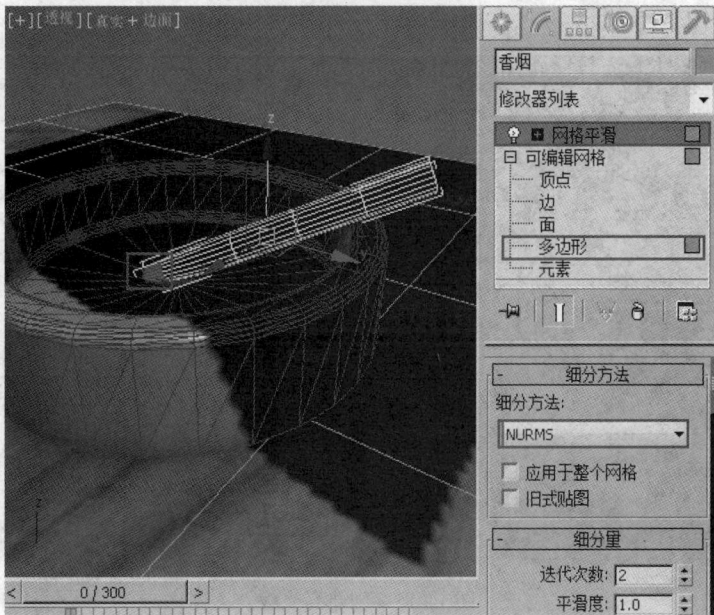

图 11-13　将烟头进行网格平滑处理

(10) 创建挡板。单击"创建"→"几何体"→"标准基本体"，选择"长方体"(Box)对象类型，在"参数"卷展栏中，输入长度为 2000 cm，宽度为 100 cm，高度为 1000 cm，再单击"创建"按钮，在左视图中创建一个长方体，并在修改面板中将其命名为"挡板"，将长度分段、宽度分段、高度分段数都设置为 1，该挡板颜色设置为黑色，调整挡板的位置使其位于桌面左后方，如图 11-14 所示。

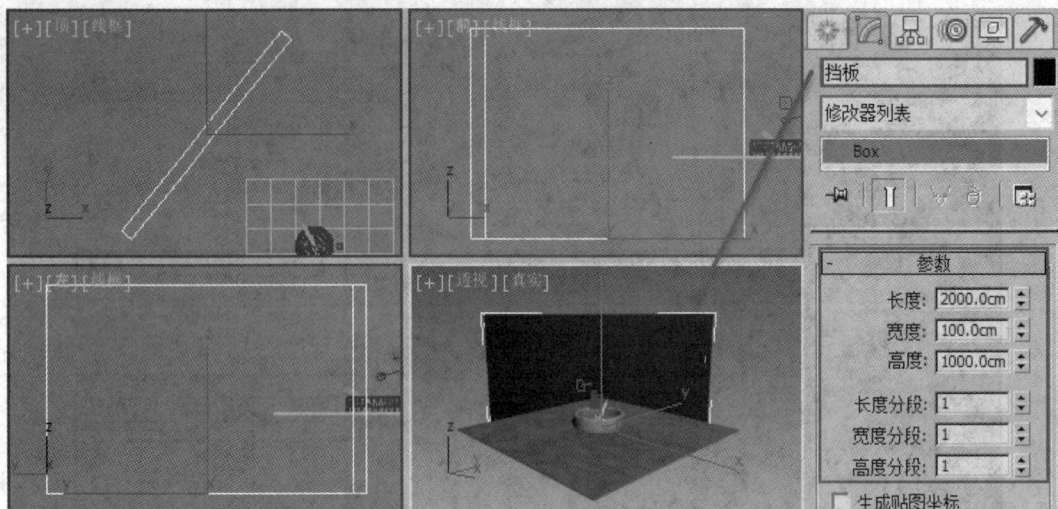

图 11-14　创建挡板

(11) 创建高光板。再创建一个长方体，在"参数"卷展栏中，输入长度为 800 cm，宽度为 600 cm，高度为 16 cm，再单击"创建"按钮，在视图中创建一个长方体，并在修改面板中将其命名为"高光板 01"，将长度分段、宽度分段、高度分段数都设置为 1，调整高光板的位置使其位于烟灰缸上方，再实例复制两个高光板，使 3 个高光板从各个角度照亮烟灰缸，如图 11-15 所示。

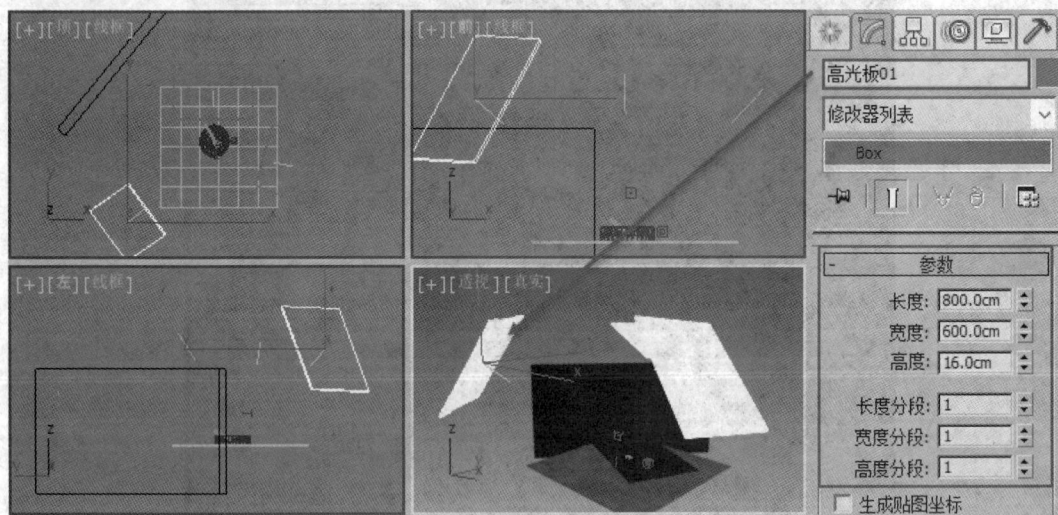

图 11-15　创建高光板

(12) 打开材质编辑器，命名第 1 个材质球为"烟雾"，勾选"面贴图"，漫反射颜色为白色，高光级别为 0，光泽度也为 0，自发光颜色为白色，不透明度贴图类型为"渐变"(Gradient)，渐变类型为径向，噪波数量为 0，大小为 1，将该材质赋给烟雾，如图 11-16 所示。

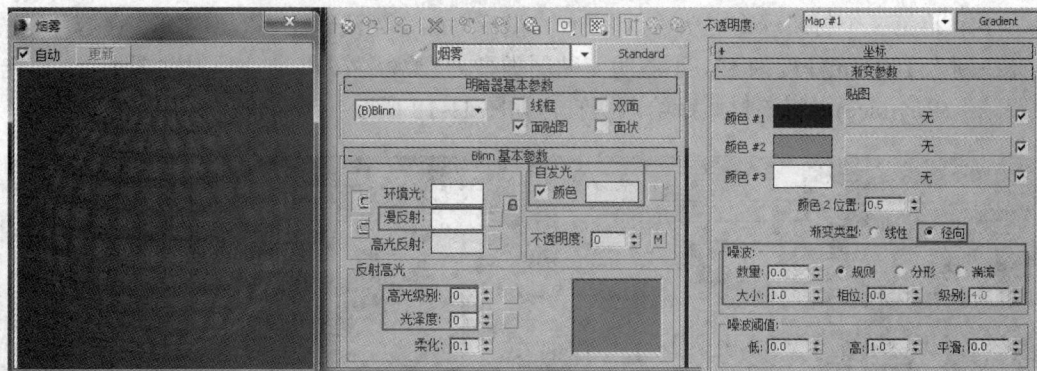

图 11-16　设置烟雾材质

(13) 将第 2 个材质球命名为"桌面"，高光级别为 15，光泽度为 25，在"贴图"卷展栏中先设置漫反射贴图类型为木纹材质的位图，设置 U、V 瓷砖值为 2，并勾选"镜像"，将漫反射贴图拖拽实例复制到高光级别和凹凸贴图类型，将该材质赋给桌面，如图 11-17 所示。

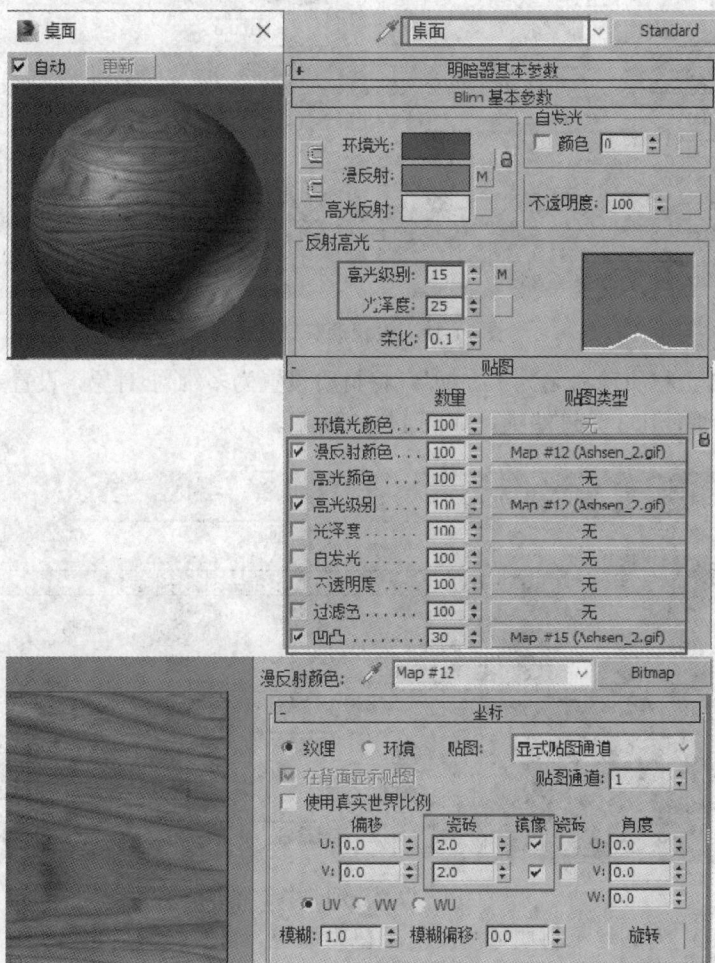

图 11-17　设置桌面材质

(14) 将第 3 个材质球命名为"烟灰缸",漫反射颜色为浅蓝色,RGB(146,164,172),高光级别为 100,光泽度为 53,不透明度贴图类型为"衰减"(Falloff),反射贴图类型为"光线跟踪"(Raytrace),将该材质赋给烟灰缸,如图 11-18 所示。

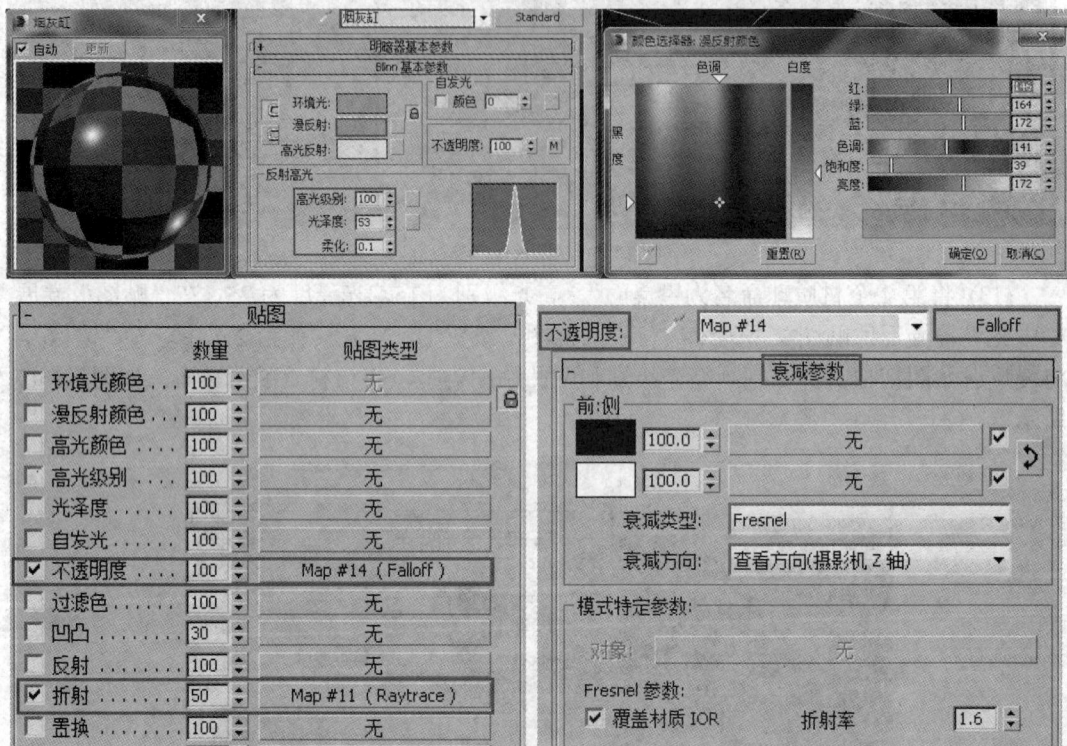

图 11-18　设置烟灰缸材质

(15) 将第 3 个材质球命名为"香烟",将材质设置为多维/子对象,设置数量为 3,ID1 为烟丝,ID2 为烟,ID3 为过滤嘴,如图 11-19 所示。

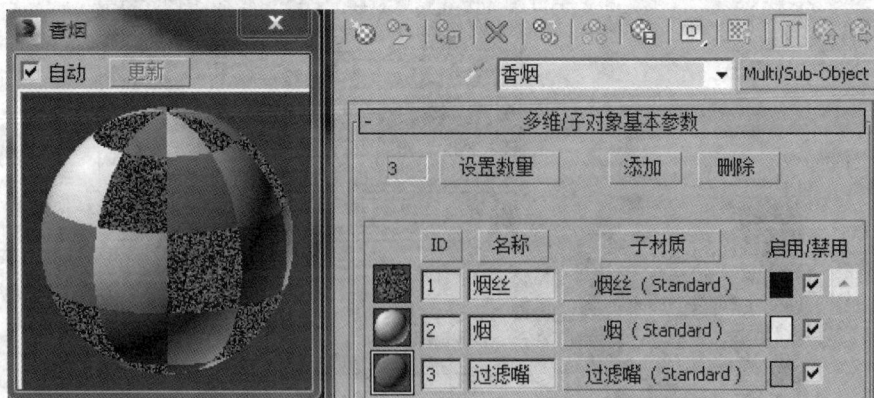

图 11-19　设置香烟的多子材质

(16) 设置 ID1 为烟丝子材质,漫反射颜色为黑色,自发光颜色也为黑色,在贴图卷展栏中设置自发光贴图类型为"遮罩"(Mask),如图 11-20 所示。

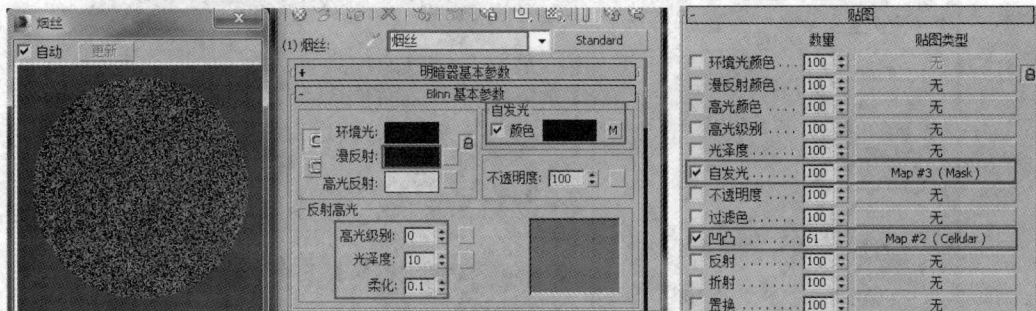

图 11-20 设置 ID1 烟头的材质

(17) 自发光遮罩参数的贴图类型为"噪波"(Noise)，噪波类型为"分形"，大小为 25，颜色 1 为橙色，RGB(253，54，0)，颜色 2 为黄色，RGB(255，162，0)，遮罩贴图类型为"细胞"(Cellular)，细胞特性为"碎片"，大小为 2，扩散为 0.3，将细胞贴图实例复制到凹凸贴图类型，如图 11-21 所示。

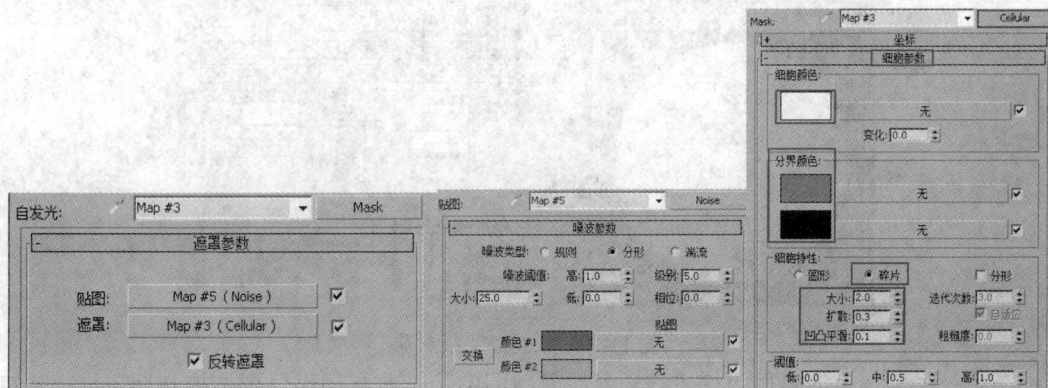

图 11-21 设置烟丝自发光贴图类型

(18) 香烟材质 ID2 为烟子材质，明暗器基本参数为 Oren-Nayar-Blinn，漫反射颜色为白色，如图 11-22 所示。

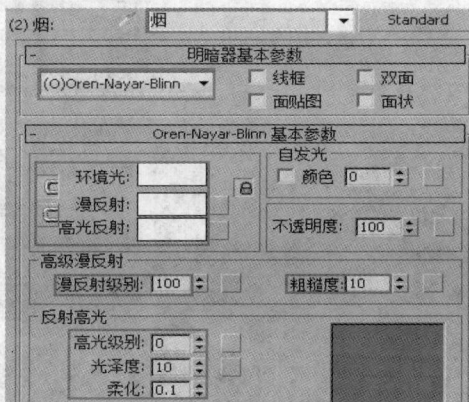

图 11-22 设置 ID2 烟子材质

(19) 将 ID2 子材质复制给 ID3 子材质，将 ID3 子材质的漫反射颜色改成浅棕色，RGB(201，169，134)，将该材质赋给场景中的香烟模型，如图 11-23 所示。

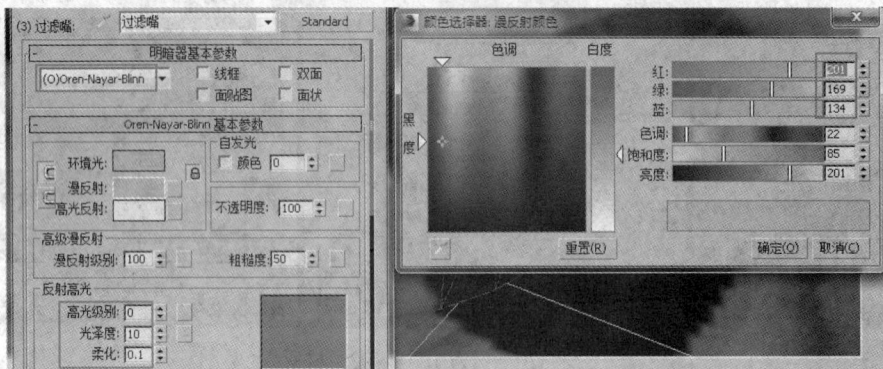

图 11-23　设置 ID3 子材质

(20) 命名第 4 个材质球为"高光板",漫反射颜色为白色,自发光颜色也为白色,将该材质赋给场景中的 3 个高光板,如图 11-24 所示。

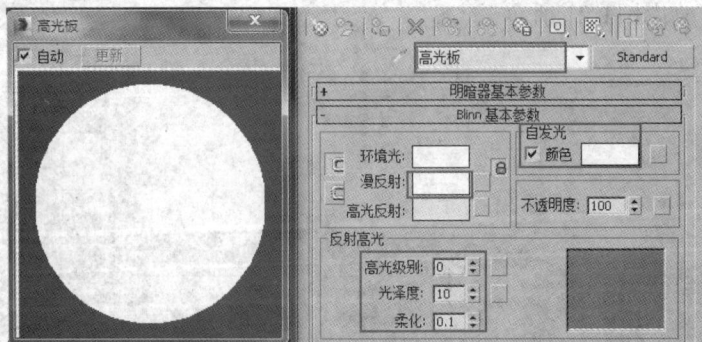

图 11-24　设置高光板材质

(21) 在场景中创建自由聚光灯,并在前视图中从烟灰缸顶端位置拖拽到烟灰缸上,勾选"阴影"中的"启用",倍增为 1.27,聚光区/光束为 40,衰减区/区域为 65.4,在场景中调整自由聚光灯的位置及角度,如图 11-25 所示。

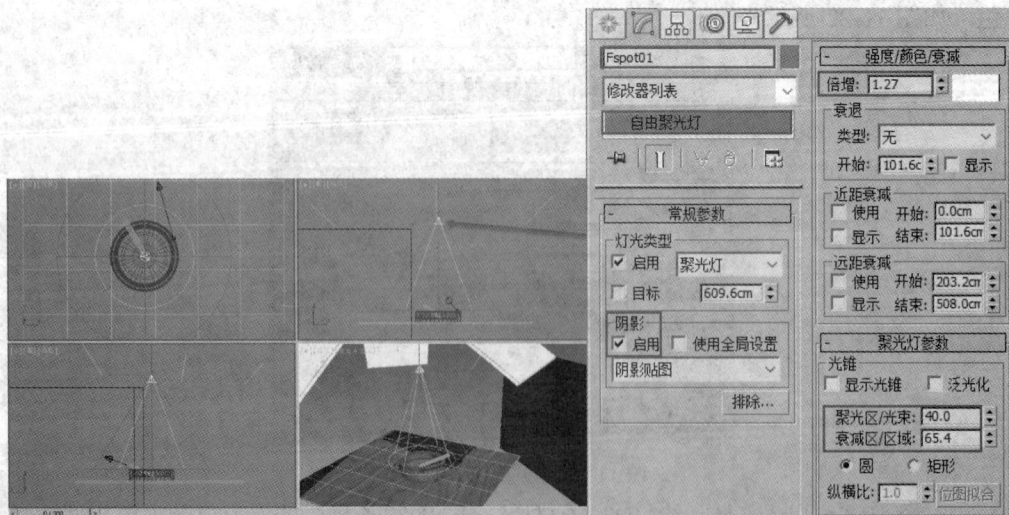

图 11-25　创建自由聚光灯

(22) 再创建一盏目标聚光灯，并在顶视图从烟灰缸上面拖拽到烟灰缸右侧，倍增为 2.92，聚光区/光束为 43，衰减区/区域为为 45，在场景中调整目标聚光灯的位置及角度，如图 11-26 所示。

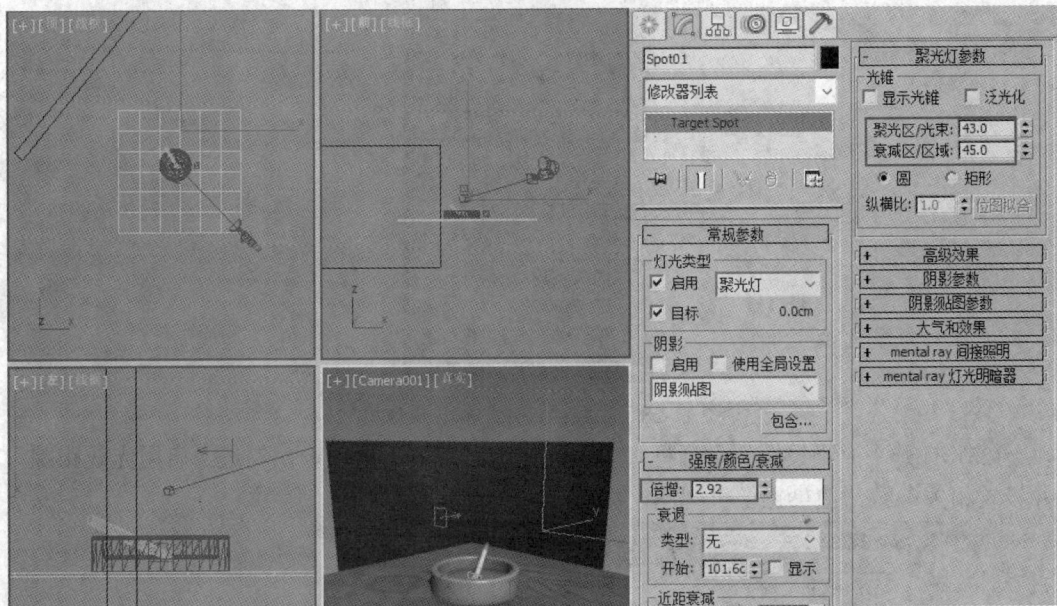

图 11-26　创建目标聚光灯

(23) 创建目标摄像机，并在顶视图从右下角拖拽目标点到烟灰缸上，选用 35 mm 镜头，将透视图切换成摄像机视图，在场景中调整目标摄像机的位置及角度，如图 11-27 所示。

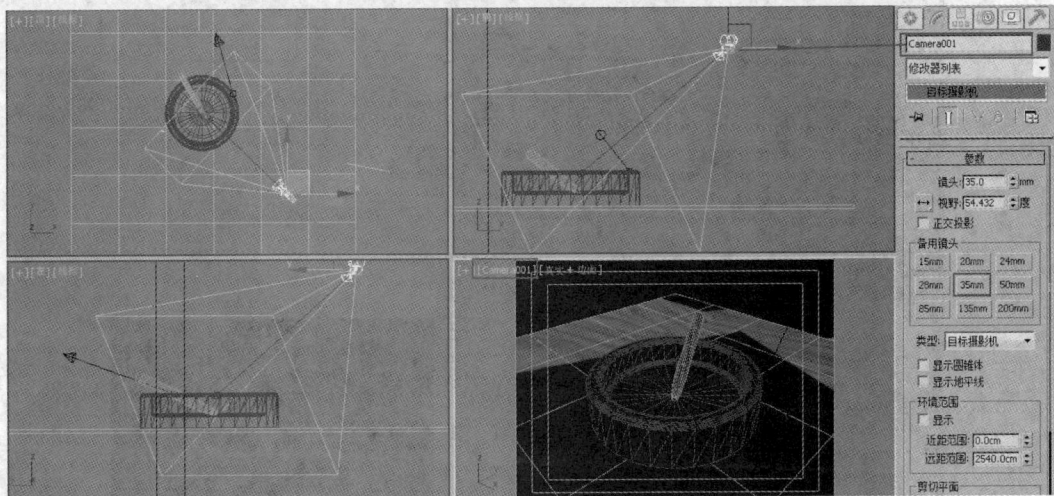

图 11-27　创建目标摄像机

(24) 打开显示选项卡面板，按类别隐藏"灯光"和"摄像机"，如图 11-28 所示。

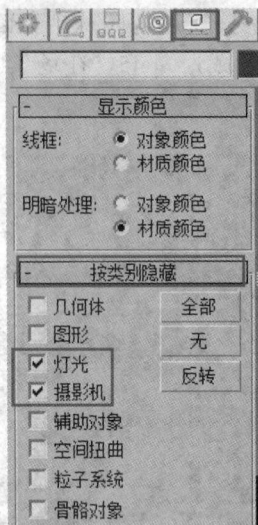

图 11-28　隐藏"灯光"和"摄像机"

(25) 打开"渲染设置"对话框,单击"光线跟踪器"选项卡,勾选"启用光线跟踪",并设置相关参数,渲染摄像机视图,如图 11-29 所示。

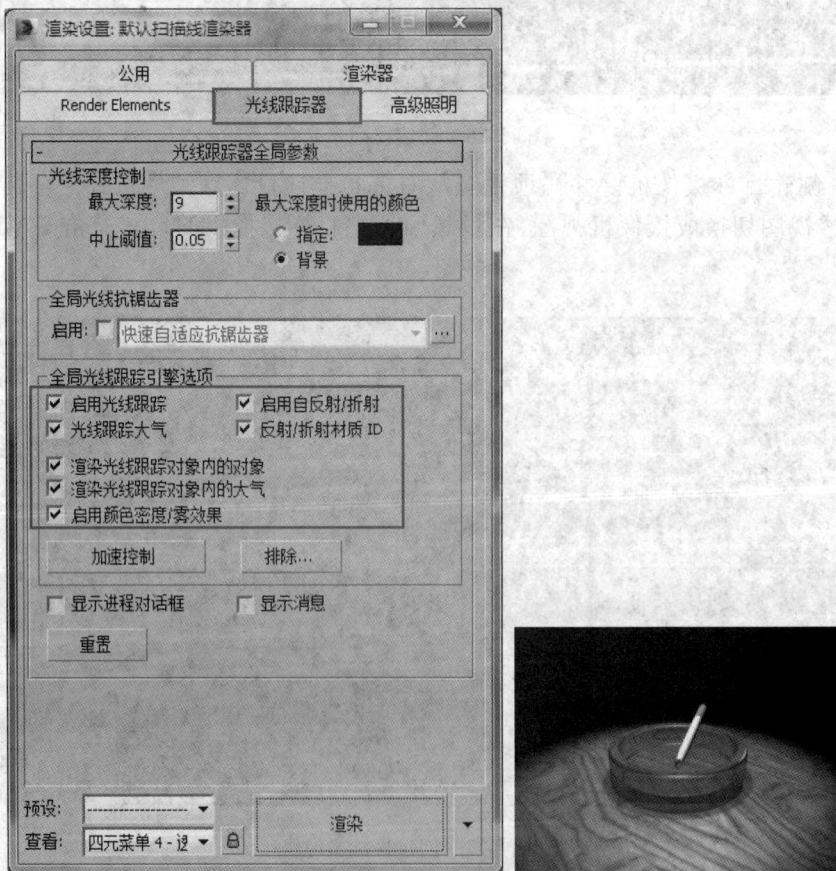

图 11-29　设置渲染参数

(26) 单击"时间配置"按钮,打开"时间配置"对话框,设置帧数为 301,设置完成后单击"确定"按钮，如图 11-30 所示。

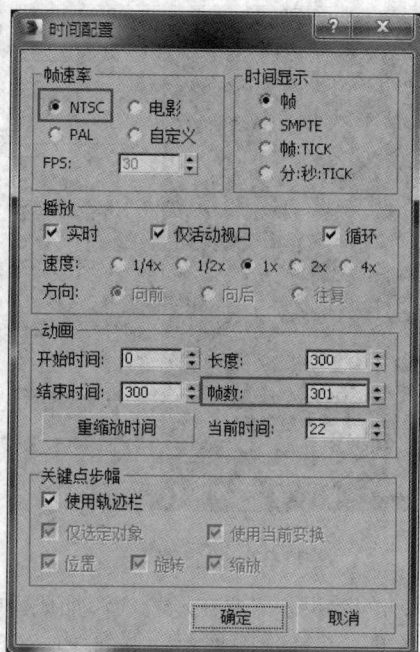

图 11-30 设置时间配置参数

(27) 创建粒子系统。单击"创建"→"几何体"→"粒子系统"，选择"超级喷射"对象类型，在场景中的烟头位置创建一个超级喷射粒子系统图标，如图 11-31 所示。

图 11-31 创建超级喷射粒子系统

(28) 进入超级喷射粒子系统修改选项卡面板，将轴偏离扩散设置为 1 度，平面偏离扩散为 180°，图标大小为 30 cm，视口显示为"网格"，粒子数百分比为 100%，粒子生成使用速率为 5，粒子运动速度为 5 cm，变化为 30%，粒子发射开始为−10，发射停止为 300，显示时限为 301，寿命为 180，变化为 5，粒子大小为 10 cm，变化为 25，增长耗时为 100，衰减耗时为 100，粒子类型为标准粒子"面"，将材质编辑器中的烟雾材质赋给场景中的超级喷射粒子，可以看到视口中显示出白色的烟雾缭绕上升，如图 11-32 所示。

图 11-32　设置粒子参数

(29) 为了制作出烟雾飘动的效果,需要在场景中添加风。单击"创建"→"空间扭曲"→"力",选择"风"对象类型,在前视图烟灰缸上创建风的图标,此时风向是反的,单击"镜像" 图标,设置镜像轴为 XY,并选择"不克隆",单击"确定"按钮后,可以看到风朝香烟方向吹,如图 11-33 所示。

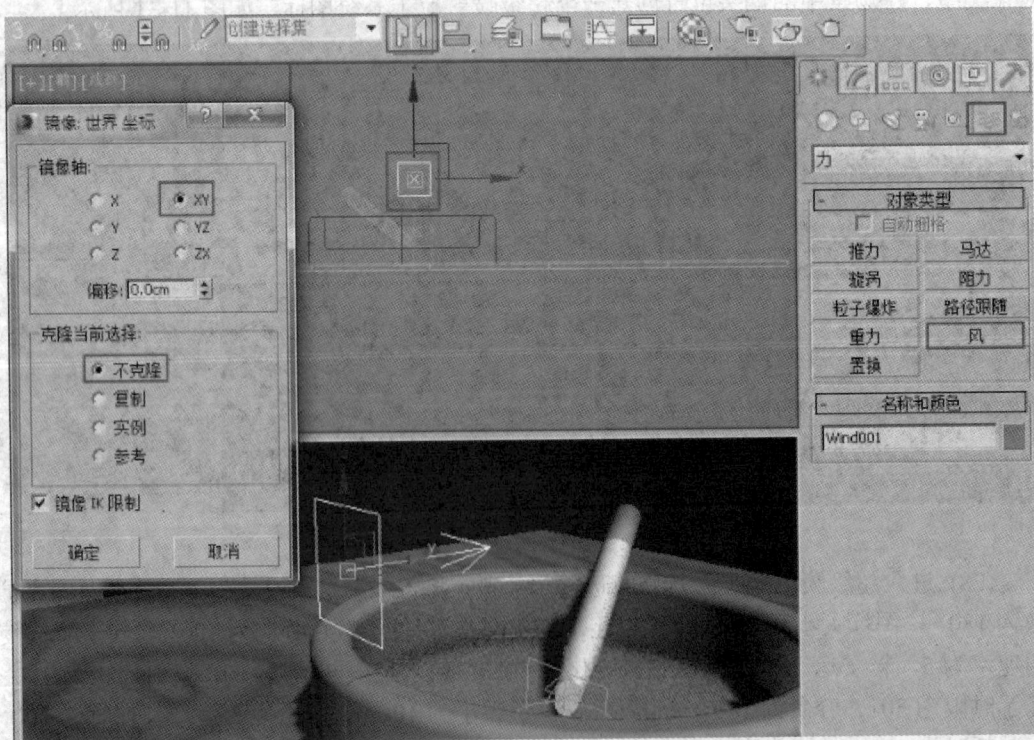

图 11-33　添加风力

(30) 单击并激活绑定到空间扭曲图标，在场景中选择超级喷射，拖拽一条虚线至风的图标，使粒子系统绑定到风空间扭曲，绑定成功后取消绑定的激活状态，如图 11-34 所示。

图 11-34　使粒子系统绑定到风空间扭曲

(31) 在修改面板中设置风的强度为 0.01，湍流为 0.04，频率为 0.25，比例为 0.03，拖动关键帧滚动条可以预览到烟受风力影响飘动的过程，如图 11-35 所示。

图 11-35　设置风的参数

　　(32) 为了使烟雾效果更自然，需要在场景中添加阻力。单击"创建"→"空间扭曲"→"力"，选择"阻力"对象类型，在前视图烟灰缸右侧创建阻力的图标，如图 11-36 所示。

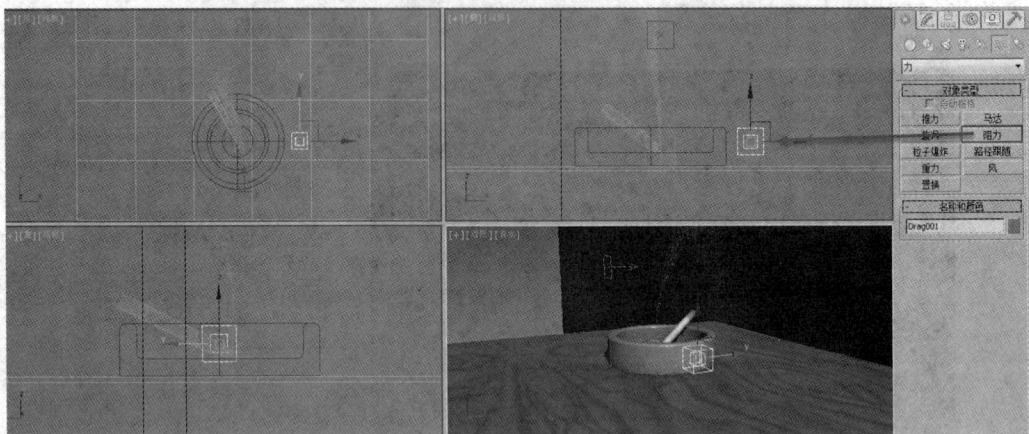

图 11-36　添加阻力

　　(33) 单击并激活绑定到空间扭曲图标，在场景中选择超级喷射，拖拽一条虚线至阻力的图标，使粒子系统绑定到阻力空间扭曲，绑定成功后取消绑定的激活状态，如图 11-37 所示。

图 11-37　粒子系统绑定到阻力空间扭曲

　　(34) 设置阻力参数开始时间为-100，结束时间为 300，线性阻尼 X 轴为 1%，Y 轴为 1%，Z 轴为 3%，再次预览香烟动画，如图 11-38 所示。

　　(35) 打开渲染设置对话框，设置输出大小为 1024 像素×768 像素，渲染第 40、100、200、300 帧的效果图，再渲染 avi 格式的动画，最后文件归档，如图 11-39 所示。

图 11-38　设置阻力参数

第 40 帧

第 100 帧

第 200 帧

第 300 帧

图 11-39　香烟动画

实 践 演 练

利用超级喷射和漩涡制作眩光动画效果，如图 11-40 所示。

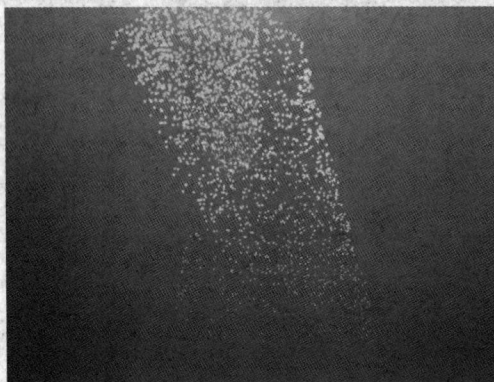

图 11-40　眩光动画效果

实践演练 11　制作眩光动画效果

项目 12　制作丝巾滑落动画

12.1　项目描述

利用柔体动力学制作丝巾滑落动画，如图 12-1 所示。

动画 12

AR

微课 12

图 12-1　丝巾滑落动画效果图

具体要求如下：

(1) 创建一个地面场景，场景中有一个茶壶及一条丝巾。

(2) 制作丝巾从空中随风飘动，飘到茶壶上被风吹到地上的动画，整个动画总帧数为 101 帧。

(3) 渲染第 20 帧的效果图和 avi 格式的动画，输出大小为 1024 像素×720 像素。

12.2　知识准备

1. "柔体"修改器简介

"柔体"修改器使用对象顶点之间的虚拟弹力线模拟软体动力学，通过设置弹力线的刚度，可有效控制顶点相互接近，控制物体的拉伸和可移动的距离。

卡通角色的舌头应用"柔体"修改器后，会使舌头随头部旋转而摇摆，如图 12-2 所示。

柔体用于 NURBS、面片、多边形与网格对象、形状、FFD 空间扭曲以及基于插件的任何可变形对象类型。可将"柔体"与"重力""风""马达""推力"和"粒子爆炸"等空间扭曲结合到一起使用，从而将逼真的、基于物理的动画添加到对象中。另外，可以对软体对象应用导向器以模拟碰撞。

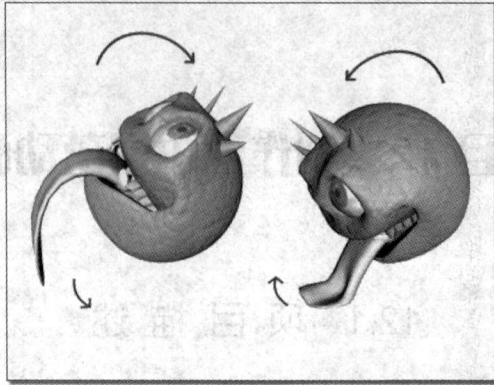

图 12-2　应用"柔体"修改器使舌头随头部旋转而摇摆

　　若要更改柔体效果的中心，请在将"柔体"修改器应用于选定的对象或子对象后，选择"柔体"修改器的中心子对象并使用"移动"功能。

　　使用"柔体"的高级功能会明显延迟实时播放。在这种情况下，若要提高性能，则应使用"点缓存"修改器将顶点动画记录到磁盘中，然后使用缓存进行播放。

　　触须应用"柔体"修改器后，会对角色头部的运动做出反应，像弹簧一样移动，如图12-3 所示。

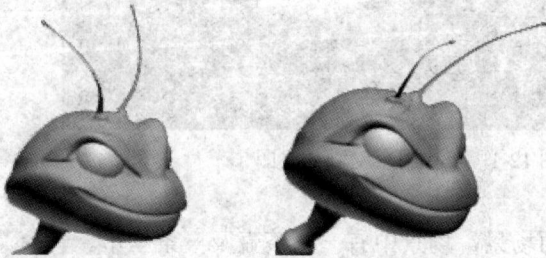

图 12-3　角色触须"柔体"设置效果

　　1)　"柔体"修改器影响的曲面

　　在多边形或网格曲面上，"柔体"修改器将影响每个顶点；

　　在面片表面上，"柔体"修改器将影响控制点和切线控制柄；

　　在 NURBS 曲面上，柔体将影响控制顶点 (CV) 或控制点；

　　在样条线(形状)上，"柔体"修改器将影响控制点和切线控制柄；

　　在 FFD 空间扭曲上，"柔体"修改器将影响控制点。

　　2)　"柔体"修改器的效果

　　可对"柔体"修改器应用空间扭曲。例如，可通过添加"风"来设置植物和树或飘扬旗帜的动画。在这种情况下，不需要创建关键帧就能查看效果，因为空间扭曲本身就能设置曲面的动画。

　　3)　角色动画

　　在"蒙皮"修改器之上使用"柔体"可向使用骨骼的动画角色添加辅助运动，或者在"Physique"修改器上使用"柔体"可向使用 Biped 的动画角色添加辅助运动。

2. "柔体"修改器参数及选项

通过打开修改器层次(单击修改器名称左侧的"+"),堆栈界面中就会出现这些修改器的子对象层级,如图 12-4 所示。

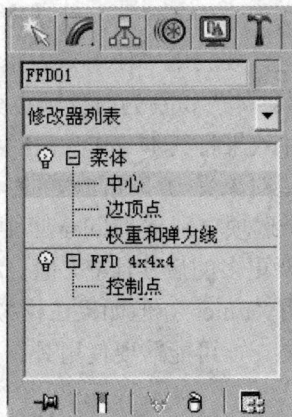

图 12-4　修改器堆栈界面

中心:在视口中移动"变换"Gizmo 以设置效果中心。柔体效果随中心与顶点之间的距离增大而增强。

边顶点:在视口中选择顶点,控制柔体效果的衰减和方向,选定顶点的柔体效果小于未选择顶点的柔体效果。

权重和弹力线:使用"权重和弹力线"卷展栏中的控件,可以选择和取消选择顶点以便在"权重和绘制"卷展栏和"高级弹力线"卷展栏上进行后续操作,可在任何子对象层级绘制权重,并在任何子对象层级(甚至在"柔体"修改器对象层级)添加和移除弹力线,但在"权重和弹力线"选择处于活动状态时,则仅影响选中的顶点。

1) "参数"卷展栏

"柔体"修改器的"参数"卷展栏如图 12-5 所示。

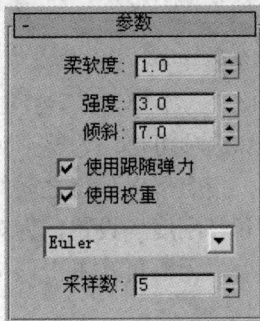

图 12-5　"参数"卷展栏

柔软度:设置柔体量和弯曲量,范围为 0.0~1000.0,默认值为 1.0。此值代表使用的柔体动画量。柔体动画由运动和顶点权重等其他因素决定。默认值 1.0 表示不修改柔体动画,增加该值会将拉伸量增大至不自然的程度,降低该值则会减小拉伸。

强度:设置跟随弹力的整体弹力强度,设置为 100.0 代表刚体,范围为 0.0~100.0,默认值为 3.0。

倾斜：为跟随弹力设置对象停止移动的时间。该值设置得较低会增加对象停止移动所需的时间，范围为 0.0～100.0，默认值为 7.0。

使用跟随弹力：启用该选项时强制对象恢复为其原始形状。禁用该选项时，表示不使用跟随弹力，而顶点移动量仅取决于它们的权重。默认设置为启用。对于软体模拟来说，如果希望对象受力和导向器的影响，要禁用"使用弹力跟随"。

使用权重：启用该选项时，"柔体"识别为对象顶点分配的不同权重，相应地应用不同的变形量；禁用该选项时，柔体效果将其本身作为大的整体应用于对象。默认设置为启用。对于软体模拟来说，如果希望对象受力和导向器的影响，要禁用"使用权重"。

解算器类型：解算器中的三个选项分别是"Euler""中点"和"Runge-Kutta4"。"中点"和"Runge-Kutta4"比"Euler"需要更多的后续计算，但更稳定且精确。默认设置为 Euler。

在大多数情况下，可连续使用"Euler"，但如果在模拟时过程中出现意外的对象变形，可尝试使用更精确的解算器类型之一，可能需要使用具有更高"拉伸"和"刚度"设置的"中点"或"Runge-Kutta4"。

采样数：每帧中按相等时间间隔运行"柔软度"模拟的次数。采样数越多，模拟时便越精确和稳定。在使用"中点"或"Runge-Kutta4"解算器时，可能不需要与"Euler"一样多的采样数。默认设置为 5。

如果模拟生成意外结果，例如对象顶点移动到明显随机的位置，可尝试提高"采样"设置。

2)"简单软体"卷展栏

"简单软体"卷展栏如图 12-6 所示。

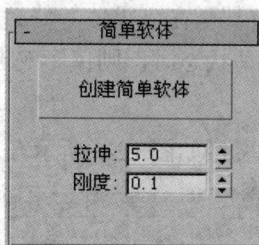

图 12-6　"简单软体"卷展栏

"简单软体"卷展栏中的按钮和选项可自动为整个对象确定弹力线设置。另外，可使用"高级弹力线"卷展栏中的设置，指定每对顶点之间的弹力线设置。

创建简单软体：根据"拉伸"和"刚度"设置，为对象生成弹力线设置。

注意：使用"创建简单软体"后，无需再次单击该按钮即可更改"拉伸"和"刚度"设置，且更改将立即生效。

拉伸：确定对象边的拉伸长度。

刚度："拉伸"和"刚度"之间的差别很小，二者如何起作用取决于对象拓扑。例如，假设创建一个长方体，为其添加"柔体"修改器，应用"创建简单软体"，然后设置高"拉伸"值和低"刚度"值。如果在基于柔体的动力学模拟中使用该长方体，例如利用重力使其落到一个曲面(导向器)上，希望该长方体落下并变平。但相反，由于该长方体的拓扑使"创建简单软体"应用了相对少的形弹力线，所以实际上使用低"拉伸"值和高"刚度"

值会获得更好效果。如果改为使用包含八个分段的球体，会获得默认"拉伸"和"刚度"设置的塌陷行为，且由于提高了"刚度"设置，所以刚度相应提高了。在软体模拟中，特别是对于密集网格，通过对绑定到对象的 FFD 空间扭曲应用网格，能够获得更好的效果。如果对象形状不适合用于空间扭曲，则必须改为使用"高级弹力线"卷展栏中的设置以手动应用弹力线。在这种情况下，应当在相对顶点而不是在相邻顶点之间创建弹力线。

布料之类的动画在使用高"拉伸"设置和低"刚度"设置时效果最好。对于软体，一般为"拉伸"和"刚度"都使用高设置，这取决于对象所具有的"变形度"。

3）"权重和绘制"卷展栏

"权重和绘制"卷展栏如图 12-7 所示。

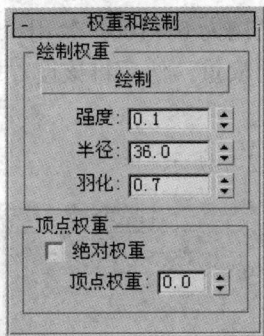

图 12-7　"权重和绘制"卷展栏

第一次将"柔体"应用于对象时，修改器将基于顶点距修改器中心的距离为每个顶点设置权重。顶点权重越高，对象就越不容易受到"柔体"效果的影响。修改器对最接近其中心的顶点应用最高权重，并对距离中心最远的顶点应用最低权重。所以对于轴点位于底部的圆柱体，顶部的变形量最大。但对于球体，其所有顶点与轴点(中心)的距离相等，所以在默认情况下，所有顶点具有相等的权重值。可使用具有可调整半径和衰减的球形刷在视口中更改顶点的权重，从而控制滞后量。使用"顶点权重"组中的控件，可以对单个或成组顶点应用绝对或相对权重。

(1)　"绘制权重"组。

绘制：在任意子对象层级，单击"绘制"按钮，然后在视口中的网格上拖动光标，从而使用当前"强度"和"羽化"设置"绘制"顶点权重。顶点颜色会变化以反映新的顶点权重。

强度：设置绘制更改权重值的量，值越高，更改权重的速度越快。当强度为 0.0 时，绘制过程不会更改权重值，范围为 –1.0～1.0，默认值为 0.1。负值表示允许移除权重。

在绘制时，可使用 Tab 键反转强度。

半径：以世界单位数设置笔刷大小，范围为 0.001～99999，默认值为 36.0。

如果在绘制前将鼠标光标放在对象上，则会看到球形"笔刷"的线框，表示其"半径"的设置。

羽化：设置从笔刷中心到其边缘的强度衰减，默认值为 0.7，范围为 0.001～1.0。笔刷中心的顶点总是按"强度"设置的最大值变化，"羽化"值越高，接近边缘的顶点变化越小。在使用最低设置时,半径内所有顶点的变化都相等。

(2)"顶点权重"组。

在"顶点权重"组中可手动设置顶点权重。如在"权重和弹力线"子对象层级,在视口中选择顶点,然后更改"顶点权重"参数的值;也可以启用"绝对权重",设置需要的"顶点权重",然后选择要设置的顶点,更改会立刻生效。

绝对权重:启用该选项可为选定顶点指定绝对权重。禁用该选项时,可基于"顶点权重"的设置添加或移除权重。

顶点权重:为选定顶点指定权重。该参数取决于"绝对权重"参数的状态,权重指定将为绝对或相对的。

注意:"顶点权重"的范围是-100~100。启用"绝对权重"后,将"顶点权重"设置为负值将不起作用,因此其有效范围为0~100。禁用"绝对权重"后,更改"顶点权重"可将更改量添加到选定顶点的当前权重,然后将该设置重置为0。

4)"力和导向器"卷展栏

"力和导向器"卷展栏如图12-8所示。

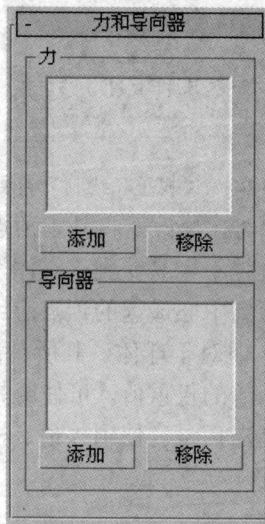

图12-8　"力和导向器"卷展栏

(1)"力"组。

使用"力"组中的控件可将"力"类别中的空间扭曲添加到"柔体"修改器。支持的空间扭曲包括置换、阻力、重力、马达、粒子爆炸、推力、漩涡、风。

添加:单击"添加"按钮,然后在视口中选择粒子空间扭曲,可将该效果添加到"柔体"。所添加的空间扭曲将显示在列表窗口中。

移除:在列表中选择一个空间扭曲,然后单击"移除"按钮可从"柔体"中移除该效果。

(2)"导向器"组。

将导向器用于"柔体",表面将滞后对象移动,所以可使用软体对象模拟碰撞。要获得最佳碰撞效果,可设置低"反弹"值和高"摩擦"值。支持的导向器包括泛方向导向板、泛方向导向球、通用泛方向导向器、通用导向器、导向球、导向板。

添加：单击"添加"按钮，然后在视口中选择导向器，可将其添加到"柔体"。所添加的导向器将显示在列表窗口中。

移除：在列表中选择一个导向器，然后单击"移除"按钮可从"柔体"中移除该效果。

5)　"高级参数"卷展栏

"高级参数"卷展栏如图 12-9 所示。

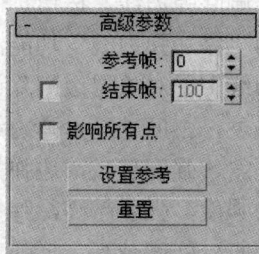

图 12-9　"高级参数"卷展栏

参考帧：设置"柔体"开始模拟的第一帧。

结束帧：启用时，设置"柔体"生效的最后一帧。在此帧后，对象循序恢复为堆栈当前定义的形状。例如，如果为堆栈中"柔体"下的"弯曲"修改器设置动画，那么在"柔体"停止时，对象的形状仅在该帧按"弯曲"修改器的设置改变。

影响所有点：强制"柔体"忽略堆栈中的所有子对象选择并对整个对象应用它本身。

设置参考：移动效果中心后，单击"设置参考"按钮以更新视口。

重置：点击该按钮将顶点权重重置为默认值。

6)　"高级弹力线"卷展栏

"高级弹力线"卷展栏如图 12-10 所示。如果需要为"简单软体"功能提供的弹力线设置更精确的弹力线设置，请使用"高级弹力线"卷展栏中的设置。柔体使用两种弹力线：①边弹力线，仅沿现有边创建弹力线；② 形弹力线，位于对象中任意两个不由边连接的顶点之间。一般情况下，沿现有边添加边弹力线，在不共享边的顶点之间添加弹力线。

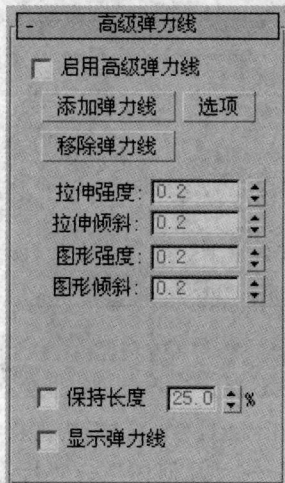

图 12-10　"高级弹力线"卷展栏

启用高级弹力线：勾选该选项可使数值控件用于编辑，并通过"简单软体"控件禁用"强度"和"倾斜"设置。默认设置为禁用状态。"拉伸强度""拉伸倾斜""图形强度""图形倾斜"四个设置仅在"启用高级弹力线"时可用。

添加弹力线：基于"权重和弹力线"子对象层级的顶点选择和"弹力线选项"对话框中的设置，为对象添加一条或多条弹力线。点击该按钮后不能撤销此操作。若要删除现有弹力线，可选择端点，然后单击"删除弹力线"按钮。

选项：打开用于确定如何使用"添加弹力线"功能添加弹力线的弹力线选项对话框。

移除弹力线：在"权重和弹力线"子对象层级删除已选中两端顶点的所有弹力线。

拉伸强度：确定边弹力线的强度，强度越高，弹力线之间可以变化的距离越小。

拉伸倾斜：确定边弹力线的倾斜，强度越高，边弹力线之间的角度变化越小。

图形强度：确定图形弹力线的强度，强度越高，弹力线之间可以变化的距离越小。

图形倾斜：确定形弹力线的倾斜，强度越高，形弹力线之间的角度变化越小。

保持长度：将边弹力线长度保持在指定百分比。在"柔体"模拟后应用"保持长度"时，会影响对象形状，并造成碰撞检测失败。

显示弹力线：将边弹力线显示为蓝色线，将形弹力线显示为红色线。弹力线仅在"柔体"子对象模式处于活动状态时可见。

12.3　项目实施

(1) 在 3ds Max 的菜单栏中单击"自定义"，在弹出的快捷菜单中选择"单位设置"，设置单位为厘米，如图 12-11 所示。

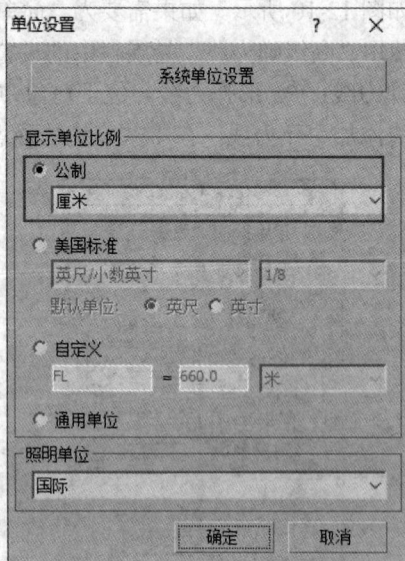

图 12-11　设置单位为厘米

(2) 创建地面。单击"创建"→"几何体"→"标准基本体"，选择"平面"(Plane)对象类型，设置长度为 800 cm，宽度为 800 cm，再单击"创建"按钮，在透视图中创建一个平面，并在修改面板中将其命名为"地面"，将长度和宽度分段均设置为 1，如图 12-12 所示。

(3) 创建茶壶。单击"创建"→"几何体"→"标准基本体"，选择"茶壶"(Teapot) 对象类型，设置半径为 25 cm，再单击"创建"按钮，在透视图中创建一个茶壶，并在修改面板中将其命名为"茶壶"，将分段数设置为 10，如图 12-13 所示。

图 12-12　创建地面　　　　　图 12-13　创建茶壶

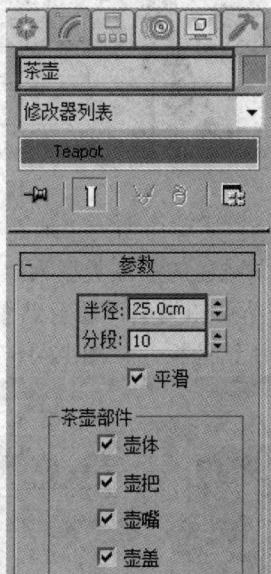

(4) 创建丝巾。单击"创建"→"几何体"→"标准基本体"，选择"平面"(Plane) 对象类型，设置长度为 67 cm，宽度为 73 cm，再单击"创建"按钮，在透视图中创建一个平面，并在修改面板中将其命名为"丝巾"，将长度和宽度分段均设置为 30，如图 12-14 所示。

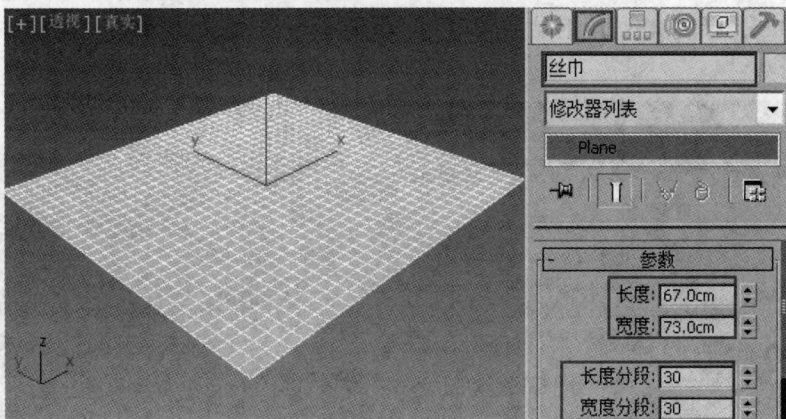

图 12-14　创建丝巾

(5) 打开"材质编辑器"对话框，将第 1 个材质球命名为"丝巾材质"，明暗器基本参数设置为"Phong"，勾选"双面"，高光级别为 40，不透明度 85，展开贴图卷展栏，选择漫反射颜色贴图类型为位图"丝巾.bmp"，将漫反射颜色的贴图实例复制拖拽到高光级别和置换贴图类型，并设置置换贴图数量为 8，将该材质赋给场景中的丝巾，如图 12-15 所示。

图 12-15　设置丝巾材质

(6) 将第 2 个材质球命名为"地面材质"，高光级别为 80，光泽度为 45，展开贴图卷展栏，设置漫反射颜色的贴图类型为位图"地砖.jpg"，将漫反射颜色的贴图类型实例复制到高光级别和凹凸贴图类型，反射贴图类型设置为"光线跟踪"(Raytrace)，反射数量为 15，将地面材质赋给地板，如图 12-16 所示。

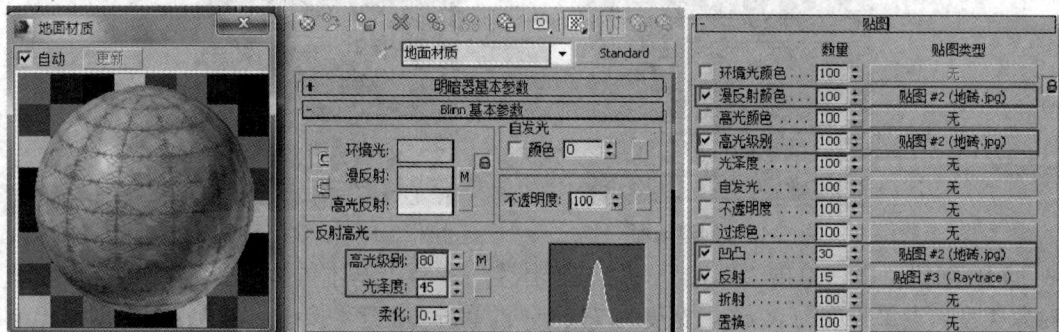

图 12-16　设置地砖材质

(7) 将第 3 个材质球命名为"茶壶材质"，勾选"双面"，漫反射颜色设置为白色，高光级别为 80，光泽度 45，反射贴图类型为"丝巾.bmp"，将该材质赋给茶壶，如图 12-17 所示。

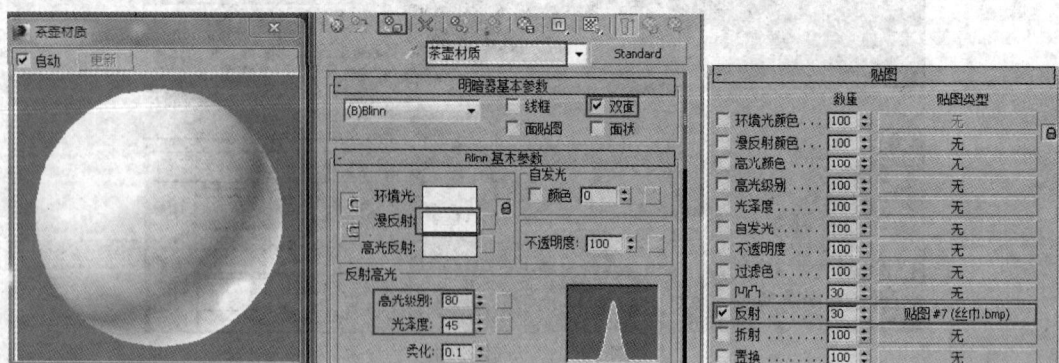

图 12-17　设置茶壶材质

(8) 选择场景中的丝巾，进入平面的修改选项卡，在修改器列表中输入"柔体"，给丝巾执行柔体修改命令，将拉伸设置为 1，并单击"创建简单软体"按钮，如图 12-18 所示。

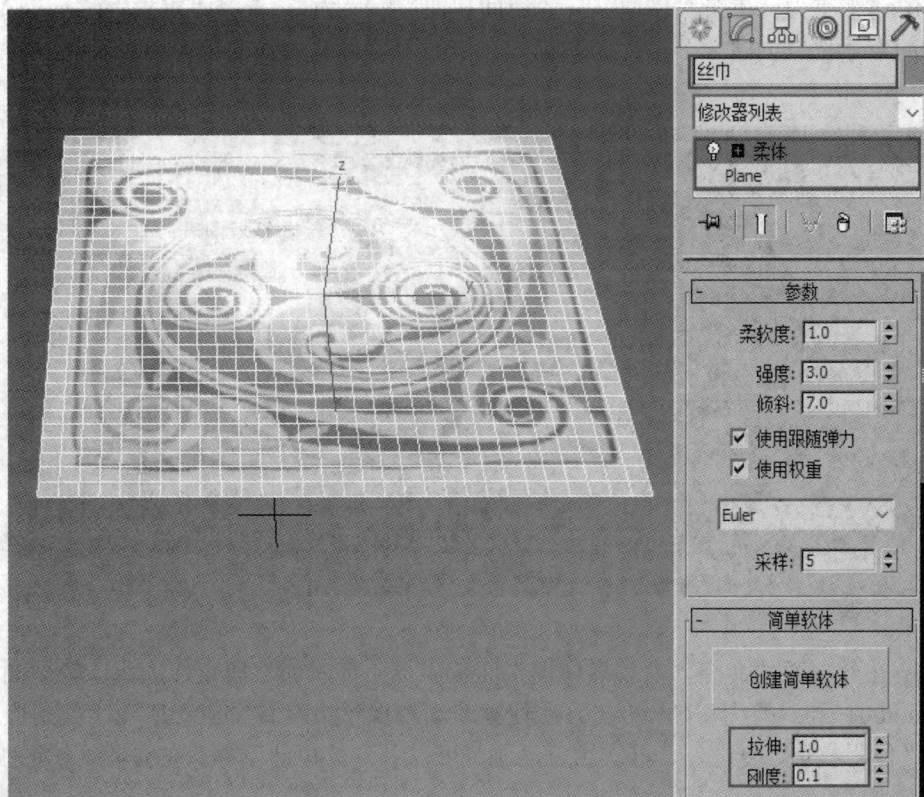

图 12-18　丝巾执行柔体命令

（9）单击"创建"→"空间扭曲"→"力"，选择"风"(Wind)，在前视图原点处创建一个风的图标，调整风的方向及角度，使风从左侧吹向丝巾，设置强度为 0.1，湍流为 0.05，频率为 0.005，比例为 0.5，如图 12-19 所示。

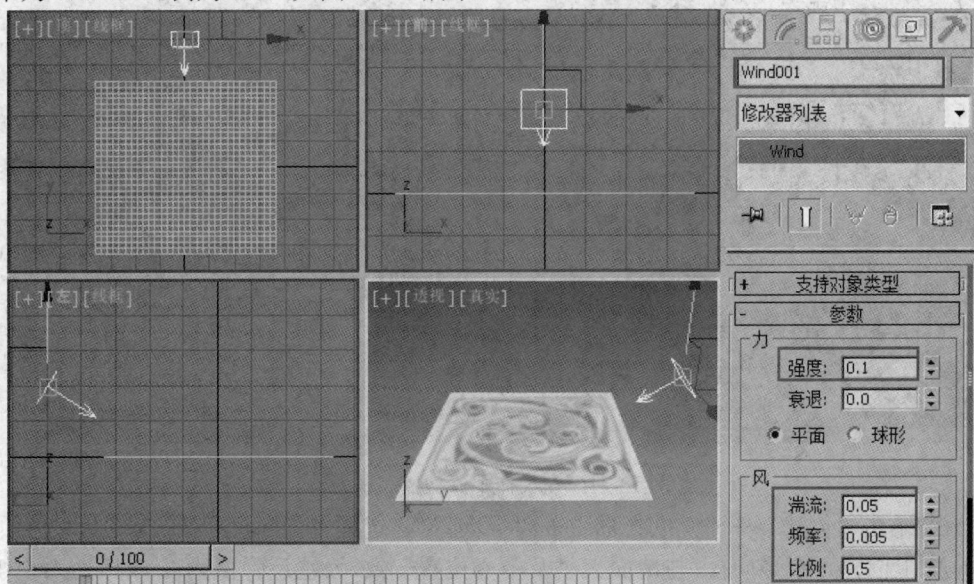

图 12-19　创建风

(10) 添加重力。单击"创建"→"空间扭曲"→"力",选择"重力"(Gravity),在顶视图的茶壶位置创建一个重力的图标,在修改面板将重力强度设置为 0.2,如图 12-20 所示。

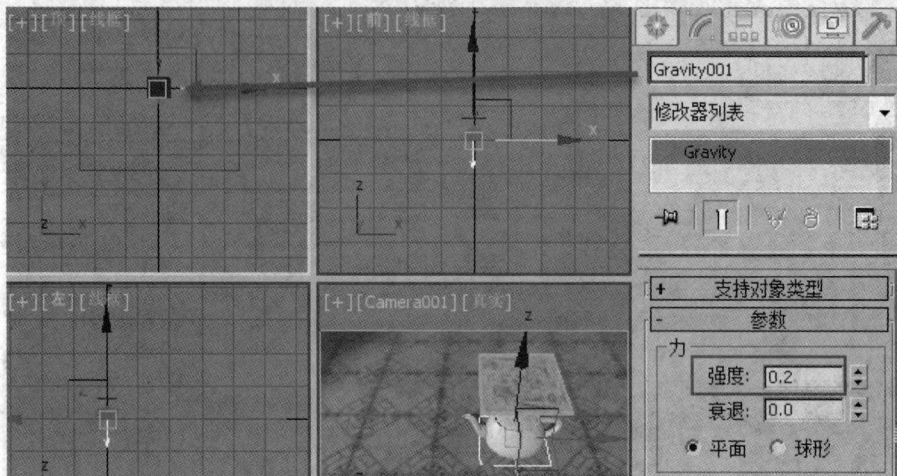

图 12-20　创建重力

(11) 在丝巾柔体命令"力和导向器"面板中单击"添加"按钮,选择场景中的"风力"Wind001 和"重力"Gravity001,预览动画发现丝巾没有反应,取消"使用跟随弹力"和"使用权重"复选勾,再次预览动画,可以看到丝巾向下飘落的过程,如图 12-21 所示。

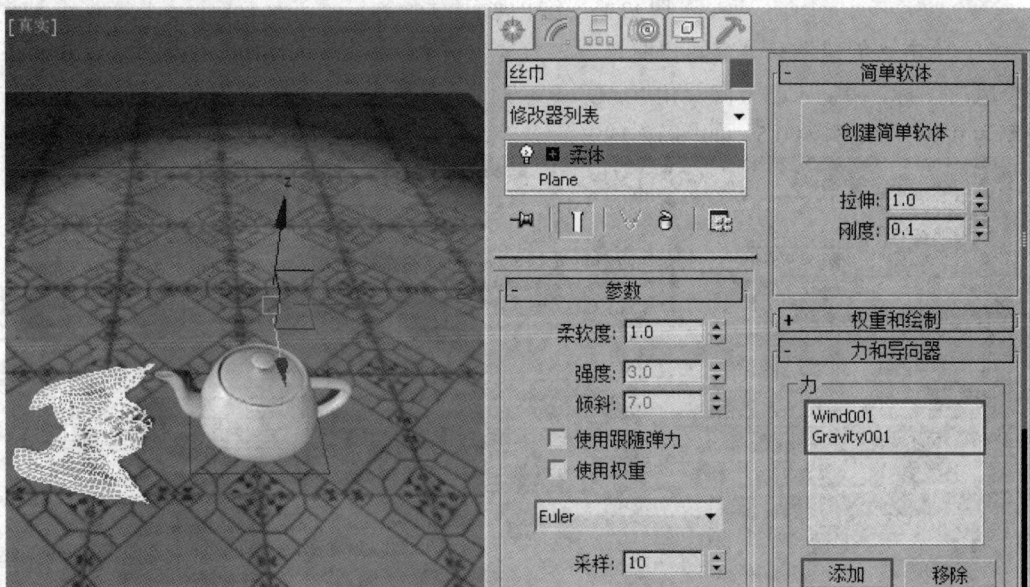

图 12-21　在柔体中添加风和重力

(12) 单击"创建"→"空间扭曲"→"导向器",选择"导向板"(Deflector),在顶视图的地面上创建一个导向板,与地面大小及中心位置一致,设置反弹值为 0,摩擦力为 90%,宽度和长度都为 800 cm,如图 12-22 所示。

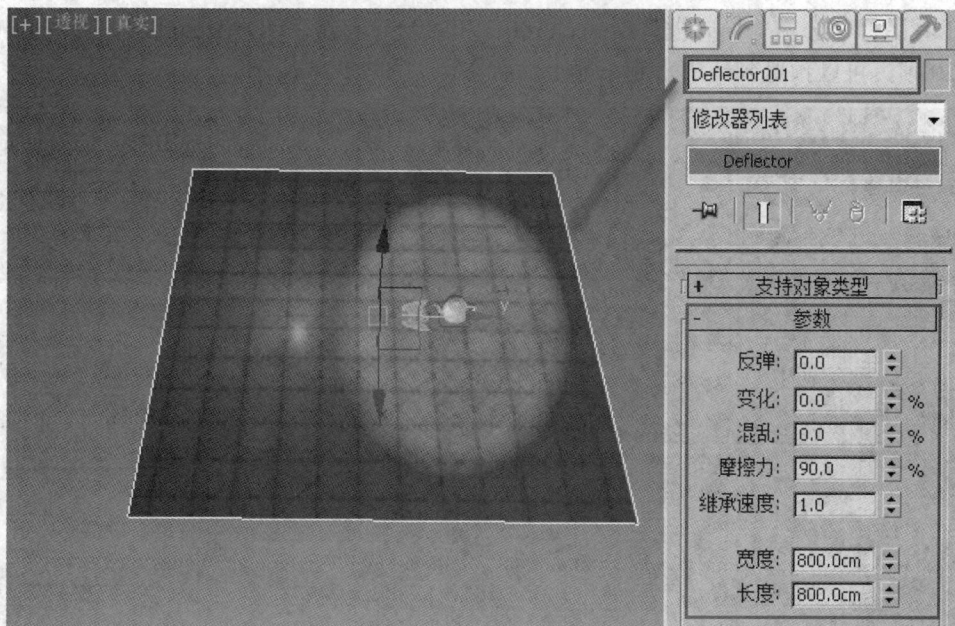

图 12-22　创建导向板

　　(13) 再创建一个全导向器。在空间扭曲导向器面板中选择"全导向器"(UDeflector)，在顶视图茶壶位置创建一个全导向器的图标，在其修改面板中单击"拾取对象"按钮，选择场景中的茶壶，设置反弹为 1，如图 12-23 所示。

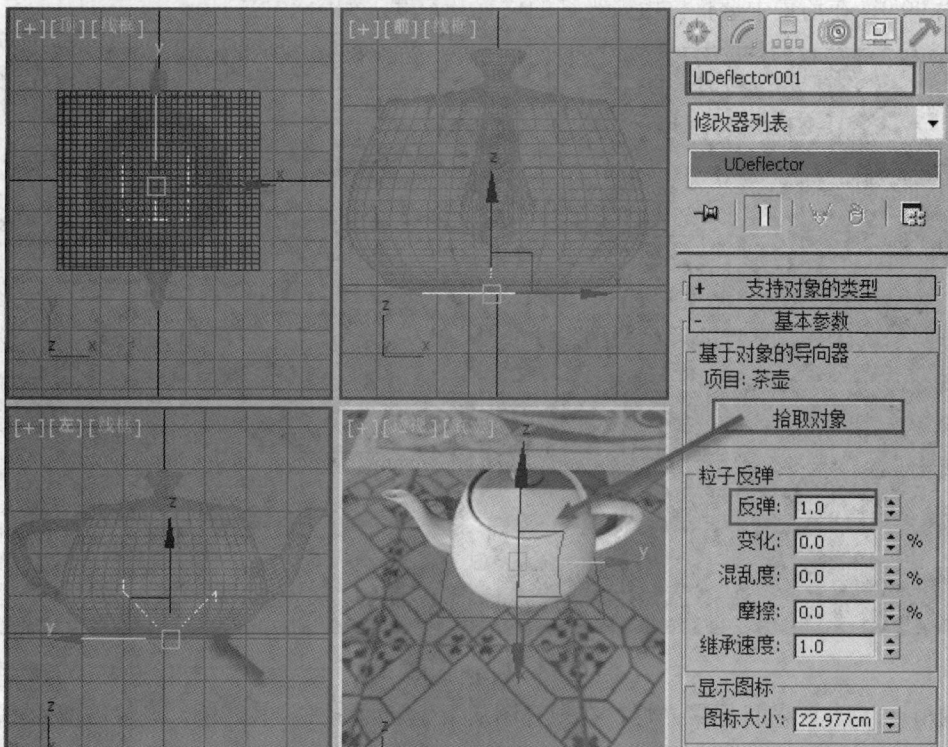

图 12-23　创建全导向器

　　(14) 进入丝巾柔体参数面板，单击导向器参数中的"添加"按钮，并单击"按名称选择"工具图标,选择"导向板"Deflector001 和"全导向器"UDeflector001,将动画帧定位在 20 帧,可以预览到丝巾落到茶壶上的状态,如图 12-24 所示。

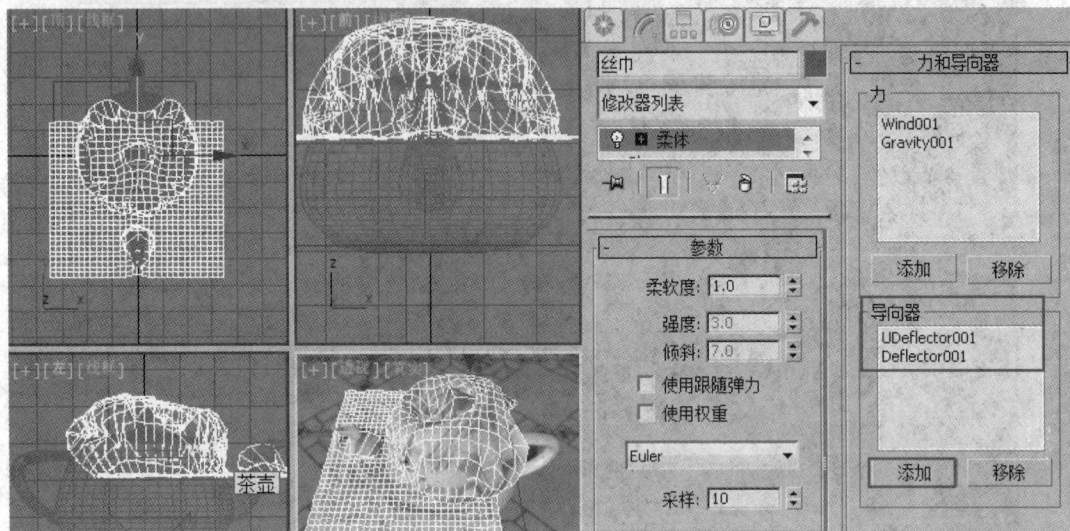

图 12-24　给丝巾柔体添加导向板和全导向器

(15) 在场景中创建自由聚光灯,在前视图中从茶壶顶端位置拖拽到茶壶上,勾选"阴影"中的"启用",选择"高级光线跟踪",设置倍增为 1,聚光区/光束为 77.5,衰减区/区域为 99.9,在场景中调整自由聚光灯的位置及角度,如图 12-25 所示。

图 12-25　创建自由聚光灯

(16) 再创建一盏目标聚光灯,在顶视图从茶壶上面拖拽到其右侧,设置倍增为 0.6,聚光区/光束为 180cm,衰减区/区域为 220cm,在场景中调整目标聚光灯的位置及角度,如图 12-26 所示。

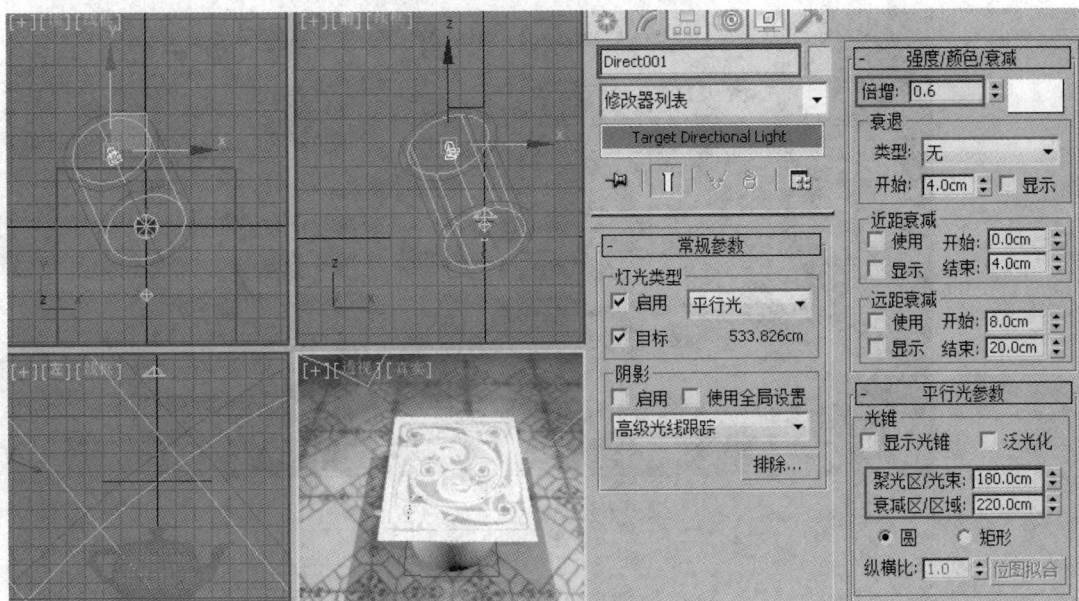

图 12-26　创建目标聚光灯

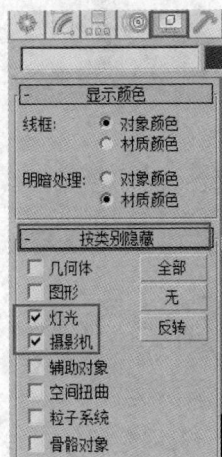

　　(17) 创建目标摄像机，在顶视图从右下角拖拽目标点到茶壶上，选用 35 mm 镜头，将透视图切换成摄像机视图，在场景中调整目标摄像机的位置及角度，如图 12-27 所示。

　　(18) 打开"显示"选项卡面板，勾选"按类别隐藏"卷展栏中的"灯光"和"摄像机"，如图 12-28 所示。

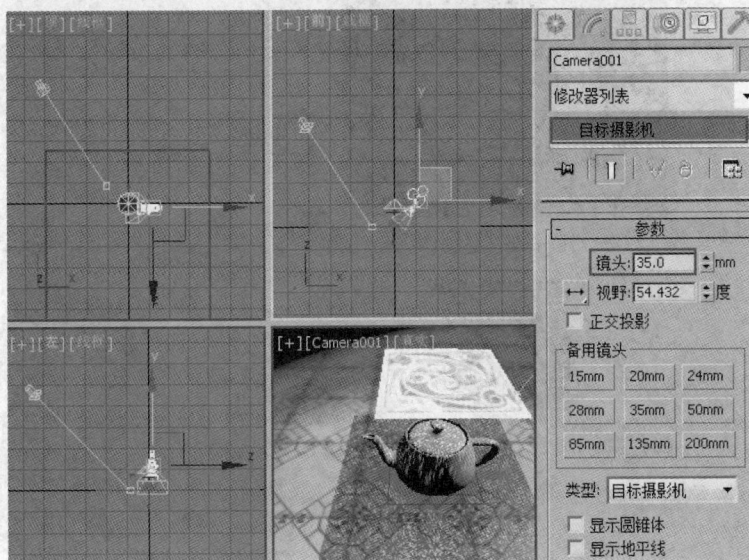

图 12-28　隐藏"灯光"和"摄像机"　　　　　　　图 12-27　创建目标摄像机

　　(19) 打开渲染设置对话框，设置输出大小为 1024 像素×720 像素，渲染第 20 帧效果图，如图 12-29 所示，再渲染 avi 格式的动画，最后文件归档。

图 12-29　第 20 帧效果图

实 践 演 练

利用动力学制作毛巾的三维模型，如图 12-30 所示。

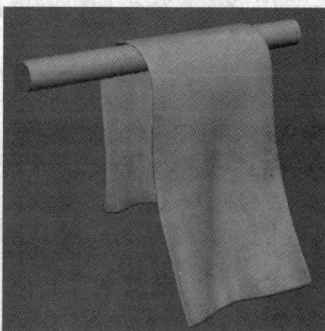

图 12-30　利用动力学制作毛巾模型

实践演练 12　动力学建模毛巾模型

项目 13　制作白云飘动动画

13.1　项　目　描　述

利用大气装置制作白云飘动动画，如图 13-1 所示。

动画 13

微课 13

图 13-1　白云飘动动画效果

具体要求如下：

(1) 制作蓝天白云的天空背景。

(2) 创建大气装置制作白云，设置相关参数制作白云飘动动画。

(3) 渲染第 50 帧效果图，及 avi 格式的动画，输出大小为 1024 像素×720 像素。

13.2　知　识　准　备

体积雾

在场景中创建一个长方体形状的大气装置辅助对象"长方体 Gizmo"，再为长方体添加体积雾效果，如图 13-2 所示。

"长方体 Gizmo 参数"卷展栏如图 13-3 所示。

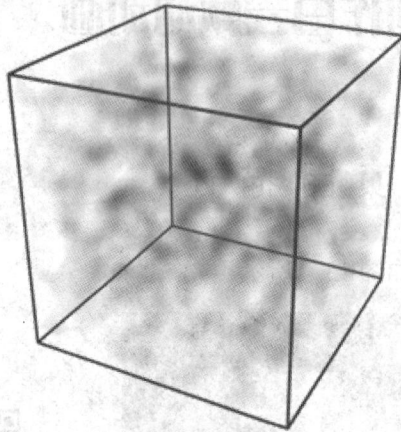

图 13-2　包含体积雾的长方体 Gizmo　　　　图 13-3　"长方体 Gizmo 参数"卷展栏

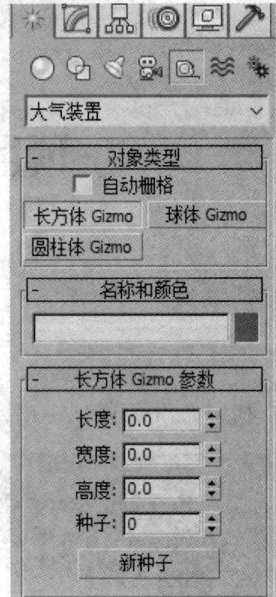

1)　"长方体 Gizmo 参数"卷展栏

长度、宽度和高度：用于设置长方体 Gizmo 的尺寸。

种子：设置用于生成大气效果的基值。场景中的每个装置应具有不同的种子，如果多个装置使用相同的种子和相同的大气效果，则将产生几乎相同的结果。

新种子：单击该按钮可以自动生成一个随机数字，并将其放入种子字段。

2)　"大气和效果"卷展栏

使用"修改"面板中的"大气和效果"卷展栏可以直接在 Gizmo 中添加和设置大气，卷展栏如图 13-4 所示。

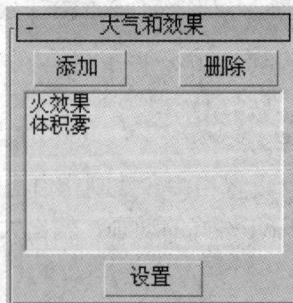

图 13-4　"大气和效果"卷展栏

添加：显示"添加大气"对话框，用于向长方体 Gizmo 中添加大气。

删除：删除高亮显示的大气效果。

设置：显示"环境"面板，在此可以编辑高亮显示的效果。

雾密度在 3D 空间中不是恒定的，而"体积雾"提供了被风吹动的云状雾效果，可以做出云在风中飘散的效果。

只有在摄影机视图或透视视图中会渲染体积雾效果。正交视图或用户视图不会渲染体积雾效果。

注意：当"光度学灯光"是"投影"时，其光束不会使用"标准灯光"的方式与体积照明效果(如"体积雾""体积光"和"mental ray 体积明暗处理")进行交互。

3) "体积雾参数"卷展栏

"体积雾参数"卷展栏如图 13-5 所示。

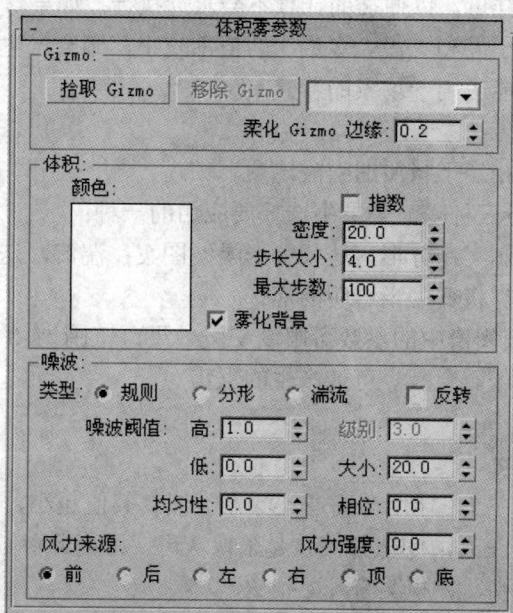

图 13-5 "体积雾参数"卷展栏

(1) "Gizmo"组。

默认情况下，体积雾会填满整个场景。不过，可以选择 Gizmo(大气装置)包含雾。Gizmo 可以是球体、长方体、圆柱体或这些几何体的特定组合。

拾取 Gizmo：单击此按钮进入拾取模式，然后单击场景中的某个大气装置。在渲染时，装置会包含体积雾。装置的名称将添加到装置列表中。多个装置对象可以显示相同的雾效果，可以拾取多个 Gizmo。单击"拾取 Gizmo"按钮，然后按 H 键，打开"拾取对象"对话框，在此可从列表中选择多个对象。如果更改 Gizmo 的尺寸，会同时更改雾影响的区域，但是不会更改雾和其噪波的比例。例如，如果减小球体 Gizmo 的半径，将裁剪雾；如果移动 Gizmo，将更改雾的外观。

移除 Gizmo：将 Gizmo 从体积雾效果中移除。

柔化 Gizmo 边缘：柔化体积雾效果的边缘。该值越大，边缘柔化效果越好，柔化范围为 0～1.0，如果设置为 0，可能会导致边缘模糊。

(2) "体积"组。

颜色：设置雾的颜色，方法为单击色样，然后在颜色选择器中选择所需的颜色。通过在启用"自动关键点"的情况下更改非零帧的雾颜色，可以设置颜色效果动画。

指数：随距离按指数增大密度。禁用时，密度随距离线性增大。只有希望渲染体积雾中的透明对象时，才应勾选此选项。如果启用"指数"，应同时增大"步长大小"的值，以避免出现条带。

密度：控制雾的密度。控制密度范围为 0～20(超过该值可能会看不到场景)。

步长大小：确定雾采样的粒度，即雾的"细度"。"步长大小"值较大时，会使雾变粗糙(到了一定程度，将变为锯齿状)。

最大步数：限制采样量，以便雾的计算不会永远执行。如果雾的密度较小，此选项尤为有用。如果"步长大小"和"最大步数"的值都较小，则会产生锯齿。

雾化背景：将雾功能应用于场景的背景。

(3) "噪波"组。

体积雾的噪波选项相当于材质的噪波选项。

① 类型。可从以下三种噪波类型中选择要应用的一种：

规则，标准的噪波图案；分形，迭代分形噪波图案；湍流，迭代湍流图案。

反转：启用后，浓雾将变为半透明的雾。

② 噪波阈值。噪波阈值中的参数可限制噪波效果，范围为 0～1.0，在阈值转换时会补偿较小的不连续性，从而会减少可能产生的锯齿。

高：设置高阈值。

低：设置低阈值。

均匀性：范围为 -1～1，作用与高通过滤器类似。其值越小，体积越透明，包含分散的烟雾泡。如果在 -0.3 左右，图像开始看起来像灰斑，因为此参数越小，雾越薄，所以，可能需要增大密度，否则，体积雾将开始消失。

级别：设置噪波迭代应用的次数，其范围为 1～6，包括小数值。只有选择"分形"或"湍流"噪波类型时此选项才启用。

大小：确定烟卷或雾卷的大小。此值越小，卷越小。

相位：控制风的种子。如果"风力强度"的设置也大于 0，雾体积会根据风向产生动画。如果没有"风力强度"，雾将在原处涡流。

风力强度：控制烟雾远离风向(相对于相位)的速度。如上所述，如果相位没有设置动画，无论风力强度有多大，烟雾都不会移动。通过使相位随着大的风力强度慢慢变化，雾的移动速度将大于其涡流速度。

③ 风力来源。定义风来自于"前""后""左""右""顶""底"的方向。

13.3　项目实施

(1) 添加背景。在 3ds Max 新建场景，按数字键 8 打开"环境"和效果对话框，单击背景"环境贴图"按钮，在浏览列表框中单击"位图"，选择蓝天白云的天空图片，将环境贴图拖拽到材质编辑器的第 1 个材质球实例上复制该材质，在"坐标"卷展栏中选择"屏幕"贴图，为了能在透视图中同步预览背景环境，可单击透视图左上角的"真实"，在弹出的快捷菜单中选择"视口背景"→"环境背景"，如图 13-6 所示。

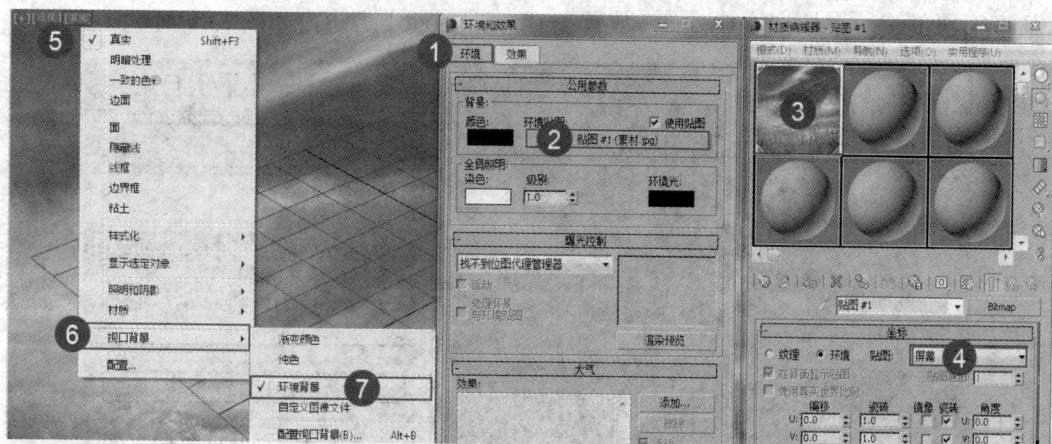

图 13-6   添加天空背景

(2) 绘制白云形状。单击"创建" ⚙ → "辅助对象" 🔲 → "大气装置"，在对象类型中选择"长方体 Gizmo"，在透视图中拖拽一个长方体大气装置，如图 13-7 所示。

图 13-7   创建长方体 Gizmo 大气装置

(3) 在长方体 Gizmo 修改面板中设置长方体 Gizmo 参数，长度为 100 cm，宽度为 200 cm，高度为 –5 cm，在天空中做满白云，如图 13-8 所示。

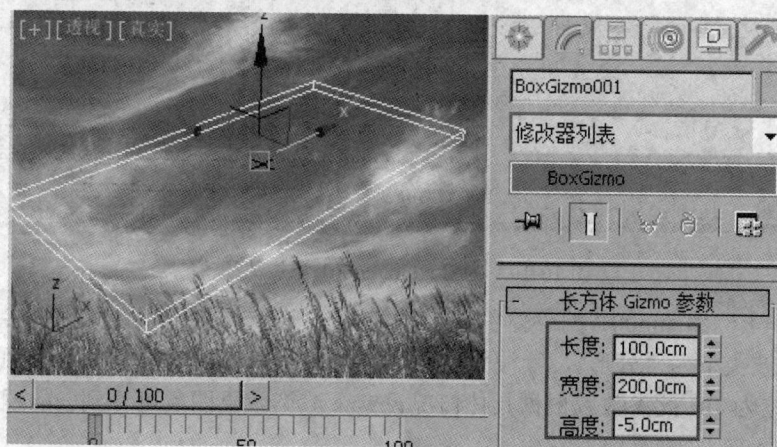

图 13-8   修改长方体 Gizmo 参数

(4) 再创建一个长方体 Gizmo，放置在 BoxGizmo001 旁边，如图 13-9 所示。

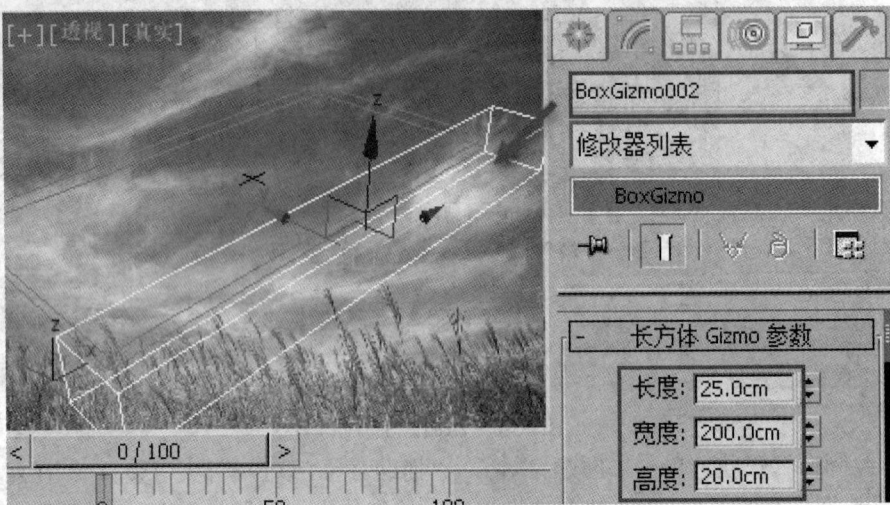

图 13-9　创建第 2 个长方体 Gizmo

(5) 选择 BoxGizmo001，在其修改面板的"大气和效果"卷展栏中单击"添加"按钮，在"添加大气"列表框中选择"体积雾"，并单击"确定"按钮，如图 13-10 所示。

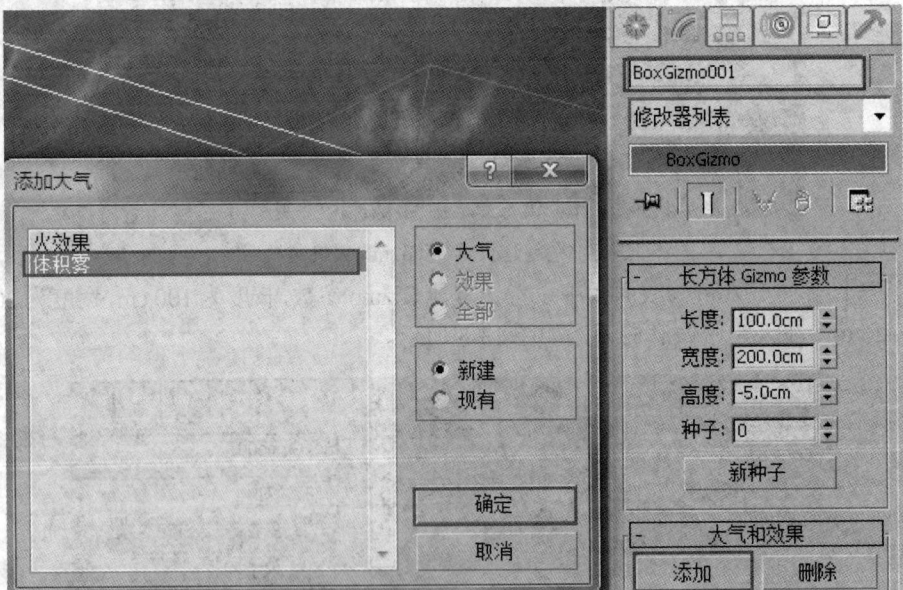

图 13-10　为 BoxGizmo001 添加体积雾

(6) 单击 BoxGizmo001 的"体积雾"，再单击"设置"按钮，在体积雾参数中设置密度为 15，噪波类型为"分形"，噪波阈值高为 1，低为 0，均匀性为 0.1，级别为 6，大小为 800，相位为 0，此参数应根据具体情况设定，渲染效果图后可看到云的飘浮形状，如图 13-11 所示。

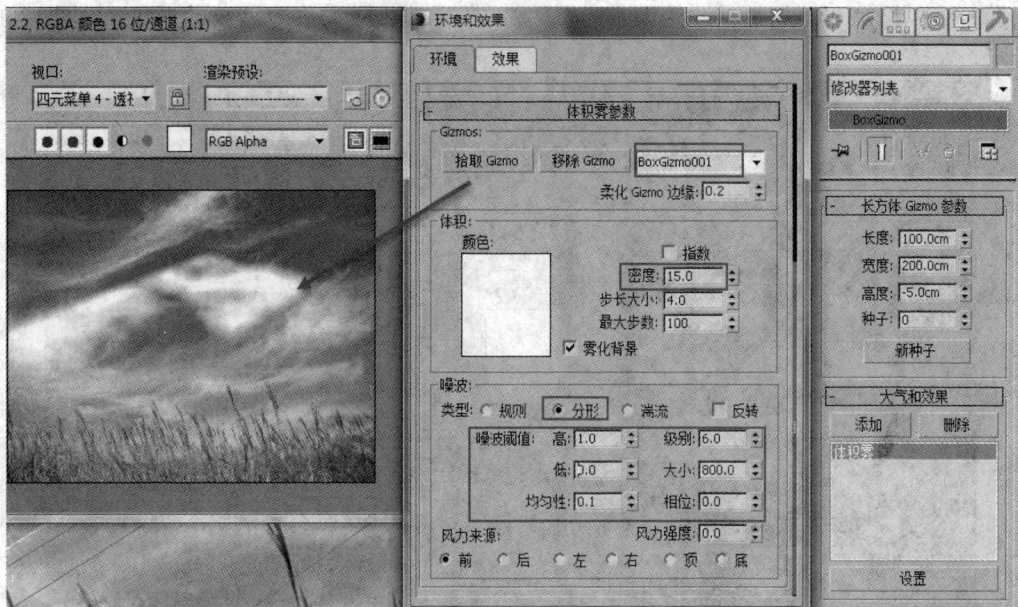

图 13-11 设置 BoxGizmo001 的体积雾参数

(7) 激活自动关键点，将滑块拖拽到最后一帧，将相位改为 1，可以看到相位参数的微调器添加了红色标识，表示相位有动态表现，渲染最后一帧，可以观察到云的状态与第一帧有变化，如图 13-12 所示。

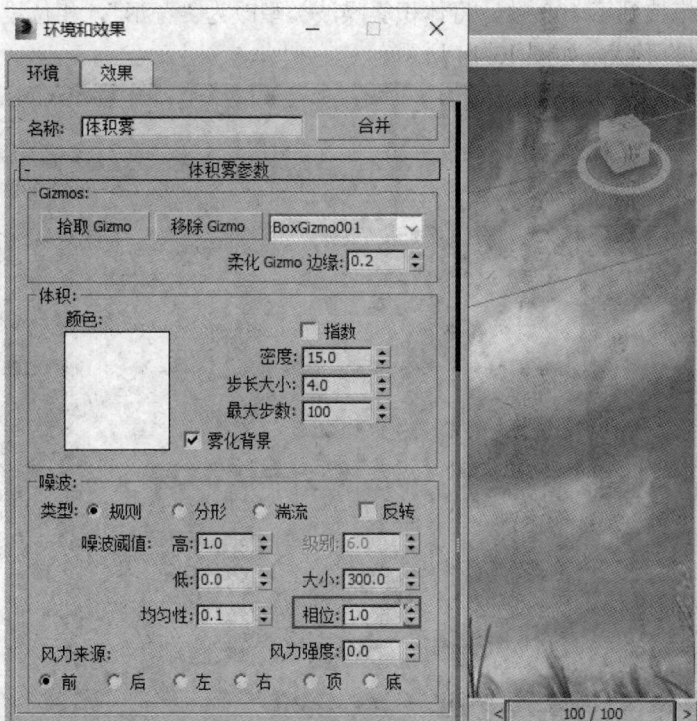

图 13-12 改变相位参数

(8) 选择 BoxGizmo002，在修改命令面板中添加"体积雾"，单击"设置"按钮，在体积雾参数中将第 0 帧规则噪波的大小设置为 300,并渲染效果图观察云的形状,如图 13-13 所示。

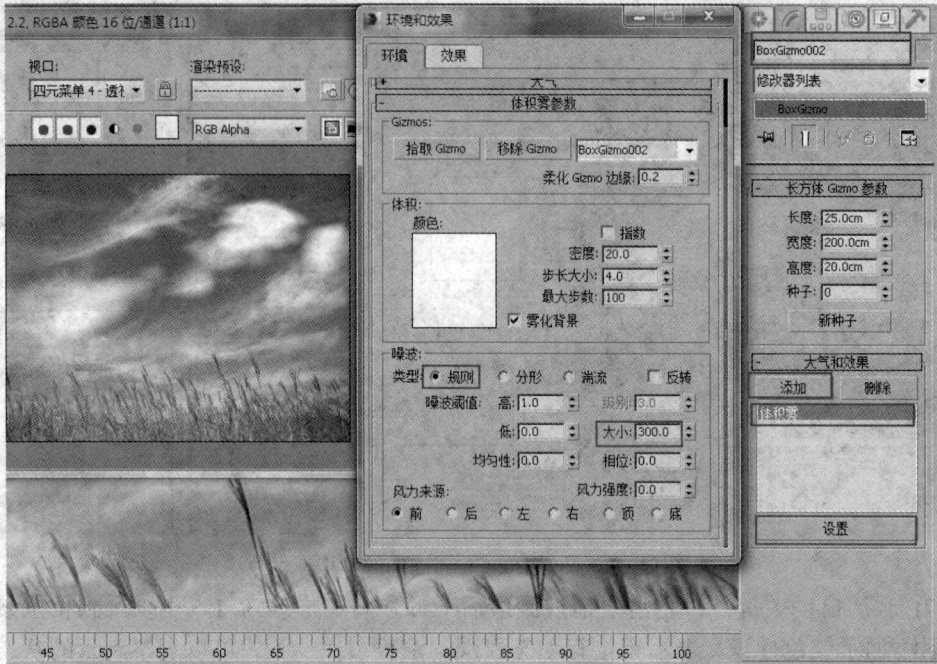

图 13-13　为 BoxGizmo002 添加体积雾

(9) 将滑块拖拽到第 100 帧,将体积雾噪波类型改为"分形",相位设置为 0.3,并渲染效果图观察云的形状,如图 13-14 所示。

图 13-14　设置 BoxGizmo002 的体积雾动画参数

(10) 渲染第 50 帧效果图，再渲染 avi 格式的动画，设置输出大小为 1024 像素×720 像素。

实 践 演 练

利用大气装置制作火焰效果，如图 13-15 所示。

图 13-15　火焰效果

实践演练 13　制作火焰效果